广西传统乡土建筑
文化研究

熊 伟 著

中国建筑工业出版社

图书在版编目（CIP）数据

广西传统乡土建筑文化研究／熊伟著. —北京：
中国建筑工业出版社，2013.9（2024.2重印）
ISBN 978-7-112-15651-1

Ⅰ.①广… Ⅱ.①熊… Ⅲ.①乡村-建筑艺术-研究-
广西 Ⅳ.①TU-881.2

中国版本图书馆CIP数据核字（2013）第166769号

责任编辑：唐 旭 张 华
书籍设计：锋 尚
责任校对：张 颖 党 蕾

广西传统乡土建筑文化研究
熊 伟 著

*

中国建筑工业出版社出版、发行（北京西郊百万庄）
各地新华书店、建筑书店经销
北京锋尚制版有限公司制版
建工社（河北）印刷有限公司印刷

*

开本：787×1092毫米 1/16 印张：15 字数：370千字
2013年10月第一版 2024年2月第二次印刷
定价：58.00元
ISBN 978-7-112 15651-1
（24277）

序

　　当前，科学技术的飞速发展使得经济文化全球一体化的趋势越来越明显。全球化是人类的一大进步，它在经济上有利于实现世界资源的最佳配置，在科技上有利于打破地区的隔阂，进一步推动科技的发展。然而，全球化的盛行对原有的各种地域文化却造成了一定的威胁和破坏。建筑作为一种文化，存在于由历史、传统、气候以及其他自然因素构成的背景中，全球化正逐步损毁这一基础，并将导致建筑文化的最终趋同。解决这个问题的有效途径之一，就是强调建筑的地域性。

　　建筑的地域性受该地区地理气候、区域和建筑物所处地段具体的地形、地貌条件和城市周围建筑环境的影响。同时，建筑的地域性还体现在地区的历史、人文环境中，这是一个民族一个地区的人们长期生活积淀下来的历史文化传统，建筑师应在地区的传统中寻根、发掘有益的"基因"。因此，加强加深对我国传统建筑文化的研究和理解，不仅是对建筑历史研究领域的要求，也是对广大建筑创作从业人员提出的基本要求。

　　广西地处我国南部，西接云贵高原，南临大海，整个地势自西北向东南倾斜，境内地形地貌丰富多变；广西也是我国重要的少数民族聚居区和汉族移民迁徙目的地，汉、壮、侗、苗、瑶等各民族文化汇合交融；此外，广西地处东亚板块与东南亚板块的结合部，地区间、民族间、国家间的经济文化交往频繁。这些独特的地形地貌和人文、历史环境使得广西产生了十分丰富的地域建筑文化景观，极大地丰富了我国建筑文化的"基因库"。同时，广西与广东一起，同属于岭南地域范畴，与广东有着相似的地形地貌、气候特征，两地人民的生活习惯也有着相同特点，他们共同形成了岭南文化的主要载体。对广西传统建筑文化进行深入的研究，是对岭南建筑文化研究的重要补充。

　　作者熊伟是我的博士研究生，他来自广西，长期从事建筑学教学和建筑设计工作，对广西的传统建筑文化有着较为充分的了解。在华南理工大学攻读博士学位期间也跟随我进行建筑创作实践，这更加深了他对岭南地区建筑地域性的理解。作为一名来自广西并立志扎根于广西的建筑学子，选择广西传统乡土建筑文化作为博士论文的研究方向是水到渠成、自然而然的事情，本书便是在其博士论文的基础上修改而成。

　　书中作者从多方面对广西地域文化背景进行了探讨，重点描述和分析了广西的百越土著文化和汉族移民对广西地域文化的影响，并以此为基础建构广西传统乡土建筑文化的区划框架，将广西传统乡土建筑文化区分为"百越干栏建筑文化区"和"汉族地居建筑文化区"，具有一定创新性。在此基础上，作者对两大建筑文化分区聚落及建筑的总体布局、空间特色、公共建筑等方面进行了大量细致而深入的实测调研，并结合平面形制、建筑构架、造型装饰等要素，对壮、侗、苗、瑶等民族广府、客家、湘赣等民系的建筑文化特点给予了深入研究。书中还对"广府建筑干栏化"、"干栏建筑地面化"等建筑文化的演变现象给予了特别关注并进行了大胆的推断，其观点具有一定启发性。

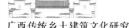

对于一名建筑师来说，研究传统建筑文化，最终还是要落实到建筑作品的创作中。希望作者能再接再厉，继续探索广西地域建筑文化，"产"、"学"、"研"三结合，在广西的城乡建设活动中发挥自己的作用，创造出有地区文化特色的优秀作品。

中国工程院院士

中国建筑设计大师

华南理工大学建筑学院院长、教授、博士生导师

华南理工大学建筑设计研究院院长兼总建筑师

2013年9月

目 录

序

第1章
绪论

1.1 研究的源起及意义

全球化（Globalization），是指人类的社会、经济、科技和文化等各个层面，突破彼此分割的多中心状态，走向世界范围同步化和一体化的过程。自20世纪80年代以来，全球化现象在世界范围日益凸现，成为当今时代的基本特征。货物与资本的跨国流动是全球化的最初形态。早在15世纪，西欧国家为了探寻海上丝绸之路，经过几次大的航海探险，开辟了东西半球之间的联系通道，全球化便开始了。

科技进步是全球化的原动力。第一次工业革命极大地推动了世界，也改变了人们的生活方式和观念：机器大工厂取代了手工工厂，城市化水平飞速提高，人口向城市迅速聚集。而蒸汽机改良（1763年）、运河开凿（1761年）、公路出现（1850年）、铁路出现（1830年）、电报发明（1844年）、电话发明（1892年）等一系列成就，使得地球表面各个区域的交流越来越方便、快捷，频繁的交流、碰撞和干扰发生在世界各个文明板块之间。进入20世纪，全球范围各个领域、民族和国家之间的政治、经济和文化联系更加密切。20世纪末，在市场经济和信息技术革命的推动下，全球化的发展达到一个新的阶段。全球化缩短了人们的距离、改善了人类生存条件、活跃了全球经济并加深了各国的相互依赖，同时也导致文明的冲突、时空感和地域性的消失、传统地方技术的湮没和全球文化趋同。

从文化发生的角度看，任何一种文化都是和一定的自然、社会环境相对应的，因而都具有特殊的价值，正是这些独特的价值，为人类总体文化的发展贡献出独有的智慧。但由于全球化的影响，以西方为楷模的现代工业文明席卷全球，普适性的人工物质环境割断了文化与其居住地的自然环境之间的密切联系，破坏了全球文化的多样性，全球的文化生态正面临着失衡的危险。正如物种的多样性是自然生态繁荣的力量和活力所在，人类文化的繁荣与发展依存于不同文化的智能多样性，对于类似中国这样的发展中国家，文化的失衡将造成当地自然生态的严重破坏，失去文化上的独立性，影响发展中国家文化的可持续性发展，并最终阻碍政治、经济等社会整体的可持续性发展，最终也将影响全球文化的可持续性发展。

建筑文化也是文化生态系统中的一部分，建筑领域内的文化趋同现象随着20世纪现代主义建筑的兴起和扩张而逐步全球化。然而，当人们面对世界各地相似的城市面貌和国际式建筑风格时，开始重新意识到传统建筑文化的重要性。我国是一个疆域辽阔的多民族国家，拥有丰富的地域传统建筑文化基因与物种，作为建筑文化全球趋同的应对，传统和乡土建筑文化的研究成为学界的热点。特别是少数民族建筑文化，由于其明显的文化特质和突出的文化现象成为热点中的焦点。同时，少数民族相对于汉族在文化上处于弱势地位，在文化的传播和整合中有越来越趋向汉化的特点，为了避免文化失衡和促进文化多元化发展，在很多民族地区，少数民族文化研究要远比当地汉族文化的研究更为充分。

广西作为壮族聚居和自治地区，当前有关的乡土建筑文化研究均主要着重在壮族、侗族等少数民族干栏建筑文化领域。作为历次中原汉族南下移民的重要通道和目的地，广西从秦始皇开凿灵渠联系珠江与长江开始就已经成为汉人的聚居地，汉族的广府、客家、湘赣文化也是广西地域文化十分重要的组成部分。笔者写作的首要意义就在于希望通过全面系统的研究还原一个广西传统建筑文化全景。

其次，从整个华南地域范围来看，广西地区属于岭南地域范畴，这一地区有着相似的地形地貌、气候特征，人民的生活习惯也有着相同特点而且共同享有中华民族文化中最具特色活力地域文化之一的岭南文化，但是目前有关岭南地区地域建筑研究都以岭南东部（广东）地区为主，因此，选择同为岭南地区的广西作为研究区域能补充、完善和丰富岭南地区的建筑文化研究。

第三，从更广阔的地缘角度来看，广西位于东亚板块与东南亚板块的结合部位，是我国华南经济圈与西南经济圈、东部沿海汉族与西南边境少数民族地区的交汇地区，也是物流、人流、资金流、信息流的必经之地，还是地区间、民族间、国家间交往地带。各种建筑文化现象交融混合，有着十分丰富的地域建筑文化景观，针对这一地区的研究有助于了解建筑文化传播、演变的过程，描绘建筑文化生成的大致轮廓。

最后，针对广西传统乡土建筑文化的研究也是当前建设形势的要求。同全国大多数地区一样，大量的广西传统乡土建筑先是在"文革"期间遭受大规模的破坏，在后来改革开放的城市化建设进程中又有大量古城、古村、古建筑被毁，城市面貌和建筑样式日趋现代化，千城一面、千村一面。这是由于对传统建筑文化的重视和保护不够，当然也有相应建筑理论研究欠缺的原因。广西作为全国唯一沿边、沿海、沿河的"三沿"地区，近年来随着周边及自身区位条件的改变，迎来了巨大的发展机遇和空间。特别是中国-东盟海上次区域合作的泛北部湾经济合作区的建立，使得广西成为这一区域合作的中心。在区域经济合作导致的全球化浪潮中，如何发现广西传统乡土建筑的价值，如何保护现有传统乡土建筑文化，并为广西地域建筑创作提供更为广阔的意蕴，也是本书研究的主要目的和意义之一。

1.2 研究对象的界定

"乡土"一词，从字面上理解，包含两个层面的意义。首先是"家乡、故土"的含义，《列子·天瑞》中"有人去乡土，离六亲，废家业"中的"去乡土"即背井离乡。"乡上"所对应的英文是"Vernacular"，意为本地语或方言，也代表了"故乡"的含义；另一层意思是指"地方、区域"，三国曹操在《步出夏门行》之"土不同"一章中写道："乡土不同，河朔隆寒"，描述了隆冬季节冀州乡土与黄河南岸土地的大不同。从建筑领域考察"乡土"的含义，有学者从其"乡村、土俗"的字面含义出发，认为："乡土指的是在某一特定时期，针对某一特定国度的，远离其文化经济中心，滞后于当地一般生产力水准，偏离当时的潮流文化趋势的一种风格现象和文化特征①。"

关于"乡土建筑"，保罗·奥利弗在其主编的《世界乡土建筑大百科全书》中罗列了乡土建筑的几个特征：本土的（Indigenous）、匿名的（Anonymous）、自发的（Spontaneous）、民间的（Folk）、传统的（Traditional）、乡村的（Rural）等。在奥利弗看来，乡土建筑可以被理解为："人们的住所或是其他的建筑。它们通常由房主——或是社区来建造同环境的文脉及适用的资源相关联并使用传统的技术。任何形式的乡土建筑都可以因特定的需求而建，并同促生它们的文化背景下的价值、经济及其生活方式相适应②。"1999年ICOMOS大会在墨西哥通过的《关于乡土建筑遗产的宪章》中，对乡土建筑也有着类似的定义："乡土建筑是社区自己建造房屋的一种传统的和自然的方式。"并对建筑的乡土性提出相应的确定标准："1. 某一社区共有的一种建造方式；2. 一种可识别的、与环境适应的地方或区域特征；3. 风格、形式和外观一致，或者使用传统上建立的建筑型制；4. 非正式流传下来的用于设计和施工的传统专业技术；5. 一种对功能、社会和环境约束的有效回应；6. 一种对传统的建造体系和工艺的有效应用③。"我国著名建筑学者陈志华先生认为，乡土建筑是与其周边乡土环境息息相关的一个整体系统，"乡土建筑系统的整体，包含着至少十几个子系统。礼制建筑、祭祀建筑、居住建筑、文教建筑、交通建筑、生产建筑、商业建筑、公益建筑，等等。每个子系统里又有许多种建筑。乡土建筑的文化内涵几乎包容着乡土文化的一切方面④。"

任何地区的建筑体系、建造模式和技术都与该地区的特定文化习俗和生产生活传统息息相关，从某种意义上来说乡土建筑本身就是传统乡土文化物质化的体现。正如吴良镛先生所说："……我国幅员广大，各地区的地理条件、人口分布、经济文化发展状况、建筑条件、历史传统等因素又千差万别，我们必须承认城市建设与建筑文化的地区性有其内在的规律，是多种文化源流的综合构成……⑤"。乡土建筑的研究离不开乡土传统文化的研究，只有建立在对传统乡土物质文化、行为文化以及观念文化深入理解的基础上，才能全面充分地了解乡土建筑生成、发展和演变变化的根本原因。因此，传统乡土文化也是本书主要的研究对象。

对应于"乡土建筑"，"新乡土建筑"和"当代乡土建筑"在学界也被普遍提及。新乡土建筑主要是指那些由当代建筑师设计的，灵感主要来源于乡土建筑的，用现代的手段表现传统和当地场所及地理历史特点的新建筑形式，是对传统建筑方言的现代再阐释。而当代乡土建筑则着重指代那些当前正在大量建造的"没有建筑师的当代建筑"，如当今农民自己建造的住宅等。这些建筑大多位于乡村，但并不一定具有地区性，虽然表面上大致具备上文关于"乡土建筑"的定义与特征描述，但事实上这些"当代乡土建筑"往往存在文化和地域上的错位现象，不能体现乡土建筑的地域文化特色。出于厘清与"新乡土"、"当代乡土"等关系的

① 石克辉，胡雪松. 乡土精神与人类社会的可持续发展[J]. 华中建筑，2000，02：10.

② 维基·理查森. 历史视野中的乡土建筑——一种充满质疑的建筑[J]. 吴晓译. 建筑师，2006，12：36.

③ 赵巍译. 关于乡土建筑遗产的宪章[J]. 时代建筑，2000，3：24.

④ 陈志华. 乡土建筑的价值和保护[J]. 建筑师，1997（78）：56.

⑤ 吴良镛. 建筑文化与地区建筑学[J]. 华中建筑，1997，02：14.

原因，也为了增强本书表述的严谨性，在研究对象"乡土建筑文化"之前，冠以"传统"二字，以突出对乡土建筑传统建造体系、工艺、技术以及蕴含其中传统文化的重视。

至于研究地域，将其限定在广西范围之内，书中的"广西"并非纯粹的行政区划，虽然行政区划、地区政策等对建筑文化的推广和传播的确起到了较大的限制和限定作用，但建筑文化现象是跨越"广西"这一狭义上的行政区划的，特别是与邻省交界地区更为明显。而且仅从行政管辖范围的角度来看，"广西"这一地名所指代的区域在不同的历史时期都有所不同。因此，书中所指的"广西"并非完全是行政意义上的地域范围，而是以历史上诸朝代的行政区域为基础，泛指云贵高原以东、五岭以南的岭南西部地区，包括历史上曾经划归湖南、云南、广东等地的相关区域。

1.3　相关研究现状

1.3.1　国外研究概况

乡土建筑从未离开过建筑学者们的视野。"自19世纪40年代英国建筑师A·W·N·普金（A.W.N. Pugin）抵制输入的历史风格而侧向于更为精致的手工制哥特风格以来建筑师们就开始努力地去模糊建筑物与手工艺之间的差异。尽管20世纪的工业制造和建造技术带来了巨大的冲击，但是建筑物作为一类手工产品的影响却从未完全地消失过。只是到了近年，乡土性才又走上了复兴之路，这就同一个多世纪前达到巅峰期的英国工艺美术运动形成了一种呼应[1]。"促使乡土建筑走上复兴之路的原因正是在工业化的生产和全球化的影响下，国际化建筑大行其道，造成了建筑与气候、环境等地方因素之间关系的逐渐缺失。这种建筑与地方环境之间关系的断裂所造成对建筑地域性的破坏，引起了研究者对天然具有地域特性的乡土建筑的关注。

在20世纪60年代初期，以蕾切尔·卡逊的《寂静的春天》为标志，以能源危机和环境污染问题为核心，在世界范围内开始兴起以人类生态危机为主要议题的生态运动，世界建筑界开始重新审视建筑与地域环境、文化之间的关系，并意识到僵硬、缺乏识别性与灵活性的现代主义建筑理论已不能适应不同地域文化的复杂性与多样性。随着考古学、文化地理学、文化人类学等领域的发展，建筑学领域的外延也得以扩展，吸收了上述学科的研究成果，建筑学的研究领域由相对单一的单体建筑扩大到了乡土建筑，新兴的研究领域出现在聚落、乡土民居、人居环境等方面。

1964年，在纽约大都会艺术博物馆举办了题为"没有建筑师的建筑"的展览，随后展览主持者鲁道夫斯基（Bernard Rudofsky）出版了同名著作。该书既没有章节性论述，也没有详细的参考文献与索引，而是一本以图片和图片说明为主的展览文集，但并不妨碍其成为导致建筑学术界重新认识"非主流建筑"的经典性著作。促使人们对乡土建筑的重新认识和定位是这部书的特色之一，也是作者的重要贡献。正如吴良镛先生在《广义建筑学》一书中所总结的："20世纪70年代以后，《没有建筑师的建筑》一书问世，在建筑界引起了很大的反响。一些已被忽略的乡土建筑重新被发掘出来。这些乡土建筑的特色是建立在地区的气候、技术、文化及与此相关联的象征意义的基础上。许多世纪以来，不仅一直

---

① 维基·理查森. 历史视野中的乡土建筑——一种充满质疑的建筑[J]. 吴晓译. 建筑师，2006，12：36.

存在而且日渐成熟。这些建筑中反映了有居民参与的环境综合的创造，本应成为建筑设计理论研究的基本对象[①]。"

新的观念引发了建筑学者对全球各个区域的地区建筑文化的重新认识和评价，不少英美学者选择欧洲文明以外的体系作为研究课题，一些亚洲学者则开始对亚洲地区以外的区域展开调查。例如日本学者原广司通过对世界范围的聚落调查，写出《集落的启示100》；美国建筑理论家、环境行为学的创始人阿莫斯·拉普卜特（Amos Rapoport）以人类学、人文地理学为研究基础，在调查非洲、亚洲和澳大利亚土著居民的居住形态的基础上，出版了一系列著作：《宅型与文化》。书中通过大量实例，分析了世界各地住宅形态的特征与成因，提出了人类关于宅型选择的命题；在《建成环境的意义——非语言表达方法》中，作者从环境行为学的角度进行研究，并将"人——环境研究"看成是与发展环境设计新理论有关的学科；在《文化特性与建筑设计》中，作者发展其一贯坚持的文化人类学观点，坚持建筑设计应以所在环境的文化特性研究为基础。拉普卜特一直秉持文化相对论的立场，认为文化的优劣不应简单地以进步或落后来区分，传统的文化特征应当受到尊重，并应顺其自然地演变。

1997年，出于对"现代化无情驱迫"下的本土建筑的生存关注，保罗·奥利弗主编三卷本的《世界乡土建筑大百科全书》，其内容包括了从80个国家撷选的约250名研究人员的工作成果。在书中奥利弗对乡土建筑给出了较为科学和严谨的定义。而1999年于墨西哥通过的《关于乡土建筑遗产的宪章》则明确提出："乡土建筑遗产是重要的，它是一个社会的文化的基本表现，是社会与它所处地区的关系的基本表现，同时也是世界文化多样性的表现。乡土建筑是社区自己建造房屋的一种传统的和自然的方式。为了对社会的和环境的约束做出反应，乡土建筑包含必要的变化和不断适应的连续过程，这种传统的幸存物在世界范围内遭受着经济、文化和建筑同一化的力量的威胁。如何抵制这些威胁是社区、政府、规划师、建筑师、保护工作者以及多学科的专家团体必须熟悉的基本问题[②]。"

1.3.2　我国研究概况

我国对传统乡土建筑的关注，首先集中于民居研究领域，而民居的研究则始于1940年刘敦桢先生对西南古建筑的调查，论文《西南古建筑调查概况》首次将民居建筑作为一种独立的建筑类型提出并研究。其后，刘敦桢先生的《中国住宅概说》更是把民居作为一种并列于宫殿、坛庙、陵墓、宗教建筑的类型来研究，成为后来最具影响力的民居研究书籍之一。这一期间，《湘中民居调查》、《徽州明代住宅》、《苏州旧住宅参考图录》等一批各地民居的调查报告得以发表和出版。民居研究的全面发展是在20世纪80年代，这一时期涌现出大量从民居的功能性（功能分区、平面布置和类型）、技术性（建造技术、构造材料做法）、艺术性（空间形象、细部装饰装修）角度出发的研究成果，如《浙江民居》、《吉林民居》、《云南民居》、《福建民居》、《广东民居》等。另一方面，多角度、多学科的综合研究逐渐受到重视，研究视野从单纯的建筑学范围拓展到传统的社会生活和文化领域，文化理论被引入民居的研究，如《明清徽州祠堂建筑》、《湘西城镇与风土建筑》、《闽粤民居》、《中国传统民居建筑》等均对传

---

① 吴良镛. 广义建筑学[M]. 北京：清华大学出版社，1989：31.
② 赵巍译. 关于乡土建筑遗产的宪章[J].《时代建筑》，2000，3：24.

统民居的内涵与表层特征之关系进行了有益的探讨。同时，村落和聚落的研究如《风水观念与徽州传统村落之关系》、《宗法制度对徽州传统村落结构及形态的影响》、《传统村镇聚落景观分析》、《小城镇的建筑空间与环境》等，则着重在自然因素与社会因素对传统聚落空间构成、组织布局及形态的影响方面进行研究和解析。随着乡土研究和乡土旅游的升温，一大批既具有学术性又通俗易懂的乡土聚落和乡土建筑的读物问世，如《楠溪江中游乡土建筑》、《诸葛村乡土建筑》、《婺源乡土建筑》、《关麓村乡土建筑》、《中国民居五书》等，这些著述记录和测绘的信息量极大，既忠实记录了我国传统乡土聚落及建筑的现存状况，又面向除了建筑业内人士之外的乡土建筑爱好者，起到培育热爱传统建筑新生代的作用，夯实和扩宽了传统乡土建筑文化保护与传承的基础。

值得一提的是文化圈、文化区域和文化丛理论的出现，使得乡土建筑的研究有了更为广阔的视野，如杨昌鸣《东南亚与中国西南少数民族建筑文化探析》，从整个东南亚建筑文化圈的角度出发，将研究的领域扩展到境外地区进行大范围的比较研究，深化了对中国建筑早期格局的认识。戴志中、杨宇振所著的《中国西南地域建筑文化》则将目光放在游牧文化圈、黄河旱地农业文化圈、水田稻作文化圈交汇的中国西南地区，梳理了西南复杂的山地地理空间中的各种文化亚型及其之间的关系。我国东南区域民居研究的体系则更为完整，余英的《中国东南系建筑区系类型研究》及后续越海系、闽海系、湘赣系、广府系及客家系的研究，借助民系的概念，将东南系建筑按不同特质分为五大区系以及各自不同的亚区、次亚区，并对不同模式建筑进行每一区系具体的文化背景（民族迁徙、地理环境、社会形态）和民居的空间、形制、技术要素的深入研究，开拓了民居建筑的研究视野。

1.3.3 广西地区的相关研究现状

1.3.3.1 广西地域传统文化研究概况

广西是少数民族聚居地，针对广西传统文化的研究大多集中在民族学、考古学和人类学等领域。其中，第一个系统地基于实地调查研究而撰述发表的现代意义上的广西民族志应该是民国时期刘锡蕃所著的《岭表纪蛮》（1934年，商务印书馆），该书记述了壮、瑶、苗等少数民族的族源、风俗习惯、经济、文化发展等。尤其对少数民族南移、住域与居室、饮食与食具、服饰、家庭组合、婚姻、丧葬、木契草契与高契、语言、歌谣、土司制度等记载较详。并在书中第一次正面提出了"蛮人非他，即与吾汉族同一种源之民族也"的论述，将少数民族与汉族一视同仁、平等看待，摆脱了传统的《地方志》民族史观。

新中国成立后，有关广西民族史和民族文化的研究更为充分。壮族、侗族等广西土著少数民族来源于中国古代南方的百越族已经得到学界的共识，相关论著有陈国强的《百越民族史》和《百越民族文化》，论述中将古（百越族）今（壮傣语族）民族联系起来，并对与百越族有着紧密关联的苗瑶语族有所研究。黄现璠的《壮族通史》则论证了"壮族的形成及土著民族的根据"、"族源"、"族称"等问题，并对壮族的发展脉络和总体历史、文化等特征作了理论性的概括和总结。《壮泰民族传统文化比较研究》从人文地理学、体质人类学、民族比较学等领域从地理环境、传统建筑等多方面来比较中国壮族和泰国泰族两个民族的传统文化，得出这两个国家的民族是共同起源于古代百越民族集团中的西瓯和骆越的结论。在瑶族文化的研究方面，费孝通多次到金秀大瑶山进行瑶族源流、瑶族的社会组织和社会生活、瑶族地区社会经济文化的考察研究，将瑶族的"五大支系"改为"五大集团"。张有隽等编著的《瑶族通史》则是第一部较为完整的瑶族历史书籍，从政治、经济、文化、教育、风俗习惯、宗教信仰，到民族源流、迁徙、民族关系等都做了全面、系统的论述，理顺了瑶族族源的主体成分和次要成分的关系。在宗教与风俗方面，《壮族自然崇拜文化》从自然崇拜文化群、文化丛和文化圈的角度对壮族自然崇拜文化进行研究，并对壮族自然崇拜与壮侗语民族、汉族及其中华其他民族的自然崇拜进行了比较。廖杨则以时间为轴，对广西的民族关系与宗教问题进行多维研究，得出本土宗教文化与外来宗教文化的冲突、互动与调适是文化变迁的重要内容，民族关系与宗教问题之间有着一定的逻辑关联的结论。

广西是一个多民族聚居地区，多民族、多民系的文化融合是广西地域文化的特点。苏建灵的著述《明清时期壮族历史研究》以明清时期汉族移民大量进入广西为研究背景，认为正是这一时期壮汉文化的融合，为近代壮族的分布格局奠定基础。黄海云的博士论文《清代广西汉文化传播研究》，选择1644年至1840年为研究时段，从汉文化传播的背景、主体、方式、内容、影响等五个角度研究清代汉文化在广西的传播。范玉春在《移民与中国文化》一书中则探讨了人口迁移对综合文化区域划分的影响，并将广西文化区域划分为桂北桂中官话文化区、桂东南粤语文化区、桂东北湘语文化区和桂西桂南壮语文化区。司徒尚纪以广府、客家、潮汕三个岭南地区的汉族民系为对象，构建了一个岭南历史人文地理的研究框架，复原了岭南各民系历史发展、开发利用资源、创造民系文化的过程。

同时，广西作为几大文化板块的交汇区，学者们在考察东南亚、中国西南等地域文化的同时对广西地域文化的研究也多有涉及。其中"照叶树林文化"较有代表性。日本学者中尾佐助、佐佐木高明在植物学和生态学研究的基础上，延伸到民族学、民俗学等文化人类学等范畴。根据他们的研究，照叶树林文化的中心在西南的云南高原：以云南高原为中心，西起阿萨姆、东至湖南省的半月形地带，并称之为"东亚半月弧"。"照叶树林带"覆盖了整个东南亚的暖温带，很多民族居住于此，他们的文化生活中存在着许多共同的要素，如居干栏、种稻、梯田、铜鼓、重祭祀等。翁齐浩在《试论南岭地区稻作起源问题》一文中论述了稻作起源地应具备的四个必要条件，认为包括广西在内的南岭地区具有这些条件，因而是我国稻作起源地的一部分。周振鹤、游汝杰所著的《方言与中国文化》从语言地理学和历史语言学的角度探讨了亚洲栽培稻的起源和分布状况并认为亚洲栽培稻的发明者是壮侗族先民，即"百越先民"，壮侗语言分布区与现代野生稻分布区的关系成为重要的研究成果。

1.3.3.2 广西传统乡土建筑研究概况

广西传统乡土建筑的研究主要集中在少数民族建筑文化上，由于桂北地处湘、黔、桂三省接壤，民族建筑文化现象非常丰富，因而成为重要的研究区域。相关的主要研究成果有：李长杰主编的《桂北民间建筑》较为全面和详细地介绍了桂北地区壮、侗、瑶族的村落、民居和鼓楼风雨桥等公共建筑；中国民居五书之《西南民居》则选择桂北龙脊的壮族建筑作为研究对象，对壮族干栏的布局、建造技术和建造方式进行了详细的描述；蔡凌的著述《侗族聚居区的传统村落与建筑》构建了侗族聚居区建筑、村落到文化区域的三个层次，探讨了侗族聚居区的建筑文化分布规律，并对侗族纵向的历史和动态的社会发展与建筑、村落之间的关系进行了研究。相关桂北乡土建筑文化的研究还有《广西侗族建筑的明珠——岜团风雨桥》、《广西三江侗族村寨初探》、《试论侗族风雨桥的环境特色》、《侗族传统建筑及其文化内涵解析——以贵州、广西为重点》等。

近年来较为宏观地对广西传统乡土建筑进行总结的研究成果是雷翔主编的《广西民居》

一书，该著作从民族角度对广西民居进行分类研究，从建筑和聚落两个层次对广西民居进行了探讨，分析了广西民居的聚落形态、空间意象以及建筑特征，同时还将民居的保护、传承和发展等相关内容纳入研究的范围。《广西民族传统建筑实录》则从民居、园林、庙宇、公共建筑、古桥、古塔等诸多类型、多方位收录了各民族各类型传统建筑的范例。覃彩銮、黄恩厚等主编的《壮侗民族建筑文化》从多维度的视野揭示了壮、侗族建筑文化产生的自然生态环境、生产方式、文化心理和社会人文环境。

除了已出版的图集和著述，广西大学、桂林理工学院等设有建筑学专业的大专院校师生从20世纪90年代中期开始，有计划地针对广西区内各地具有研究和保护价值的传统乡土聚落和乡土建筑进行实测。目前为止已有三江高定寨、龙胜龙脊寨、那坡达文屯、富川秀水村、灵山大芦村、灵山苏村、恭城郎山村、灵川江头村、灌阳月岭村、西林那岩寨、兴业庞村等十数个村寨的总平面、建筑单体平、立、剖面等基础测绘资料被整理出来，为广西传统乡土建筑的研究和保护提供了详尽的基础资料。

同时，少数民族传统建筑的更新也是研究的重点。1990年清华大学建筑学院科研组（国家自然科学研究基金会《人与居住环境——中国民居》课题）进行了融水木楼民房改建的研究，之后单德启先生发表了一系列的文章：《关于广西融水苗寨民房的改建》《欠发达地区传统民居集落改造的求索——广西融水苗寨木楼改建的实践和理论探讨》《融水木楼寨改建18年——一次西部贫困地区传统聚落改造探索的再反思》。文中总结了落后地区传统聚落的改建与再生"关键不在于'改建'而在于'扶贫'，我们只有将其作为综合的社会系统工程，以自力更生为基础，本地经济政治资源为援助，在长时间的历史发展中逐步探索，才能真正继承并发展传统聚落的最宝贵的内在品质[①]。"韦玉姣的文章《民族村寨的更新之路——广西三江县高定寨空间形态和建筑演变的启示》则揭示了侗族村寨空间形态形成背后的地理环境、民族背景和社会制度因素，提出新时期民族村寨的更新要延续村寨的地理环境和民族特点，更要注入社会主义新时期的内容。

1.4 本研究主要创新点

1.4.1 目前广西传统乡土建筑文化研究中存在的问题

目前广西传统乡土建筑文化的研究，存在如下几方面的问题：

首先，从研究对象来看，对少数民族建筑文化的研究比汉族的充分，以至于学界提起广西的传统乡土建筑往往只会联想到壮族和侗族的干栏建筑。虽然广西是少数民族聚居区，但从秦代开始就有大量汉族移民进入广西，并广泛分布于东部、东南和东北部地区，且如今部分广西政区的范围在历史上曾归属湖南和广东管辖，这些地区受到汉文化的影响就更为强烈。同时，汉族的建筑文化对广西少数民族建筑文化的形成也有着很大的影响，因此，有必要加强广西地区汉族乡土建筑文化的研究，构建更为全面的研究体系。

其次，在广西原生土著——百越民族建筑文化研究领域，目前多流于表面现象的描述，缺乏对这些现象生成机制与演变因素的深入探讨，对各民族建筑文化之间的比较研究也有所不足。

---

① 单德启. 融水木楼寨改建18年——一次西部贫困地区传统聚落改造探索的再反思[J]. 世界建筑，2008，07：22.

第三，从研究方法来看，实例考察多于理论研究，很多研究成果述而不论。在实例研究上也大多停留在静态的纯建筑学领域的功能、材料和建造技术的分析，缺乏多学科系统复合的动态研究。部分成果的理论研究又与实证考察脱节，在文化研究方面流于空泛。

最后，在传统乡土建筑研究运用到地域建筑创作的实践上来看，把"地域建筑设计"理解为"用新技术表现旧形式"，简单地将地域建筑当成一种符号或标签，这必然会对地域建筑文化的创新产生负面影响。当然，将建筑理论付诸于建筑创作中间还有除了学术之外的其他因素，但传统乡土建筑理论研究的缺失一定是重要的原因之一。

1.4.2 本研究主要创新点

1. 运用文化地理学、历史地理学和人文社会学等多学科知识，对广西传统乡土建筑文化进行系统而全面的梳理，从民族、民系的角度构建广西传统乡土建筑文化的区划框架。

2. 以广西传统乡土建筑区划框架为基础，在平面形制、建筑构架、造型装饰等方面深入研究广西地区不同民族、民系的建筑文化特点。

3. 以往的传统乡土建筑研究，大多把重点放在普遍认为具有突出建筑特点的区域，而忽略了对建筑文化过渡区域建筑现象的研究和探索，而建筑文化的过渡与演变对把握区域整体建筑文化的生成与发展有着重要的意义。广西是一个多民族、多民系和多文化交融、过渡的地区，建筑现象纷繁复杂，本书以动态的观点分析文化现象，试图找出文化扩散和变迁背后的因素，给广西地域建筑的创作提供理论依据，同时对完善岭南、西南以至于我国南部地区建筑文化的研究也具有一定意义。

1.5 研究方法与框架

1.5.1 研究方法

1.5.1.1 田野调查

田野调查被公认为是人类学学科的基本方法论，也是最早的人类学方法论。进入地域建筑文化的发生现场进行田野调查，是本研究工作开展之前为了取得第一手原始资料而必须进行的前置步骤。田野调查之前，先对相关调研地点的一般性史料进行研读，实地调研时，工作重点放在两个方面。一是对乡土建筑的生成背景的详细了解，如聚落的起源与变迁，社会组织结构、血缘宗族关系及公共事务的运行机制；民间信仰和风俗；建筑空间的分配和使用变迁；匠师流派、营造方法及建筑营建仪式等。另一方面则是用图纸和相片的方式对抽样选定的调研地点进行聚落总体布局、典型建筑单体（公共建筑和居住建筑）平面和剖面以及造型装饰的测绘与记录。

由于研究的地域范围较广，在选择确定田野调查地点的时候遵循两个原则。首先要确保调研地点的典型性，能够代表这一类型乡土建筑文化的基本特点。其次调研点要尽量全面覆盖研究区域，除了典型区域的典型代表，区域周边的过渡地区也要有所兼顾。同时，由于广西传统乡土建筑文化的形成与移民关系十分密切，调研路线的制定应该尽量沿文化传播的主要通道——流域展开。

1.5.1.2 文献研究

文献研究主要分为文字文献资料整理以及前人的建筑测绘资料两部分。文字文献整理包括各地区方志、历史典籍、族谱碑记、各个学科关于广西历史、文化、风俗的研究著述和论文。建筑测绘资料则主要集中在《广西民族传统建筑实录》、《桂北民居》两本专著和各院校建筑学专业未发表的传统乡土建筑测绘成果中。对这些资料的搜集和整理，丰富和充实了本研究的基础，扩宽了研究视野并使得本研究得以深入开展。

1.5.1.3 综合分析

由于广西地区自然和人文现象的复杂多样性，广西传统乡土建筑文化的研究，不应停留在实例考察和静态的纯建筑学领域的功能、材料和建造技术的分析，而应该在田野调查和文献资料研究的基础上，从人文地理学、社会学、文化传播学等多学科和多角度审视、剖析乡土建筑文化的发生和发展。通过形式背后的时空变化、人文变迁，探索其形成和演变的社会环境和自然环境的成因。

1.5.2 研究框架

广西传统乡土建筑文化研究的框架，主要分为四大部分。

1. 广西地域文化背景的研究。

在广西地域文化背景的研究中，主要考察其文化背景和自然背景。两者相互依存，相互制约，共同影响着广西传统乡土建筑文化的生成。自然背景则主要为地形地貌和气候环境。文化背景主要包括土著居民的族群概况及其文化特点、汉族移民带来的汉文化的影响以及如今广西多民族聚居的状况。然后根据文化圈和民系的观点，提出广西地域文化"桂西百越土著文化圈，桂东汉族移民文化圈"的分区构想。

2. 广西传统乡土建筑文化的生成及其区划研究。

首先运用文化地理学原理，从自然和人文两个角度分析影响广西传统乡土建筑文化生成的因素，并将现存广西传统乡土建筑分为干栏楼居与天井地居两种基本类型，为后一步广西传统乡土建筑文化区划提供了依据。广西传统乡土建筑文化的区划，是以"桂西百越土著文化圈，桂东汉族移民文化圈"的地域文化分区为基本参照，再以建筑基本特点为标准，进行传统乡土建筑文化的详细区划，根据这一区划，广西传统乡土建筑文化可被分为两大区六个亚区。乡土建筑文化的区划研究，有助于从宏观上把握广西传统乡土建筑的分布状况，并为下一步具体的建筑类型研究提供基础。

3. 广西传统乡土建筑特点研究。

以广西传统乡土建筑文化区划为基础，分为广西百越传统乡土建筑和广西汉族传统乡土建筑两大部分进行探讨，对百越传统建筑中的壮族、侗族、苗瑶乡土建筑和汉族传统建筑中的湘赣、广府、客家乡土建筑这六种广西传统乡土建筑的主要类型，围绕聚落总体空间布局、建筑平面形制、结构构架类型、建筑造型装饰等加以详细研究，并对其典型特征进行总结。

4. 广西传统乡土建筑文化的传承与创新。

首先总结广西传统乡土建筑文化对于当代建筑文化发展的价值，分析现阶段广西传统乡土建筑文化保护与发展中存在的问题，探讨保护和继承的措施与办法，最后提出当代广西地域建筑发展的策略。本书的总体框架见表1-1。

广西传统乡土建筑文化研究框架 表1-1

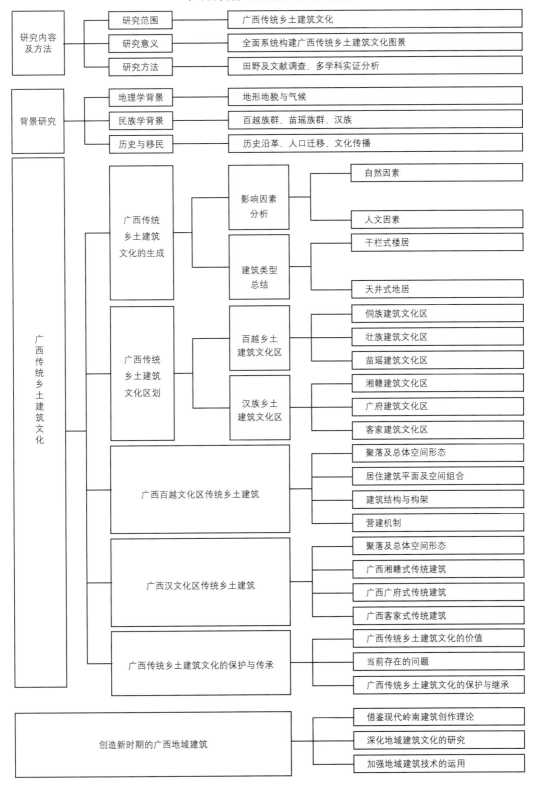

（来源：自绘）

1.6 本章小结

广西地处南疆，是地区间、民族间、国家间的交往地带，具有丰富的民族与地域文化特点，各种地域建筑现象异彩纷呈。针对广西传统乡土建筑文化展开研究，全面系统地勾勒广西乡土建筑文化全景，既是对当前文化、经济全球化趋势的应对，也是对岭南地区地域建筑文化研究的补充和完善，还有助于了解建筑文化传播、演变的一般过程，并为广西地域建筑创作提供更为广阔的意蕴。

当前广西传统乡土建筑文化的研究，从研究对象上来说，对少数民族建筑文化的研究比汉族的充分。同时，研究工作也多流于表面现象的描述，缺乏对这些现象生成机制的深入探讨，对各民族建筑文化之间的比较研究也有所不足。从研究方法来看，实例考察多于理论研究，部分理论研究又与实证考察脱节，在文化研究方面流于空泛。

本书试图运用文化地理学、历史地理学和人文社会学等多学科知识，对广西传统乡土建筑文化进行系统而全面的梳理，从民族、民系的角度构建广西传统乡土建筑文化的区划框架；在广西传统乡土建筑区划框架的基础上，以平面形制、建筑构架、造型装饰等基本建筑构成要素为切入点，深入研究广西地区不同民族、民系乡土建筑的文化特点；研究过程中以动态的观点，结合文化传播、演变的一般规律对广西这一建筑文化过渡区域的建筑现象进行研究和探索。在研究方法上，田野调查和文献研究并重，并在其基础上，从多学科角度综合剖析广西传统乡土建筑文化的发生和发展。

第2章
广西地域文化背景

2.1 地理学背景

地理环境是人类社会和文化的重要组成部分，任何文化的形成都必定与其特定的地理学背景有着密切联系，正如《礼记·王制》所载："广谷大川异制，民生其间者异俗"。《汉书·地理志》对"风俗"的形成也有如下论述："凡民函五常之性，而其刚柔缓急，音声不同，系水土之风气，故谓之风；好恶取舍，运静亡常，视君上之情欲，故谓之俗"。《史记》对汉代不同文化区的文化特质与地理环境则作过生动描述，关中丰镐一带民有"先王之风，好墙稼，殖五谷，地重，重为"；中山一带地薄人众，"丈夫相聚游戏，悲歌慷慨"，"女子则鼓鸣瑟，跕履，游眉富贵"；邹鲁俗"好儒，备于礼"，"地少人众，俭啬，畏罪远邪"。古希腊学者希罗多德也认为地理提供了历史和文化的自然背景和舞台场景，全部历史都必须用地理观点来研究，历史事实与地理联系在一起才具有意义。

关于地理环境与文化的相互关系，文化地理学家们历来有不同的观点。环境决定论认为，自然环境是社会发展的决定因素，人文地理学奠基人拉采尔（F. Ratzel）就认为，自然对个人及通过个人对整个民族的体质和精神的影响是起到决定性作用的，在他的《人类地理学》中，特别强调地理环境决定人的生理、心理及人类的分布、社会现象及其发展过程。文化决定论则坚持人是自然的改造者，自从人类的出现，自然环境出现了很大变化，文化则仅仅是人类的精神产物。这两种论点都过分强调自然条件或人类本身对人类历史文化的影响，对"人——地"关系的理解缺乏全面的考量。

目前在学界占据主流的观点是可能论，该观点认为，人与环境的相互关系中，环境包含着许多可能性，至于哪种可能性能够转变成现实性则取决于人的选择能力。"人是人类文化的第一建筑师，自然环境在人与地的关系中，文化发展的作用在于提供多种可能性，人在一地如何生存和生活全靠人对环境所提供的多种可能性中所作的选择。这种选择是受到人的文化遗产的指导。人为了满足其需要，在对环境提供的机会和限制做出选择时，其本身的文化水平越高，则供其选择的可能性越多，自然环境的影响与限制就越小；反之，自然环境的影响与限制就越大①。"

　　人文传统一旦形成，会产生巨大的惯性，推动文化发展。同时，我们也必须承认，地理环境通过物质生产及其技术系统这个中介影响着人类历史和文化的发展进程。地理环境的差异对物质生产方式的影响反映在文化的区域性特征上，进而导致不同地域的不同民风和习性。因此，对广西地域文化的研究，必须从地理与气候环境开始。

2.1.1　地形地貌

　　广西位于全国地势第二台阶中的云贵高原东南边缘，地处两广丘陵西部，南临北部湾海面（图2-1）。整个地势自西北向东南倾斜，周边被山脉和高原所环绕，地势较高。东北属南岭山地，南部被云开大山、十万大山等所包绕，海拔1000米左右，西部是桂西岩溶高原，西北则属云贵高原的边缘山地，北部为凤凰山、大苗山等山所盘踞，中部地势较低，海拔多在200米以下。因此，广西略成一周高中低的盆地，有"广西盆地"之称。广西盆地边缘"缺口"甚多，北部和东北部的湘桂低谷和萧贺谷地等缺口成为北方冷空气入侵广西的主要通道；而南部和东南部的九州江谷地和西江谷地等缺口则为南方暖湿气流的进入提供了重要的途径。

　　广西的地形，有五个明显特点：

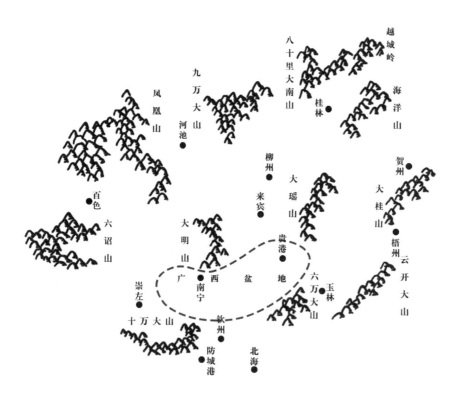

图2-1　广西地形示意图
（来源：《广西壮族自治区概况》广西民族出版社，1985）

---

　　① 王恩涌. 文化地理学导论——人·地·文化[M]. 北京：高等教育出版社，1989: 15.

1. 山区面积广大。广西以多山著称，特别是北回归线以北，更是山岭连绵，层峦叠嶂。广西山多而且高大，许多山脉海拔都在1500米上下。据统计，广西丘陵和山地占整个地区总面积的百分之76%，耕地约占11%，因此，广西历来就有"八山一水一分田"之称。山区面积广大，是广西土地资源构成的一个最突出的特点。

2. 喀斯特地形广布。广西喀斯特地形分布面积很广。据广西地质局统计，喀斯特面积占全区总面积的一半以上，绝大部分县市都有面积或大或小的喀斯特岩溶地形。类型繁多的喀斯特地形，赋予广西极为丰富的风景资源，但岩溶地区石多土少，耕地分散，易旱易涝，对农耕却有所不利。

3. 河流众多。广西河网密布，河流走向总体上沿着地势呈倾斜面，从西北流向东南（图2-2）。按照水系来分共有珠江、长江、桂南独流入海、百都河等四支。珠江水系是广西最大水系，主干流南盘江—红水河—黔江—浔江—西江自西北折东横贯全境，出梧州流向广东入南海。长江水系分布处于桂东北，主要河段有湘江、资江，属洞庭湖水系上游，经湖南汇入长江。其中湘江在兴安县附近通过秦代开凿的灵渠，沟通了长江和珠江两大水系。独流入海水系主要分布于桂南，均注入北部湾。百都河水系则经越南入北部湾。

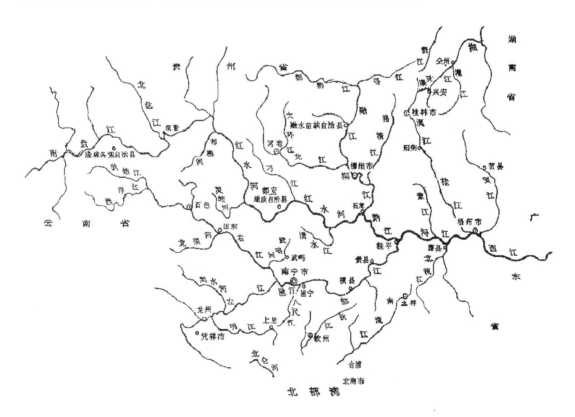

图2-2 广西水系略图

（来源：根据《广西风物志》. 广西人民出版社，1984：25. 改绘）

4. 平原零星分布。广西的平原面积小，分布零星，约占全区总面积的14%，广西的平原主要有两类：一为溶蚀平原，是石灰岩经长期的溶蚀和侵蚀而成，以柳州为中心的桂中平原

为代表；二是河流冲积平原，如右江平原（右江盆地）、南宁盆地、郁江平原、浔江平原、玉林盆地等。

平原地带地势平坦，土壤肥沃，光照充足，热量资源非常丰富，十分适合农作物的生长，如有"桂西明珠"之称的右江平原，盛产稻谷、甘蔗、玉米、花生、豆类，是广西西部最重要的粮蔗基地。再如南流江三角洲，由于南流江每年输沙量较大，三角洲向外堆积旺盛，形成诸多土壤肥沃的外缘洲岛，同时优越的光热水条件使得这一地区成为北海最重要的粮食和经济作物基地。同时，由于这些平原地带多临大江大河，优越的水运交通条件使得这些地区成为区域政治、文化、经济中心，如南宁、柳州、北海、钦州、来宾及百色等重要的城市和集镇均为占据平原优势依靠江河发展而成。

5. 海岸线曲折。广西的北部湾沿岸，由于地质史上复杂的升降运动，海岸较为曲折。曲折的海岸线为广西提供了面积广阔的沿海滩涂，适宜于水产和珍珠的养殖。同时，由于北部湾海底比较平坦，暗礁极少，风浪较小，历史上就是较好的天然良港，如合浦港从汉代起就是海上丝绸之路的始发港之一。

2.1.2 气候特征

广西气候温暖，热量丰富。广西北部地处中、南亚热带季风气候区，南部属热带季风气候。各地年平均气温在16～23℃之间，一半以上的地区年平均气温在20.0℃以上。气温由南向北递减，由河谷平原向丘陵山区递减。

广西也是全国降水量最丰富的省区之一，各地年降水量为1080mm～2760mm，大部分地区在1300mm～2000mm之间。其地理分布具有东部多，西部少；丘陵山区多，河谷平原少；夏季迎风坡多，背风坡少等特点。由于受冬夏季风交替影响，广西降水量季节分配不均，干湿季分明。4～9月为雨季，总降水量占全年降水量的70%～85%，强降水天气过程较频繁，容易发生洪涝灾害；10～3月是干季，总降水量仅占全年降水量的15%～30%，干旱少雨，易引发森林火灾。

广西壮族自治区各地年日照时数1169～2219小时，与邻省比较，比湘、黔、川等省偏多，比云南大部地区偏少，与广东相当。其地域分布特点是：南部多，北部少；河谷平原多，丘陵山区少。

2.1.3 广西地域人文生态

如前所述，广西山多而平地少，地形种类也较为丰富，不同的地形条件在一定程度上导致了经济发展的不平衡性。十万大山、大瑶山等山地地区，地势险峻，交通不便，气候也较为复杂。在一些缺水的石山地区只有种植玉米、红薯等耐旱作物，有些山地民族在新中国成立前还保留着刀耕火种的生产生活方式，较差的经济条件导致居住建筑也相当简陋。地势较低的丘陵河谷地区，如三江、龙胜等地，水土资源比山地丰盛，梯田被开发出来，水稻也得以广泛种植，经济生活条件也就比山地居民好很多，为了增加日常进食的蛋白质，在稻田中养鱼，是为"饭稻羹鱼"。同时由于山多而地少，山上的林业资源丰富，居住在丘陵地区的民众以林业辅以农业为营生的主要手段，纯木干栏住宅成为民居的主要形式。

平原地区的灌溉条件则更为优越，交通更是四通八达，由此带来发达的经济。如著名的右江平原，地势平坦、土壤肥沃、光照充足，热量资源非常丰富，盛产稻谷、甘蔗、玉米、花生、豆类，是广西西部最重要的粮蔗基地，有"桂西明珠"之称；南宁盆地则盛产稻谷、甘蔗、香蕉、菠萝和各种蔬菜；得江平原（桂平县城至平南县武林的得江两岸）河网密布，土层深厚，土质肥沃，盛产稻谷、甘蔗，是广西重要的粮蔗基地之一。发达的经济带来富裕的生活，相对昂贵的砖、瓦等建筑材料得以在平原地区使用，同时精美的建筑装饰也是其他地区无法比拟。

广西曲折的海岸线孕育丰富的海产，以海产为生的渔民则创造不同于内陆的水上文化，新中国成立前他们大多居住在小舟上，以舟楫为家，舟小如疍，故称"疍民"。比如北海地区，沿海大体就有三类疍民，一是以采蚝捕鱼为生的蚝疍，二是以采珠为主、兼浅海捕捞的珠疍，三是以捕鱼为生的渔疍。传统的疍民不愿上岸，有许多人在海边搭建大竹棚居住，俗称"疍家棚"。疍民性情豪放，热情而浪漫。

2.2　历史沿革

政区建制是广西地域文化生成和发展的重要因素。一般来说，同一政区内人们的交往更多，文化的认同感也更强，稳定的建制有利于文化同质性的形成，在交通和通信并不发达的古代，行政区划往往成为文化分异的主要原因。如广西北部的全州、灌阳等地在元代以前均归属湖南管辖，导致桂北文化在很大程度上带有湖南特色；钦州、北海和防城等地普遍通行粤语，则与这些地区长期划归广东省有关。同时，中央政府在设官建治的同时，一般都会建立书院、学校以传播儒家文化以加强统治，因此政区建制设立也与文化的形成，特别是汉文化在广西的传播有着很大的关系。

2.2.1　秦汉至南北朝时期

秦始皇于公元前219年命尉屠睢率50万大军进攻百越，并于公元前214年征服南越、西瓯，在岭南设桂林、南海和象三郡。今广西属桂林郡全部（广西称"桂"由此而来），象郡的一部分，南海郡的小部分。桂林郡治所布山（今桂平市境内），象郡治所临尘（今崇左市区，公元前76年废）。此外，长沙郡的小部分，黔中郡的小部分也在广西境内。这一时期，为了解决秦军的粮饷运输，秦皇在今兴安县境内开凿了人工运河——灵渠，沟通了珠江和长江两大水系，对岭南地区的开发具有重要的意义。汉高祖三年（公元前204年），南海郡赵佗击并象郡、桂林郡，建南越国，自称"南越武王"，定都番禺（今广东广州），独据岭南，今岭南地区包括广西大部分即隶属于南越国。公元前111年，汉武帝平定南越，在岭南设南海、苍梧、郁林、合浦、交趾、九真、日南、珠崖、儋耳9郡，苍梧广信（今梧州）成为交趾刺史部9郡的行政中心。三国两晋南北朝时期，广西先属吴，其后归于晋及不断更替的南朝宋、齐、梁、陈各政权。

2.2.2　唐宋元时期

唐咸通三年（862年），唐懿宗分岭南道为东西两道，广西属岭南西道，道节度使设于邕州（今南宁）。至此，广西作为一个独立行使地方政权的大行政区基本形成。广西大部分地域属岭南西道，广东属岭南东道。岭南西道治所设在邕州（今南宁），南宁在唐朝开始成为广西的首府。岭南西道除广西外，还包括现在的海南岛、雷州半岛一带。岭南西道设立桂、容、邕三管经略使，史称"三管"，基本上形成广西后来行政区疆域的轮廓。唐代广西经济、文化得到了较大的发展，桂、邕、柳、容等重要市镇兴起。

宋朝开宝四年（971年），宋灭南汉，统一岭南，分广南路为广南东路和广南西路，今广西绝大部分地域属广南西路，治所设在桂州（今桂林），桂林从宋朝开始正式成为广西的首府，"广西"之名也始于此。宋代，广西商品经济得到发展，横山寨（今田东县平马镇）、永平寨（在今宁明县）及钦州3大博易场成为西南民族集市或与交趾等地贸易的国际市镇；有色金属锡、铅的产量居于全国前列；梧州元丰监成为江南六大铸钱监之一；纺织品尤其是苎麻织品质量上乘，左右江出产的綀布色彩丰富，是最早的壮锦及当时的上品衣料。元朝时期，中央统治者对广西基本上着重于军事控制，在各主要隘口附近派驻屯兵，实行军事性质的屯田；至正二十三年（1363年），设置广西行中书省，为广西建省之始。

2.2.3　明清时期

明初改广西行省为广西承宣布政使司，是当时全国13个布政使司之一。朱元璋分封其侄孙朱守谦为靖江王，开始在桂林独秀峰下修建了靖江王府和王城。明洪武二年六月（1369年）将原属广西所辖的廉州、钦州划拨广东统辖。明朝是封建社会广西经济开发最有成效的时期，大量移民涌入，耕地面积显著增加；已开始种植双季稻，耕作技术由粗放转向细致；建筑艺术也达到了相当高的水平。然而终明之世，土官对朝廷的叛乱和土官之间的纷争不断爆发，土地和食盐成为严重社会问题，赋税徭役苛重，致使阶级矛盾和民族矛盾激化，规模较大的各族农民起义有大藤峡瑶民起义、八寨起义、古田起义等，其中大藤峡起义绵延不断达200年。

清初，广西兵祸连年，先是桂林成为南明永历政权驻地和抗清斗争的中心；不久又爆发了平西王吴三桂等叛乱的"三藩之乱"，主持广西军务的孙延龄起兵从乱；直至康熙十八年（1679年）广西才真正归入清王朝的版图。雍正十年（1732年）荔波县被划归贵州省统辖。清代广西的农田水利灌溉技术日臻成熟，各种陂、堰、塘、渠的修建和水翻筒车普遍使用，许多山区亦开辟出梯田、冲田等，例如令人叹为观止的龙胜龙脊梯田，始造于元代，历明至清才完成；出现了星罗棋布的农村圩市，城镇商业的繁荣则以梧州为冠。

2.2.4　民国至今

民国期间，广西沿袭清朝称省，地域与清朝大致相同。钦州、合浦、灵山、防城仍属广东省统辖。自广西设省起，直至民国时期，省会绝大部分时间在桂林。中华人民共和国初期仍设广西省，省会设在南宁，并将原广东钦廉专署及其所属合浦、钦县、灵山、防城等四县和北海市划归广西省管辖。1958年成立广西僮族自治区，1965年更名为广西壮族自治区。

2.3　土著族群及其文化特征

2.3.1　广西土著族群溯源

早在旧石器时代，人类活动的遗址就已遍及广西各地。目前已发现的人类化石中，出土地点明确的有柳江人、麒麟山人（位于今来宾市）、灵山人、荔浦人、白莲洞人（位于今柳州市）、九楞山人（位于今都安县）等13处。这些人类化石都发现于石灰岩洞中，"从洞穴中的堆积情况、共存的动物群和人类化石本身的特征等条件来看，是属于旧石器时代晚期的人类①。"

及至新石器时代，原始人群已分布到广西的各个角落。目前已发现的有桂林甑皮岩、南宁豹子头、玉林石南海山坡、那坡感驮岩、横县西津等900多处新石器时代遗址。1997年，中国社会科学院考古研究所对邕宁县顶蛳山遗址进行发掘，根据考古学文化命名原则，将该遗址第二、三期为代表的、集中分布在南宁及其附近地区的以贝丘为主要特征的文化遗址命名为"顶蛳山文化"，时间为新石器时代中期，距今7000～8000年。"这些遗址出土了大批石斧、有段石锛、石凿、石锤、石网坠等石器，蚌刀、骨锛等蚌器、骨器和釜、罐、鼎等陶器。这些新石器时代遗址具有时间上的连续性，从距今1万年到3000年的遗址都有分布，而且层次清楚，说明这些远古时代的人类没有灭绝，也没有全部搬走，而是繁衍下来，成为广西境内的原始居民②。"

及至商、周时期，广西的土著居民与生活在现今中国的东南及南部地区的古民族一起，被统称为"越"。据文献资料来看，"在原始社会晚期的尧、舜、禹等传说时代，其先民同其他族人被划分为蛮苗系统。文献记载中的'蛮'、'三苗'同后来的百越有着密切的关系，他们应该包括越族或其中的部分先民。大约在商代早期，越族已从'蛮苗'中分离出来，而被称为'沤深'、'瓯'和'越沤'等③。"黄现璠所著《壮族通史》说：越即粤，古代粤、越通用。越与粤，古音读如Wut、Wat、Wet。是古代江南土著呼"人"语音，越是"人"的意思。百越的百是多数、约数，而不是确数，是对南方诸族的泛称，夏朝称"于越"，商朝称"蛮越"或"南越"。周秦时期的"越"除专指"越国"外，也同样是对南方诸族的泛称。《汉书·地理志》注引臣瓒曰："自交趾至会稽七八千里，百越杂处，各有种姓。百越民族共有的特征有：几何印陶纹、段发纹身、凿齿、有肩石斧、有段石锛、多食海产、稻作、居住干栏等。百越迁徙活动频繁，散布范围很宽，浙江、江南一带，福建、广东、广西、安徽、湖南等省、自治区，乃至越南都留有百越先民活动的足迹，按照分布地区，百越诸族被分为"句吴、于越、东瓯、闽越、南越、西瓯、骆越、夷越、山越等"，活动在广西境内的是西瓯和骆越，他们的分布大体上以郁江、右江为界，郁江以北、右江以东地区为西瓯，郁江以南、右江以西地区为骆越，其中郁江两岸和今贵港市、玉林市一带则是西瓯、骆越交错杂居的地区④。

从秦代开始，中原汉人迁入广西，占领了盆地、平原等资源丰富易于生产生活的地区，部分土著居民与汉族融合，更多的则退居山林，广泛分布于广西西南、西北和东北部和中部的部分山区。同时，随着时代变迁，西瓯和骆越慢慢演变为现在的壮、侗、水、仫佬、毛南等族，这些民族继承了百越文化的特点，具有以稻田耕作为核心的丰富内涵。"其内涵包括稻种、生产工具、加工工具、灌溉设施、肥料等物质性文化；稻的选择或培育、播种、耕种、灌溉、施肥、管理、收割、储藏、加工等行为性文化；生产习俗、禁忌、祝祀及对天象、土地、雷雨、江河诸自然物的崇拜及安土重迁、重农轻商等观念性文化；同时还外延及与之相适应的居住形式、饮食习惯、岁时节日、语言词汇等方面⑤。"

① 盘福东. 中国地域文化丛书——八桂文化[M]. 沈阳：辽宁教育出版社，1998：2.

② 覃乃昌. 广西世居民族[M]. 南宁：广西民族出版社，2004：2.

③ 陈国强，蒋炳钊，吴锦吉，辛土成. 百越民族史[M]. 北京：中国社会科学出版社，1988：1.

④ 覃乃昌. 广西世居民族[M]. 南宁：广西民族出版社，2004：3.

⑤ 覃彩銮. 试论壮族文化的自然生态环境[J]. 学术论坛，1999，06：116.

2.3.2 基本文化特征

2.3.2.1 稻田耕作

有学者认为，根据广西地区的自然生态环境、早期农业发展的一般规律以及民族学资料观察，广西土著先民最早种植的作物并非稻谷，而应是芋薯类根块作物。因为广西的气候条件适合各种根块类植物的生长，且芋薯类根块植物具有无性繁殖、对土壤和水分的要求不高、产量高和食用方便等特点，无须复杂的种植及管理技术。同时，在广西地区生长着许多野生稻，通过对野生稻谷的不断接触和观察，在芋薯类作物进行栽种的基础上，广西土著先民开始了稻谷的种植。随着种植经验的不断积累和种植面积的不断扩大，稻作农业在人们的经济生活中所占的比重也越来越大，进而发展成为广西土著先民的主要生产方式。而在生产工具上，为了适应沼泽地和水田劳作，双肩石斧与大石铲被发明出来。在新石器时代晚期，大石铲成为主要的劳动工具，表明稻作农业已发展到一定的规模和水平。

从广西各地稻田耕作区的地理环境而言，有平原、坡地和山地三种类型。平原地区地势平坦，水资源丰沛，土地相对肥沃，是广西的主要产稻区。在这些地区，一年可种春秋两糙稻，产量普遍高。稻田的灌溉系统主要是在河流中修堤筑渠引水灌田，干旱时则辅助以水车提水灌溉。坡地地区的稻田与平地类似，灌溉用水主要来源于山间溪流，通过水渠引入田内，或在山溪边用一个大圆轮式的水筒车，将低处的水提到高台上的稻田里。而山地地区平地很少，人们只能在山坡上修筑小块梯田种植水稻，修渠设笕引山泉水灌溉，形成独特的梯田稻作农业，且因海拔高而气温低，一年只能种植一糙，因此还须补种其他作物以保证食物来源的多样性，其使用的劳动工具与饮食习惯与平原地区也有不同。局部缺水的山地地区，旱地植物如玉米等成为主要的农作物，稻作农业在人们的经济生活中仅占较少部分。因此，虽然稻田耕作是广西土著文化的代表，但不同的自然生态、地理环境导致了稻作农业的生产方式也不尽相同。

稻作农业的发展，带动了棉、麻种植、纺织和服饰加工业的发展，在整个稻作农业的"那"文化区，从中国南方、东南亚乃至整个环太平洋地区，存在着一种共同的棉质纺织品"吉贝"，战国史书《尚书·禹贡》记载："淮海惟扬州……鸟夷卉服，厥篚织贝，厥包橘柚，锡贡。"这里的扬州是指淮河以南及至南海的广大地区，贝就是吉贝、劫贝、古贝的简称。织贝则是用棉花制成的织品。广西自古就有丰富的麻类资源，不仅有野生麻种还有人工种植的麻，麻纺织的历史悠久，新石器时代出土的石制与陶制的纺轮即为明证。广西平乐战国古墓出土的遗物中，男墓有兵器而无纺轮，女墓有纺轮而无兵器，反映当时女性主要从事纺织，同时也说明了麻纺织业已有较大发展。及至现代，在广西大部分的少数民族地区，每家每户还保留着纺织机。由于费时耗工，大块的棉麻布不再自纺，而是由集市购来再自行染色加工，服饰上精致的花边纹样则仍由自己的纺织机织出。

在饮食上，以稻米和鱼虾为主要食品。考古学家在沿邕江及其上游的左、右江两岸的新石器时代早期的贝丘遗址中发现了石杵、石磨盘、石磨棒、石锤等加工谷物的工具，在桂林甑皮岩人类洞穴中也出土距今9000多年装盛谷物的陶器碎片。《诗经》中的《大雅·公刘》记载："乃积乃仓，乃裹餱糧。"其中的"餱"（糇）源于古越族语言，与北方的"粮"同义，是米饭、干粮的意思，至今壮族人仍称稻、稻谷、米饭为"糇"，这也说明，壮侗土著先民在远古时代就已将稻米煮熟食用，而且随着稻的传播入中原被记录于《诗经》中。同时，在进行水田耕作的过程中，各族群或从河渠中捕获鱼虾，或在田中养殖鱼类，为他们提供了较为丰富的动物性蛋白质。司马迁曾就稻作民族的生计特点作过总结："楚越之地，地广人稀，饭稻羹鱼。"而作为同一语系的民族——壮族和傣族民间共有的一句俗语："水里有鱼，田里有稻米"则是"饭稻羹鱼"的生动诠释。

2.3.2.2 多神崇拜

如果说稻种、生产工具、灌溉设施、肥料等是稻作文化的物质性部分，稻种的选择或培育、播种、耕种、灌溉、施肥、管理、收割、储藏、加工等属于观念性部分，那么对自然、祖先、图腾的崇拜就属于稻作文化的精神性部分。广西土著各族在精神文化层面上没有形成一个统一的宗教信仰，而是信奉"万物有灵"的多神崇拜。人们的崇拜对象多与生产生活方式密切相关，围绕稻作农耕，在广西境内形成了一系列的崇拜对象，主要有自然神（日、月、星、辰、山谷、河流、土地、动植物等）、祖先神（一般为创世神和英雄神，如布洛陀、姆六甲、布伯、莫一大王等）、图腾神（狗图腾、蛙图腾、蛇图腾等）。

自然崇拜。自然地理环境对人类的生产生活方式影响极大，与之相关的自然因素往往被加以神化，形成诸神，受到人们崇拜。自然崇拜属于原始宗教崇拜范畴，大致可分为土地崇拜、水神崇拜、山神崇拜以及动植物崇拜。土地神崇拜是多神崇拜中最为普遍的一种，也是农耕文化的直接体现。在广西地区的村屯中，几乎都建有一座土地庙，祈求风调雨顺、地广谷多、万物生长；广西稻田农耕经济模式及其形成的"那（水田、稻田）"文化决定了土著民族的水神崇拜，如侗族人在岁首要敬祭水神，当天妇女到河里或水井汲水，必须先在河边或井旁点香烧纸；山体也是壮、侗族人普遍崇拜的一种自然物体，分别有各自崇拜的山神。对动植物的崇拜，主要体现在对树神、禾神、牛神的崇拜，一般在村口或土地庙旁有风水林或神树，这些树木不得随意破坏和砍伐；百越人对禾神十分崇拜，播种前和收获后都要举行祭祀仪式；每年的农历四月初八，是壮族传统的"牛魂节"（祭祀牛神的节日），祈求耕牛兴旺、五谷丰登，特意慰劳耕牛而形成"牛魂节"，恰恰体现了百越民族作为稻作民族的思想观念。

祖先崇拜。百越民族在其独自发展的过程中，形成了独具特色的民间传说与民族神话，从而演变成本民族强烈的祖先崇拜，按产生时序、神灵的神力和神格的高低来分，大致可分为创世神崇拜和英雄神崇拜。如创世神姆六甲是壮族母系氏族时代的生育女神，创造了人类；布洛陀是继姆六甲之后创造万物的又一位神，崇拜布洛陀的地区集中在右江河谷和红水河流域一带。英雄祖先以布伯和莫一大王为代表，布伯是远古时期为壮族先民耕种而求得雨水与天上雷王做斗争的英雄；莫一大王是能呼风唤雨、驱鬼神、敌盗寇、护百姓的英雄祖先，在部分壮族地区不仅建有莫一大王庙，还在家中的神龛都供奉着他的神位。一系列的祖先崇拜是百越氏族部落时代社会经济、文化生活的生动反映。

图腾崇拜。有狗图腾、蛇图腾、蛙图腾等，其中又以蛙图腾最为著名。越人把青蛙看作吉祥之物，并在铜鼓的鼓面上铸造青蛙模型，表示对青蛙的崇敬。这与稻作的生产方式有密切的关系，青蛙能预告晴雨、保护禾苗，百越族民认为它能给农田带来丰收的希望，是农业的保护神。至今，在东兰、凤山一带的壮族地区仍流行"敬蛙节"（"蛙婆节"、"蚂拐节"），每年春节期间，以村寨为单位，敲击铜鼓、联袂起舞，对唱"蚂拐歌"，奉献祭品，以祈求风调雨顺、五谷丰登、六畜兴旺。

2.3.2.3 小家庭的聚居模式

初期的人类聚居组织基本都是以血缘关系作为纽带，组成聚落的基本单位是家庭。百越诸族的家庭单位一般都很小，通常在两代以内，大多数家庭在儿子结婚后即分家立户，邝露在《赤雅》中亦云："子长娶妇，别栏而居"。据20世纪50年代对广西环江县壮族的调查，其家庭成员大多数是父母子女两代同堂。在才院村的102户中，有87户是两代或一代同居，全村平均每户不到5人[①]。实行小家庭制的原因，固然有其家族观念没有汉族那么强烈的因素，生产方式和经济条件也限制了大家族的合居。在生产方式上，山地中的田地不像平原地区那么集中，而耕作又必须限定在早出晚归的活动半径之内，所以过于集中的居住方式会限制种植，只好采用分家移民另建居民点的方式来解决这一矛盾。在经济条件方面，由于生产力不够发达，每一家庭人口的数量只能控制在各家能供养的限度内。如民国时期花篮瑶限制人口的习俗是每家只能留有一对夫妻，且采取计划生育的措施，每对夫妻只能有两个孩子，一个留下，一个嫁出去[②]。小家庭的模式导致单体建筑的规模普遍不大，一般均为3～5开间，满足5人以下居住，呈外向开放性格局。三至五代以内的家庭，血缘关系密切，被称为"房族"，三代以外的称为"门族"或"宗族"，房、门、宗族总称为家族。最基本的聚落就是由一个同姓的宗族或家族形成，较大的聚落则由数个家族组合而成。

2.4 移民与文化传播

移民是文化传播的重要途径，对文化的形成和历史的发展有着深刻的影响，葛剑雄甚至认为："离开了移民史就没有一部完整的中国史，也就没有完整的经济史、疆域史、文化史、地区开发史、民族史、社会史[③]"。随着岭南的开发，各族移民陆续进入广西，对广西的文化发展带来巨大影响，"从全国范围来考察，还没有发现有哪一个地区像广西那样，移民对文化发展及其空间差异的形成有如此巨大的影响[④]。"

2.4.1 人口迁移与构成

秦汉以降，汉族和苗、瑶、回等少数民族就源源不断地迁入广西，其中又以汉族移民占据绝大多数。移民不仅是古代中原文化向岭南传播的有效途径，也构成秦汉以后历代中央政权对广西进行统治的社会基础。入桂移民，按其迁入的客观原因，大致可以分为政治、军事和经济因素三种。

2.4.1.1 政治移民

政治型移民是指统治阶层或某一政权出于政治目的而实施的移民，移民的主体主要有迁徙罪犯和流放及任职的官员等。较为杰出的任职于广西的官员有隋桂州总管令狐熙、容州刺史韦丹、宋广西转运使陈尧叟等，柳宗元则是在唐元和年间被谪贬至柳州担任柳州刺史。这些官员来桂任职，实行过不少发展生产、缓和民族矛盾的改革措施，对促进广西经济、文化和社会发展做出了贡献。如韦丹，在容州（今容县）任上修城墙、屯粮草、固人口、推教化，并教导百姓学习中原的农耕和纺织技术，使容州从一个偏僻的小镇变为岭南重郡；柳宗

---

① 广西壮族自治区编辑组. 广西壮族社会历史调查，第一册[M]. 南宁：广西民族出版社，1984：249.

② 王同惠. 广西省象县东南乡花篮瑶社会组织[M]. 北京：北平商务印书馆，1936：1.

③ 葛剑雄，曹树基，吴松弟. 中国移民史（第一卷）[M]. 福州：福建人民出版社，1997：75.

④ 范玉春. 移民与中国文化[M]. 桂林：广西师范大学出版社，2005：314.

元在柳州的4年里，重修孔庙、兴办学堂书院、破除巫神迷信、开凿饮用水井等，促进了柳州地方文明的发展；陈尧叟在做广南西路转运使时，引导百姓凿井植树、弃巫求医、种苎麻以稳定边境。同时，在历代封建统治者眼里，广西瘴气弥漫、野兽横行，是南蛮荒芜之地，因而成为罪犯流放的目的地，如秦始皇曾派10万战争囚徒南下开发岭南；清初，每年解到广西各府的流犯则多至二三百人。

2.4.1.2 军事移民

军事型移民是为了防守、镇压某一地区而实施的移民，移民的主体是军人及其家属。最初的移民入桂就是因为军事原因，秦始皇派50万征服岭南地区，后又调5000名妇女"以为士卒衣补"，这些士卒谪戍岭南留在当地，成为开发岭南的第一批北来人口，在桂北一带的田野调查当中，还不时能遇到自称秦兵后裔所建村寨。同时，汉族在广西的统治导致与广西土著多有矛盾，壮、瑶、苗等少数民族多次进行武装反抗。如宋皇佑年间，侬智高起义抗宋，攻取邕州（今南宁），宋仁宗派狄青率兵镇压，大败侬智高于归仁铺（今南宁三塘），今天广西南部以南宁市郊区为中心的操平话的汉族，基本上是宋代随狄青入桂镇压侬智高起义的士兵的后裔。明代实行卫所制，卫所的士兵大都来自广西以外地区。如桂中地区由于少数民族起义最为频繁，且处于中原联系岭南的交通要道，卫所的分布就比较集中，有柳州卫和来宾、迁江、贵县、象州、宾州等守御千户所。"如以每卫5600人，每所1120人足额计，明代桂中地区共驻有卫所官兵11200人，按每一军户3人计算，连同家属在内大约有33600人。这些卫所官兵的来源相当广泛，山东、河南、江西、湖广、广东等地均有移民以卫所官兵的身份迁居此地……在迁居黔江流域的军事移民中，湖广籍人占有相当大的比重……来源复杂的军事移民应是造成柳州官话流行的主要原因[①]。"再如梧州地区，明初梧州只设立了一个守御千户所，卫所士卒合家属也才不过4000人，随着两广总督军门长年驻扎后，大量外地卫所士卒云集，使梧州形成了一个较大的军事移民分布点。

2.4.1.3 经济移民

经济型移民主要是指出于如经商、农业开垦等经济目的而发生的人口迁移。广西的广府系汉人就是典型的经济型移民。明清时期，得益于珠江三角洲经济的崛起和广州作为全国唯一的对外通商口岸，广府系吸引众多外来人口和融合外来文化而日益发展壮大，成为岭南最大的族群。与此同时，广府商人向外扩展，沿西江流域逆流而上进入广西，他们的足迹遍布广西一切可通舟楫之处。明清以来广西就流行"无东不成市"之说，绝大多数州县均设有粤东（广东）会馆，有的州县还不止一个。明万历时期，南海人刘遂壁"素志经商，迁桂平崇善里凤藤村[②]"，今桂平城外厢居民皆为广府商人之后。清康熙年间，苍梧县戎圩即建有粤东会馆，乾隆时戎圩的广府商人多达1200家以上。在红水河以南的桂西南地区，广东商人也是当地城镇经济的主要支柱，如雷平土司（今大新县内）乾隆年间已建有粤东会馆，百色镇的粤东会馆亦建于清代。及至民国，广西苍梧的戎圩、平南的大乌、桂平的江口三大圩市几乎全被广东客商垄断。

广西的客家移民就以农业开垦为主。宋元时期，岭南地区的客家主要分布在粤东北和粤东，到明清时期，由于日益增长的人口和有限的土地资源的矛盾日益尖锐，导致客家民系的

---

① 范玉春. 移民与中国文化[M]. 桂林：广西师范大学出版社，2005：317.
② 范玉春. 移民与中国文化[M]. 桂林：广西师范大学出版社，2005：315.

第四次大迁徙，同时，明代广西壮、瑶族人被朝廷清剿，荒芜的土地正好成为客家人垦殖的对象。《明实录》有相关记载："广西桂林府古田县、柳州府马平县皆山势相连，瑶、壮恃以为恶。我军北进，贼即南却……广东招发广州等府南海等县砍山流食瑶人……并招南雄、韶州等府西江流往做工听顾（雇）之人……俱发填塞①"。入清以后，迁居广西的客家人大增，遍及山区各地从事农业开垦，据民国《桂平县志》记载，太平天国起义地金田村一带的客家人大部分就是康熙年间由当地政府招民垦荒从广东而来。

同时，由于广西和湖南接壤，明代后期至清代，大量湖南籍农业移民进入桂东北，从事垦荒、种植玉米、红薯等杂粮，与此同时大批手工业工人和商人入桂，嘉庆时期，全州县境内"业六工者十九江右、湖南客民②"。另外，由于中原战乱而迁入广西寻求安身之所的也大可视为经济型移民。广西地处岭南，远离中原政治中心，社会环境相对安定和宽松，而中原地区历史上的三国鼎立、东晋十六国的分裂、南北朝的对峙、唐代的安史之乱都导致北方战乱不断，因此中原大量汉族和流民南迁进入包括广西在内的岭南地区。

除了汉族，瑶、苗、彝、京、回等少数民族也在不同时期迁入广西，"回族是在宋、元、明、清各代，多以经商，少数为官吏、军人从外省进入广西，多数居住在城镇。彝族，是在元明时期，从贵州等地迁来桂西的，在那坡、隆林等县有彝族的小聚居地。京族，是在明代从越南东京湾的涂山等地迁到今广西防城。仡佬族，是在清雍正年间从贵州迁入今广西隆林③。"

从广西地区的移民历史分析，明清以前，进入广西移民相对较少，大多因为屯戍、躲避战争和自然灾害或被流放，其中有不少汉人融入了当地土著，成为少数民族。明清时期，大量从事开垦、经商、手工业者自觉入桂，他们不仅来的人数多，而且一旦立足便迅速发展，在长期的交往中有不少少数民族失去本民族的特点，融入汉族之中。刘锡蕃在《岭表纪蛮》中说："桂省汉人自明清两代迁来者，约十分之八。"到清末民国初期，广西少数民族人口与汉族的比例已成对半分之势。到了20世纪40年代，这个比例又发生变化。据陈正祥《广西地理》记载，1946年汉族"约占（广西）全省人口的百分之六十"，这个格局一直保持至今④。

2.4.2　汉文化在广西的传播

"文化区是文化在某一时期扩散的产物。因为思想意识、发明创造和对事物的态度等文化特征，在空间上的分布总是在不断地发生变化……不论是起源于一个地点或是两地，在出现后总是向外扩散或传播。这种文化扩散现象，除以自身的力量向外传播外，在历史上往往通过移民、战争和征服而带到新的地点，带给新的集团⑤。"不同类型的移民承载着原迁出地的文化进入广西，客观上导致各种文化在广西的传播，形成目前广西多元文化并存的局面。关于文化在广西的传播，有必要搞清楚几个问题，即：传播的廊道、传播的方式和传播中的影响因素。

2.4.2.1　传播廊道

文化传播的廊道也就是文化传播的路径。东西横亘的五岭，是岭南与中原的一道天然屏

① 司徒尚纪. 岭南历史人文地理——广府、客家、福佬民系比较研究[M]. 广州：中山大学出版社，2001：45.

② 泡玉春. 移民与中国文化[M]. 桂林：广西师范大学出版社，2005：319.

③ 黄成授等. 广西民族关系的历史与现状[M]. 北京：民族出版社，2002：15.

④ 覃乃昌. 广西世居民族[M]. 南宁：广西民族出版社，2004：8.

⑤ 王恩涌. 文化地理学导论——人·地·文化[M]. 高等教育出版社，1989:15.

障，岭与岭之间的峡谷、隘口，便成为南北交通的门户。"秦戍五岭之前，灵渠尚未开凿，中原势力向广西扩张，主要有两条路线：一是由湖南进入桂东北全州、兴安的'湘桂走廊'；一是从湖南道州、江华通过都庞岭、萌渚岭峡谷进入桂东恭城、富川、桂岭的陆路大道，这些道路与水路连接后，一条经茶江与漓江汇合，另两条经富江和桂岭河至临贺古城汇合成贺江水路，俗称'潇贺古道'①。"

　　湘桂走廊在秦始皇修建灵渠之后，将长江水系与珠江水系连通起来，在相当长的一段时间内都是中原与广西军事、政治和商业交往的重要通道。《灵渠文献粹编》中就有这样的记载：自宋代以来，湘桂的商业流通已非常发达，兴安灵渠商旅繁忙，"楚米之连舶而来者，止于全州，卒不能进……渠绕兴安界，深数尺，广丈余，六十里间置斗门三十六，土人但谓之斗。舟入一斗，则闭一斗……向来铜船过陡河必行一月……"在这种水运不畅的情况下，官府一方面不断维修灵渠疏通河道，另一方面则构筑从湘南通往桂北漓江的陆路商道，以解决灵渠水运交通的瓶颈问题。于是一条从湖南南部经全州、灌阳、兴安，再经兴安的崔家、高尚过灵川的长岗岭、熊村，即可进入桂林或大圩码头的最短的陆路商道也应运而生。

　　潇贺古道是另外一条沟通岭南与中原的重要通道，唐以前历代王朝对岭南发动大的军事行动，每次用兵都离不开潇贺古道。潇贺古道通过陆路的方式沟通珠江和长江水系，连通湘粤桂地区，"中原的人员和物资，逆潇水而上，转陆路通过萌渚岭进入贺江，然后即可南下苍梧，东趋番禺、出大海；西通云、贵，南可达交趾，纵横整个珠江流域及其以南地区，位置十分重要②。"

　　明清以后，在广西邻省之中，广东的经济文化最为发达，两广的沟通交流以西江干支流为主。西江是珠江最大、最重要的主干流，其流域面积覆盖了广西80%的土地，干流横贯广西，连通桂粤。西江上源南盘江出云南省沾益县马雄山，在黔桂边境和北盘江汇合称红水河；东南流到象州县石龙附近纳柳江后称黔江；到桂平市纳郁江后称浔江；西北流到南宁后称邕江；到贵港市后称郁江；下接浔江到梧州纳桂江，入广东省境始称西江，其各支流呈叶脉状遍布广西全境。明清时期，成批粤商溯西江西上入桂，广东商人活动频繁，并有大量粤人定居广西，开垦荒地，把粤省的语言、生活习俗等带入广西，经过长期的交流融合，广西本土文化在潜移默化中受到影响，郁江、浔江、桂江沿岸则以汉文化为主导的广府文化为主。而广东商人在广西境内所建立的一系列会馆与书院，是广府文化凝聚与传播的重要途径，既显示出粤商的影响力，也表明了广府文化的重要地位。

2.4.2.2　传播方式

　　文化的传播通过扩展传播和迁移传播两种方式进行：扩展传播是指在一个核心地区发展起来的一种新观念或新创造逐步向外扩散，使得接受这种文化的人和出现的地区越来越多。如伊斯兰教和阿拉伯文化在7世纪以来从其发源地阿拉伯半岛扩大到埃及、北非和中东，后来甚至到中亚、印度以及东南亚。在扩展传播中还可以进一步划分为传染传播、等级传播和刺激传播三种不同类型；迁移传播即通过个人或群体的迁移活动，把新观念或新工艺带到新的地区。这种传播作用不仅传播距离远，而且同原文化区之间有很大间隔。如基督教通过欧洲移民而传到远离欧洲的世界各大洲。与此相似的，司徒尚纪在对岭南历史人文地理进行研究时，提出岭南移民的墨渍式、蛙跳式（板块转移式）、闭锁式和占据式等方式。"墨渍式即南

---

① 韦浩明. 秦汉时期的"潇贺古道" [J]. 广西梧州师范高等专科学校学报，2005，03：86.

② 同上。

下汉人所拥有的政治、经济、文化优势，缓慢地向周边地区发生影响，就像白纸上滴下墨汁后向附近浸润一样，"板块转移方式，也称蛙跳式，即长途跋涉，离开祖辈世居的大本营，转移到与原居地不相邻接的大迁移"，"闭锁式移民与蛙跳式移民有类似之处，但规模较小，移民抵达新居地以后，基本上处于闭锁状态，绝少有扩散可能"，"占据式移民即外地居民大量入居，占据新居地，其文化也覆盖并取代土著文化"[①]。广西地区的移民方式大概也是这几种。由于湘桂走廊、潇贺古道、西江流域等主要的移民通道都位于广西东部地区，相对平坦的地貌也更适合生产生活。历史上汉族移民大多占据并定居于桂东地区，汉文化也较为彻底地覆盖和取代了桂东地区的土著百越文化；广府人对广西的开发和移民则是通过西江水系向西逐步扩展，为典型的墨浸式；客家人移民广西，除了桂东南局部地区较为集中外，大部分的客家人通过闭锁式和蛙跳式的方式，分散在桂东的山区。

2.4.2.3 影响因素

文化的传播并不是文化要素和特质在空间上原封不动的转移，受到多种因素的影响，文化在传播的输出——接受的过程中更多发生的是变迁和转化，甚至产生新的文化。众多因素中，移民主客体的数量关系、迁入地的自然地理和人文条件和移民者的性格及价值观念等因素发挥了主导作用。首先，是迁入地的自然地理和人文条件因素。在文化的传播过程中，迁入地和迁出地的地貌、气候与植被等环境必然有所区别，为了适应环境的改变，相应的生产生活习惯也会有所变化，会导致文化的变异。比如从中原地区进入岭南的客家先民，必须改种植小麦为水稻，改大地主庄园式生产为家庭或家族为单位的生产，同时，周边少数民族的文化优点也被吸收进来，比如畲、瑶族人喜种番薯、芋头等作为主粮，客家人也同样种植这些作物，形成"半年番薯半年粮"的习俗；畲、瑶族人采薪卖炭作为副业收入，客家人也如此；畲、瑶族人普遍用草木灰作肥料，客家人也学会这一个办法。

其次，文化的主体——移民的数量因素。"历史上，移民每到一个地方都会存在着一个新生环境的问题，即与土著社群人民的相处问题。实际上，这是两个文化形体总合力量的沟通和碰撞，一般会产生三种情况：一，如果移民的总体力量凌驾于本地社群之上，他们会选择建立第二家乡，即在当地附近地区另择新点定居；二，如果双方均势，则采用两种方式，一是避免冲撞而选择新址另建第二家乡，另一是采取中庸之道彼此相互掺入，和平地同化，共同建立新社群；三，如果移民总体力量小，在长途跋涉和社会、政治、经济压力下，他们就会采取完全学习当地社群的模式，与当地社群融合、沟通，并共同生存、生活在一起[②]。"也可以说，移民人口越多，原迁出地的文化就会保存得越完整。如广西东部地区，历来就是汉族移民重点迁入的区域，汉文化对土著文化形成覆盖关系。"史载，明初的广西，'傜、僮多于汉人十倍'。明中期嘉靖年间'广西一省，狼人（按，指壮族）居其半，其三傜人，其二居民'，明末，广西'腹地数郡'即桂东地区'民四蛮六'；清中期嘉庆年间，广西流官地区各府、县已是'民七蛮三'[③]"。汉族大量迁入使得"民""蛮"比例迅速变化，同时也是少数民族被大量汉化的结果。与桂东地区相反的，广西西部地区，历史上也有因军垦、流放、避祸和自愿迁徙而来的汉人，由于总量较小且并非同一时间集中迁入，绝大部分被"壮化"，融入

① 司徒尚纪. 岭南历史人文地理——广府、客家、福佬民系比较研究[M]. 广州：中山大学出版社，2001：9-10.

② 陆元鼎. 中国民居建筑丛书[M]. 北京：中国建筑工业出版社，2008.

③ 苏建灵. 明清时期壮族历史研究[M]. 南宁：广西民族出版社，1993：82.

土著社会，住屋也为典型的干栏楼居。再如桂北三江一带的"六甲人"，族谱记载他们的先民是宋朝时从福建州府上杭县迁到广东嘉应州（今梅州市），然后经过广西柳州、融水或融安最后迁至三江。遗传学染色体的分析也表明"六甲人"与长江中下游的汉族相符，与福建汉族最近，而与相邻的侗、壮、布依、苗、瑶等族差异很大。由于一次性入迁人口相对较多，因此并未完全"少数民族化"，一些汉文化语言、生活习俗、岁时节日方面的特点得以保留，但居住方式却与相邻少数民族无异。

2.4.3　汉族移民的基本文化特征

2.4.3.1　宗族制的大家族聚居

宗族主要指同一祖先繁衍下来的人群，通常在宗法思想和制度的规范下，以血缘及共同财产和婚丧庆吊联系在一起，并且聚居在一起的一种特殊的社会群体。血缘是人类居住最早、最自然的联系纽带，借助血缘力量，人们可以获得整体的优势，达到生存发展的目的。因此早在原始社会人类就以血缘关系为纽带形成一种聚族而居的村落雏形，可以说血缘关系是宗族形成最重要的因素。具有相同血缘关系的人群，在主持者和管理机构的领导下，择地"聚族而居"，就构成了宗族聚落。

徐扬杰在《宋明家族制度史论》中总结：中国宗族制在发展演化之中，经过了如下阶段：先秦的宗法式宗族制——中古的士族宗族制——宋元的官僚宗族制——明清的绅衿宗族制。早在西周，我国已有一套非常完整的宗法制度，国家系统的君统和家族系统的宗统紧密结合在一起，至春秋战国时期，社会大变革破坏了宗法制。魏晋南北朝及隋唐时期，士族宗族制出现，作为宗族群体，士族宗族是凝聚力最强的，因此宗族制度在士族宗族中最为发达。安史之乱后，中原和北方士族遭受浩劫，举家逃到南方，在新的地方成了平民，很难继续保持宗族组织的完整与特权。唐代的农民战争与五代的战乱，则进一步瓦解了士族制度。到宋元时期，官僚极力提倡重建宗族组织、开展宗亲活动。北宋的理学家们则提出了重建宗族制度的主张和设想，而这种主张和设想的倡导者与实践者，主要是官僚，尤其是高级官僚，因此宋元时期宗族制的特点是聚族而居的官僚宗族制。明清时期，制度上的解禁允许民间修建宗祠，宗族组织得以民众化，并盛行于长江流域及其以南地区。至此，中国的宗族逐渐由贵族组织演变为民间组织，由社会上少数人参加变为多数人参与；在功能上，则从以政治功能为主转换到以社会功能为主。

宗族组织的社会功能及其主要职责在于处理族事、家事以及对外事务，其建立的初衷着眼于强化家族的管理和维护家族的利益，促进家族的有序健康发展。因此，相应的规章规范被制定出来，完整的组织与管理系统也得以建立，以实现对族人的教育和鞭策，维护正统的礼治传统和血缘宗法。在具体的实施上，则通过编制族谱、共建宗祠、捐输族田等主要方式，形成宗族运作的完整结构形式，实现兴宗望族的既定目标，并由此形成了宗族结构的三大基础：修宗谱、立宗庙、兴族田，在此基础上创建学校，教育子弟，追名逐利，以求家族兴旺。

2.4.3.2　崇尚儒教礼制

儒教是中国传统的国家宗教，也是中国传统文化的神经和灵魂。由于中国传统文化五千年未曾中断，儒教在数千年的演变和发展中也未曾中断。周朝建立以后，曾经"制礼作乐"，建立了当时先进的政教一体的礼仪制度。圣人孔子整理了被认为是古代圣帝明王们创造的文化成果，并且提出了自己的理解，希望这些文献能够成为后世人们行为的依据。汉代由于国

家统治的需要，从汉武帝开始，实行"独尊儒术"的政策。儒者董仲舒依据孔子的思想，适应新的历史条件，对这传统的国家宗教教义进行了新的解说。在董仲舒新解说的基础上，后来的儒教不断努力，逐渐使传统宗教彻底建立在由周公、孔子奠定的儒家学说的基础之上。因而，独尊儒术，是传统的国家宗教彻底儒化的开端，也是儒教的真正开端。经由董仲舒重新解释和发挥的儒教教义，重视礼仪制度的建设，特别是其中祭天、祭祖的礼仪制度建设。完备而复杂的礼仪制度有助于人们养成遵守秩序、安分守己的习惯，并通过规定人与人的之间的关系礼法，来维护一个稳定的社会统治秩序，这正是儒教重视礼仪的重要目的之一。

礼制是规范家庭内部成员关系的重要礼法，朱熹在《家礼》中界定了一个理想中的家族社会，即以德、孝治家。在《家礼》中，大到祭祀祖先的家祠规制，小到衣着打扮，事无巨细，都做了详细的规定。在他的理想中，父母家长有着绝对的权威，人们长幼有序，敬老爱幼，礼数周全，尊祖敬宗，等级名分分明。儒式家庭的心理文化动力在于三纲的权威主义与五常的仁爱之间的互动，也就是说，天人合一、"三纲五常"的本质，就是中国传统的父家长制下的仁爱，它建构的是一种人与人之间的等级制度，是教化与规劝。三纲之中有两纲是家庭之内的关系，而三者皆为主从关系，它们之间形成的日常空间关系同样具有主次之别。这种家庭，是一个完完全全礼仪下的等级小社会。

2.5 广西地域文化分区

2.5.1 文化圈与民系的概念

2.5.1.1 文化圈

从文化的发生来说，文化总是先在某一地域之内产生，然后逐渐传播，占据一定的空间范围。地域文化从其空间来看，可大可小。为了界定地域文化的空间范围，文化社会学提出了"文化圈"、"文化区"等概念。

"文化圈"作为一个概念是最初由德国民族学家格雷布尔内和奥地利民族学家施米特提出，格雷布尔内认为"文化圈"由一系列相关的"文化丛"组成，是一个地理上的概念，多注重物质文化的研究；而施米特所说的"文化圈"，尽管也注重地理空间上的意义，但他往往从两地相关的文化丛或文化圈中推出文化的时间性，其范围也涵盖了从物质文化到社会风俗、伦理道德、宗教等人类各种文化范畴，同时他更加强调文化圈内各文化丛的相互关联以及如何构成具有共同文化特质的文化有机体[①]。

文化圈的划分有较强的人为随意性，其划分标准大多是民族、语言、地形地貌等，圈划的范围越大，文化的差异性就越大，反之各文化丛的特性就更加明显突出。国内的众多学者已经对我国的整体文化进行了区域划分的研究，费孝通认为我国的文化区"大体可以分成北部草原地区、东北角的高山森林区、西南角的青藏高原，曾被拉铁摩尔所称的'内部边疆'，即我所说的藏彝走廊，然后是云贵高原、南岭走廊、沿海地区和岛屿及中原地区[②]。"《中国大百科全书》则有东北、内蒙古地区，西北地区、西南地区以及中南东南地区等划分。再如《中国民俗地理》通过对地理环境、气候等因素的分析，根据几条主要的分界线（人兴安

① 刘金龙，张士闪. 文化社会学[M]. 济南：泰山出版社，2000：88.

② 费孝通. 瑶山调查50年[A]. 费孝通. 费孝通民族研究文集[C]. 北京：民族出版社，1988：447.

岭——长城——青藏高原东缘，秦岭——淮河，昆仑山——阿尔金山——祁连山），将全国划分为东北、华北、华中、华南、西南、西北以及青藏等7个民俗地理区[①]。

2.5.1.2　民系

民系的概念来源于针对汉族各个亚文化群体差异的研究，首先由广东学者罗香林先生在20世纪30年代为研究客家民系而提出。其内涵就是同一民族内部的各个独立的支系或单元，具有稳定性和科学性，每一民系都有自己独特的方言、相对稳定的地域和程式化的习惯及生活方式。

王东在《论客家民系之形成》一文中认为，一个民族共同体之所以在其内部又衍生出不同的民系，原因是多样的。主要有以下三种情况：其一，该民族在形成和发展过程中，融合了其他民族的一些成分，而这些被融合的成分虽改变了其原先的民族属性，但依然保留了其中的某些因素，从而在语言、生活和其他民俗习惯方面，有别于该民族的其他成员。其二，该民族在自身发展过程中，由于人口的增长或者天灾人祸及其他原因造成的大规模迁移，并由此而形成众多的民系。一方面由于大规模的人口迁移，使得移民们能在总体上保持其原来的民族属性，而不至于被迁入地的土著民族同化；另一方面，由于要适应新的生产和生活环境，又必然要与迁入地的土著民族或居民发生交往，从而逐渐形成一些有别于原先祖属性的新的特点。这些新的特点一旦形成，一个新的民系也就因此形成了。其三，由于各分布区域内自然条件和社会历史条件的差异，使得同一族属的人们在不同的居住区域内形成各自不同的特点，并由此形成不同的民系[②]。

方言是汉民族各民系之间最易识别的特征，现汉族内部仍存在着七大方言，即官话、吴语、赣语、客家语、湘语、闽语和粤语。对应存在着五大民系，即越海民系、湘赣民系、客家民系、闽海民系及粤海（广府）民系，其分布见图2-3。

各方言与诸民系的形成主要源于汉族三次大规模的南迁。第一次汉民族大规模南迁源于西晋"永嘉之乱"。连年的战争使中原汉人离开故土向四方迁徙，其中大部分南迁至古代吴越地域。这里河流纵横，土地肥沃，自然资源丰富，促使中原移民很快定居下来。定居后的汉人口音受古吴语和古楚语的影响，逐步演变成吴语和老湘语两种方

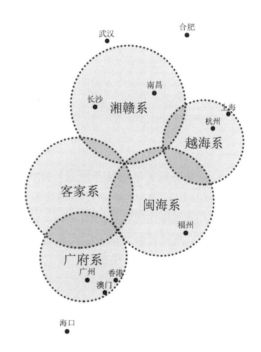

图2-3　东南汉族五大民系分布的地理格局示意图
（来源：根据余英. 中国东南系建筑区系类型研究［M］.
北京：中国建筑工业出版社，2001：57. 改绘）

① 高曾伟. 中国民俗地理[M]. 苏州：苏州大学出版社，1999：186.

② 王东. 论客家民系之形成[A]. 戴谢剑，郑赤琰. 国际客家学研讨会论文集[C]. 香港：香港中文大学，1994：35.

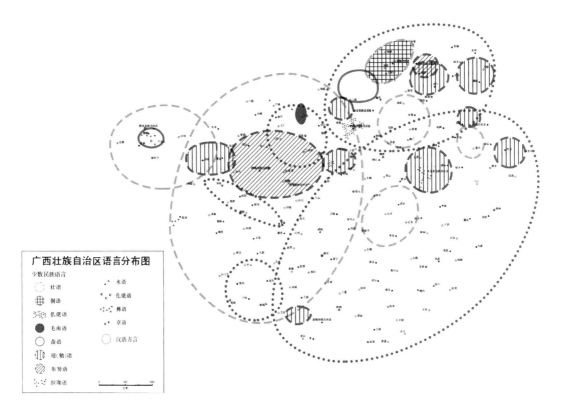

图2-4　广西壮族自治区语言分布图

（来源：根据中国社会科学院，澳大利亚人文科学院.《中国语言地图集》.香港朗文（远东）有限公司
出版，1987：A5．改绘）

言，形成了汉民族最早的两个民系：越海民系和湘赣民系。

　　第二次汉民族的大规模南迁源于唐末"安史之乱"，这一时期南迁的大部分汉族人进入了
闽粤地区。进入福建地区移民的语言，综合了吴语和当地土著居民语言的特点，转化为闽语
方言，形成了闽越民系。进入了广东地区的移民，进一步发展完善了汉代南越王朝的粤语方
言，形成了粤海（广府）民系。

　　第三次汉民族大规模南迁始于北宋后期"靖康之难"，这一时期大部分南迁移民进入了长
江以南未被开发的岭南山区和五夷山区，由于这些地区没有地方文化和地方方言的基础，所
以这些移民长久地保留了中原传统文化习俗和中原古代汉语，形成了"食南方稻米，吐北方
古音"的客家民系。

　　借助文化圈的概念，以广西的语言分布（图2-4）为辅助，广西地域文化可以划为东部汉
族移民文化圈和西部百越土著文化圈（图2-5）。

　　汉族移民文化圈内则可引入民系概念，根据移民来源、方言、生活生产方式、社会文化
发展过程和程度划分为广府文化区、客家文化区和湘赣文化区三区；百越土著文化圈则可根
据族群和民族区别，分为壮族文化区、侗族文化区和苗瑶文化区三区。

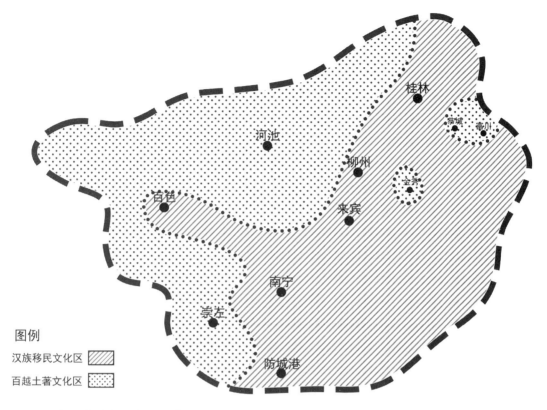

图2-5　广西地域文化分区示意图
（来源：自绘）

2.5.2　桂西百越土著文化圈

从旧石器时代就生活在广西的西瓯、骆越等百越诸民族，经过漫长的历史过程，逐渐演变为现在的壮、侗、水、仫佬、毛南等族。从考古发现和人类体质学的验证，他们都是广西地区的土著民族，也都拥有独特的民族性格和文化特点，尤以壮族和侗族为代表。苗瑶等外来少数民族族群，并不属于百越诸族，且原本也非广西地区的土著。来到广西后，和原生的百越族群一样，少数的被汉族同化融入其中，更多的居于山区。在封建社会时期苗瑶族群与百越族群共同都受到统治阶级的压迫，相似的民族心理和相同的生存环境使得苗瑶诸族的生活文化习惯更为偏向广西百越土著。为方便描述，本书将有关苗瑶文化的部分归纳入百越土著文化圈[①]。

2.5.2.1　壮族文化区

壮族是我国少数民族中人口最多的一个民族，是广西最为重要的土著民族。从东汉末至宋代，广西地区的土著民族陆续被称为"乌浒、俚、僚"等，《隋书·南蛮传》载："南蛮杂类，与华人错居……曰俚、曰僚……古先所谓百越是也。"《太平寰宇记·贵州风俗》载："贵

---

① 商、周时期，广西的土著居民与生活在现今中国的东南及南部地区的古民族一起，被统称为"越"，百越的百是多数、约数，是对南方诸族的泛称，活跃在广西境内的是瓯越和骆越两支。本书为了精简称谓和方便描述，将"瓯越和骆越"指代为"广西百越"。

州（今广西贵港市）连山数百里，皆俚人，即乌浒蛮"。《异物志》载："乌浒，南蛮之别名"。乌浒人，在东汉主要分布在郁林、合浦、桂林和交趾。俚僚人，到隋代已成为南方第一大族，人口在100万以上，仅在今之广西地区就有约90万人。宋代以后，"俚、僚"的称谓消失，而代之以"僮"，"僮"即今天的"壮"，元明以后，有关"僮"的记载越来越多。明嘉靖年间的《广西通志》载："庆远，南丹溪洞之人呼为僮。"到民国时期，自称布僮的有宜山、罗城、柳城等十多个县的全部或部分僮人。

现今壮族主要聚居在东起广东省连山壮族自治区县，西至云南省文山壮族苗族自治州，南至北部湾，北达贵州省从江县，西南至中越边境的广大区域，又以广西为核心聚居地。广西壮族分布面广，平原、山区、河谷和山谷都有分布，主要聚居在南宁、柳州、来宾、河池、靖西、那坡、德保、龙胜等城市和县份，以"那"字打头的地名遍布桂西、桂西南地区，如"那坡"、"那雷"、"那马"、"那林"等，构成了独特的地域性地名文化景观。随着稻作农业的产生和发展，生产工具和加工工具由简单发展到复杂、低级发展到高级，生产生活习俗也随之发生了巨大变化，壮族形成了据"那"而作，依"那"而居，赖"那"而食，靠"那"而穿，因"那"而乐，以"那"为本的生产方式和生活模式[①]。以干栏建筑为载体的壮族居住文化，是其民族传统文化体系中最具地方民族特色和最富有成就的一种文化类型，它既有鲜明的那文化色彩，又蕴含着丰富的稻作文化内涵，是壮族及其先民为适应稻作农业和当地自然环境的需要而创造的结果。

2.5.2.2 侗族文化区

侗族，自称为"布金"。魏晋至唐宋时期，属于僚人、峒僚、侗蛮的一部分。唐代出现的"峒氓"，"峒客"、"溪峒诸蛮"、"溪峒蛮"，就是指黔、湘、桂、粤一带包括侗族在内的许多少数民族。到宋代，史料中才出现了侗族的专称——"仡伶"。《宋史·西南溪洞诸蛮》载：乾道七年（1171年）靖州有仡伶杨姓，沅州生界有仡伶峒官吴自由。这里的"仡伶"实际上是以汉字记侗音，乃是侗族自称"金"或"更"的急读转写[②]。"仡伶"专称在史籍中的出现，表明侗族至迟在宋代已经成为独立的民族，从僚人中分离出来，在形成独立民族的过程中融合了周边其他族群的成分，最终形成一个单独的民族共同体，明人邝露在《赤雅》中说，"侗人"是"僚"的一部分。

以"补拉"、"斗"和"款"等宗族组织为主要特征的社会文化模式促使侗族形成了属于自己相对完整的社会文化体系。"补拉"为规模较小的父系家庭，可以理解为"家族"；"斗"即房族，是以父系血缘为核心，可以加入别的姓氏的宗族组织。"补拉"和"斗"作为侗族内部社会组织的基本结构，承担着物质生产和人口生产的基本任务，共同参与文化、公共事物处理等各种社会活动。几个"斗"共居组成一个寨，以寨结合成村，寨与寨、村与村之间的联系通过以地域为纽带的合款组织来实现。"款"组织最早源于原始父系氏族社会的婚姻制度，"互相盟誓"的形式长久地结成一个相当大的血缘集团。合款组织范围有大有小，小款由一二十个相邻的村寨组成，大款是由若干个小款组成，是一种民间自治与民间自卫的地缘性组织。在侗族社会诸多方面，"款"组织发挥着极其重要的作用，对内自行维护侗族社会正常秩序，对外抵制外来冲刷力撞击。"款"组织制度、"款"文化是侗族社会在农耕社会形态下

① 覃乃昌. 广西世居民族[M]. 南宁: 广西民族出版社, 2004: 18.

② 蔡凌. 侗族聚居区的传统村落与建筑[M]. 北京: 中国建筑工业出版社, 2007: 36.

的产物，是侗族凝聚力的纽带，作为侗族主要文化特性，是其传统村落与建筑文化确立的重要精神要素。现今，侗族村寨老人协会在"款"组织的文化基因和运行机能的传承和发展等方面发挥着积极作用。

侗族聚居在湖南、广西、贵州三省（区）交界地带，喜欢定居于山谷与溪河两岸的盆地间。在广西境内，侗族分布在桂北一带，主要聚居在三江侗族自治县、龙胜各族自治县及融水苗族自治县，其中以三江侗族自治县较为集中。

2.5.2.3 苗瑶文化区

苗族和瑶族，其先民可能与居住在长江中游及其以南地区的"蛮夷"或"南蛮"有关。大约在秦汉时期，苗族、瑶族的先民就已经出现在今湘西等地的五溪地区，被称为"长沙蛮"、"武陵蛮"或"五溪蛮"。

南北朝时期，苗族和瑶族分离。由于汉族统治者的压迫、天灾兵祸以及自身广种薄收、刀耕火种的传统经济的需要，瑶族逐步向南迁徙。隋唐时期瑶族主要居住在长沙、武陵、零陵、巴陵、桂阳、澧阳、熙平等郡，即湖南大部分和广西东北部、广东北部等地区。五代时，湖南资江的中、下游和湘、黔之间的五溪地区，仍有较多的瑶族居住。到了宋代，湖南西南部的辰、沅、靖诸州及整个南部、广西东北部和广东北部的韶州、连州、贺州、桂阳、郴州等地，都是瑶族的主要分布区域。

元明时期，瑶族继续大量南迁，不断深入两广腹地。至明代，两广成为瑶族的主要聚集地，当时广西的瑶族人口已占全省人口的30%，广东11个府的54个州、县都有瑶族居住，包括东部潮州，西部罗旁山，北部连州、韶州及乳源、新兴，南部南海、增城等。进入明末清初，部分瑶族又自广东、广西迁入贵州和云南南部山区。至此，瑶族在中国的分布大致形成了与今天相似的"大分散、小聚居"的格局[①]。

瑶族是最为典型的山居民族，秦汉史书记载，瑶人"好入山壑，不乐平旷"；宋人范成大在《桂海虞衡志》中说，"瑶，本盘瓠之后，其地山溪高深，介于巴蜀湖广间，绵亘数千里"；周去非在《岭外代答》中也说，"瑶人聚落不一……地皆高山"。关于瑶族的山居特点，民间的描述如下：广西民谚"高山瑶，半山苗，汉人住平地，壮侗住山槽"；贵州亦有谚云"布依住水边，水苗在中间，瑶族在山巅"；西双版纳的版本是"汉族住街头，傣族住坝头，瑶族住山头"。这些流传在不同地方的民间谚语，形象地反映了当地瑶族的居住情况，今天的瑶族，仍沿袭其祖先的传统，绝大部分居住在山区。关于瑶族居住于山区，除了刀耕火种的生产生活方式的原因之外，主要还是封建社会统治阶级对他们的压迫，这从瑶族民称的来源可以看出端倪，瑶人原称"窯、摇"，蚩尤率领三苗和摇民与炎黄大战失败，摇人一部分被当成劳役奴隶，称之为"徭役"，即"徭人"（周去非《岭外代答》曰："徭人者，言其持徭役与中国也"），此后历代徭人不断反抗封建统治压迫，啸聚山林、不缴赋税，至宋代又有"莫徭"之称，意即不缴税赋、不赋劳役之人，元代又被统治阶级蔑称为"猺"，直到新中国成立后才被更名为"瑶"。瑶族在长期频繁迁徙的过程中，形成了独具特色的古代传统文化——盘瓠文化。瑶族历史可上溯到秦汉时期，盘瓠神话与瑶族渊源有密切关系。瑶族笃信盘瓠，把他作为本族的祖先、民族英雄、传授生产知识的神，形成了以盘瓠为核心的瑶族古代传统文化——盘瓠文化。盘瓠文化贯穿于瑶族民间的神话、宗教、习俗节日、舞蹈和道德观念中，

---

① 覃乃昌. 广西世居民族[M]. 南宁：广西民族出版社，2004：72.

如盘王节就是瑶族举行祭祀祖先活动的节日，也是瑶族最隆重的节日。

在广西境内，桂东北南岭、猫儿岭、桂中大瑶山等主要山区都有瑶族聚居或分布。广西瑶族占全国瑶族人口的2/3，主要居住在金秀、都安、巴马、大化、富川、恭城六个瑶族自治县和49个瑶族乡内。

苗族先民称"三苗"，居住黄河中下游。经过漫长的历史，三苗的部分支系逐渐南移至江淮，以后又迁往洞庭湖入湖南中部。秦汉之际，三苗的一部西迁，进入黔北、川南、滇东；一部南迁入湘西、黔东南、铜仁、松桃等地的"五溪"。在广西，他们最初迁到今融水苗族自治县境内的元宝山周围，另一部分则沿着黔南不断向西迁徙。到了明末清初，有一部分迁到南丹县山区，有一部分则从黔西南迁到今隆林各族自治县境内的德峨山区。与瑶族一样，广西的苗族多居住于山区，广泛分布于越城岭、九万大山、元宝山、金钟山等名山。据2000年全国人口普查数据，广西苗族人口为45.58万人，主要居住区域有：融水、隆林、龙胜、三江、南丹、环江、罗城、田林、西林、乐业、资源等县。苗族支系繁多，有花苗、青苗、黑苗、红苗、红头苗、短裙苗、长裙苗、顶板苗等。在长期迁徙和不断发展过程中，苗族形成了独特的文化类型，它介乎于农耕文化与游牧文化之间，既耕且游。

瑶、苗等少数民族进入广西后，由于人口、经济处于相对弱势地位，为适应于迁入地的气候和地貌并保证民族生存和延续，其文化积极与广西土著文化和汉族文化相融，呈现"近壮则壮，近汉则汉"的特点。

今广西境内的毛南、仫佬、水族和壮、侗族有相同的民族渊源，史籍记载表明，其祖先都是先秦的西瓯骆越，汉隋唐的俚僚或西峒蛮，宋代以后逐步演化成为今天的各民族，都是广西的土著民族，他们继承了百越族群的很多特点，其建筑形式也大多是干栏式，虽然在细部特征上有一些差异，但楼上住人，楼下圈畜贮物的格局则是基本一致的。

2.5.3 桂东汉族移民文化圈

汉族是广西人口最多的民族，共有三千余万人，占广西总人口的61.69%。集中分布在广西东部、东南部和东北部的桂林、贺州、梧州、玉林、防城、钦州等地区，地理上连成一片；另外，柳州、南宁、河池、来宾等城市或各县的县城，也是汉族集中居住之地。这些地区多处在北回归线以南，气候暖热湿润、光照充足，加上地势平坦、土壤肥沃，自然条件优越，有利于发展农业生产。长期以来，桂东南地区既是汉族集中居住的地区，也是广西人口最集中、经济最为发达的地区。

正如前文所述，在历史上的不同时期里，汉族从中原、广东等地主要通过湘桂走廊、潇贺古道和西江流域进入广西，及至明清而达到顶峰（图2-6a），并集中分布在今广西东南部地区的郡、州、府或县治驻地及附近地区（图2-6b）。这些进入广西的汉人，按照其身份和所操职业不同，被称为"菜园人"、"蔗园人"、"射耕人"、"疍民"、"讲军"、"官人"等，或根据其籍贯又有"齐人"、"北人"、"中原人"、"京兆人"、"中县人"、"山左人"、"江右人"、"粤东人"、"湖广人"、"楚人"、"闽人"等不同的称谓，表明移居广西的汉族居民来源的复杂和支系的众多。[①]根据其民系属性，可分为广府、客家和湘赣三区。

---

① 覃乃昌. 广西世居民族[M]. 南宁：广西民族出版社，2004：54.

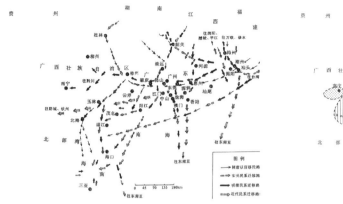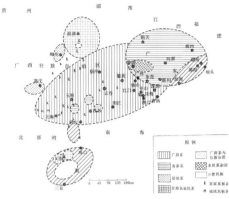

a 岭南汉族民系历史迁移路线分布示意图　　　　b 岭南汉族民系分布示意图

图2-6　岭南汉族民系迁移及分布示意图

（来源：根据司徒尚纪．岭南历史人文地理——广府、客家、福佬民系比较研究[M]．广州：中山大学出版社，2001．改绘）

2.5.3.1 广府文化区

广府人主要由汉族移民与古越族杂处同化而成。从秦开始，汉族历史上多次由北至南的移民给岭南地区带来大量中原文化与人口，特别是在宋代，"宋代由于一姓一族为单位人群从岭外大量入居，少数民族汉化或他迁，形成汉移民地域集中分布格局。以地缘为基础的民系代替原先以血缘为基础的氏族，最终导致民系的形成，在珠江三角洲和西江地区地域上连成一片的即为广府系。[①]" 广府系文化既有古南越遗传，更受中原汉文化哺育，又受西方文化及殖民地畸形经济因素影响，具有多元的层次和构成因素。从地缘上说，由于地处岭南，和中原相对隔绝，在交通落后的古代极大限制了与中原文化的交流，因此在广西汉族的三支民系当中，广府人保留了最多的土著文化。同时，岭南地区特别是广东，南面大海，从汉代起就开始与海外有持续不断的交流，造就了广府人视野宽广，易于接受外来新事物，敢于拼搏，商品意识和价值观念较强的性格特征，也形成了开放、务实、包容的广府文化。

广府文化的形成与同属岭南地区的广西密切相关，唐代开通大庾岭道以前，中原移民进入岭南的主要通道是桂北连接长江水系和珠江水系的灵渠，广府人的先民最早在广西定居，体质人类学的研究也表明，部分广府人，如珠江口疍民，其体质特征与广西壮族类似，与壮族同源。同时，大量的广西土著文化如迷信鬼神、食粥、壮语词义、倒装语法和构词法作为底层文化被融入广府文化之中。唐代以后，中原进入岭南的通道东移，中原文化对岭南地区的影响主要体现在以珠江三角洲为中心的广东地区。如前文所述，真正意义上的广府人进入广西是从明清时期开始，随着大量广府商人西进经商，广府文化在广西散播开来，比如粤语，凭借其强大的经济辐射力对广西其他方言和语言进行排挤，在桂东南地区及西江上游沿岸确立了其主导方言的地位，如桂中的南宁，由于1933年省会北迁至桂林而失去政治中心的地位，粤语随着西进的广府商人取代了原来的官话而成为南宁地区的主导方言。又如发源于肇庆的

---

① 司徒尚纪．岭南历史人文地理——广府、客家、福佬民系比较研究[M]．广州：中山大学出版社，2001：29.

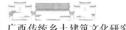

"龙母文化"，沿西江流域传播至梧州，成为梧州的代表性地域文化之一。

2.5.3.2 客家文化区

客家民系形成于中原汉民族的南迁过程。

从西晋末年至明清千余年间，因战乱、异族入侵、社会动荡等历史原因，客家先民经历了五次大规模迁移。到了宋代，客家人在迁入地占据人口优势，形成共同的经济模式和心理素质，且客家话也脱离中原语言融合南方少数民族语汇形成独立的方言，终于发展成为一个独立的民系并主要分布于闽、粤、赣地区。相对于广府人，客家人进入岭南地区时间较晚，平原与河流三角洲地区被广府人占据，客家人只能深入交通闭塞的山区，因而被称为"丘陵上的民族"。

丘陵地区山多而田少，客家先民与土著居民时有冲突，为了防卫，客家人形成聚族而居的村落和以大屋为主的建筑形式；为适应环境，他们向土著居民学习，以耕山为主，种植稻、麦、杂粮，形成以梯田为代表的土地利用方式和农耕为主的自然经济模式；山区资源较少，不少客家人为外出谋生而读书求学，形成客家重教的风气；同样由于地处封闭的山区，思乡情切，客家人比广府人更加注重礼制的传承，祖宗神崇拜成为客家人最主要的民间信仰。

客家人迁桂并形成规模是在明清时期客家第四次大规模迁徙期间，入桂原因主要为仕宦或躲避战乱。这一时期来自中原的客家人甚少，绝大多数来自广东嘉应州（今梅州）、惠州、潮州，江西赣州、宁化，福建汀州（今长汀县）、上杭等客家主要聚居地。客家人入桂很少是一次性的迁徙而定居下来，多数几经辗转流离而来到现居地，从而在广西境内也形成了几条主要的迁徙路线：一是沿南岭山地的迁徙路线，途经湖南的客家人沿湘桂走廊入桂；二是从广东迁入的客家人或是福建经广东迁入广西的客家人，大多溯西江西上，从梧州进入广西；三是福建或广东客家移民从海路（即南海到北部湾）进入广西，另有从钦州溯钦江而上到达灵山。

现今广西客家人主要分布在桂东北山区、桂中浔江流域、黔江流域、郁江流域及桂南南流江流域和钦江流域，形成了桂东贺州市，桂中贵港市、来宾市、柳州市，桂东南玉林市及桂南北海市、钦州市、防城港市四大客家聚居区，从整体来看，客家人在广西的分布总体呈东南密、西北疏，高集中、大分散的格局（图2-7）。

2.5.3.3 湘赣文化区

江西地处长江中下游相交处之南岸，南部为南岭山脉东段，山峦重叠，赣江纵贯南北，致使江西北部面向北方王朝开口，从秦汉时期起，北人便不断入赣，在安史之乱后，江西便成为接受

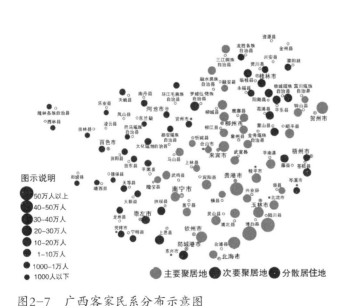

图2-7 广西客家民系分布示意图

（来源：根据钟文典.广西客家［M］.桂林：广西师范大学出版社，2005：1.改绘）

北方移民的重要地区之一。两宋之际的"靖康之难",又一次挤压大批北民入赣,一直延续到宋末元初。湖南与江西紧邻,其间有四条通道相连,江西人除了越过梅岭南下到广东打工外更多则是向西挺进到湖南,形成了"江西填湖广"的移民浪潮。谭其骧《湖南人由来考》认为:今湖南人的祖先十分之九为江苏、浙江、安徽、江西、福建人,而江西又占其中的十分之九。葛剑雄等《移民与中国》中统计明初湘北的长沙一带迁入的移民占当地总人口的90%左右,其中江西籍又占90%左右,迁移到湖南的人数有100多万,所以湘赣成为同一民系。"另外历代中原移民均取道这两者进入闽粤,尤其是两宋客家人经九江渡口和赣北地区迁移到闽粤赣边区。这种北方移民对这一地区特色的不断冲刷,使得湘赣系在东南五大民系中成为特色最不鲜明的一支[①]。"

受到中原文化的直接影响,且江西本就是程朱理学的发源地,因此以伦理道德为核心的儒家观念和儒家礼仪是湘赣民系最突出的文化特征。同时,湘赣民系地处"吴头楚尾",既保存了中原文化的形态,又受"楚"文化的深刻影响,体现一种多元并存的特征,总体上仍以北方中原儒家文化占主导。

桂东北地区在历史上与湖南南部同属一个高层政区,当地居民多为湖南移民后裔。湖南人口迁居桂东北地区持续了相当长的一个时期。早在明代以前,即有湖南人口零星移居全州等地,全州县内巨族梅谭蒋氏始祖自东汉以来即定居零陵;全州陈氏始祖陈南宾,"长沙茶陵人,元进食,授全州路学正……元末弃官,遂家于全,子孙遂为全人"。桂林地区灌阳县的唐姓三大支系亦皆来自湖南;广西名村月岭的唐姓村民则在宋代由永州迁来。这种移民虽人口不多,但多为官宦之家,有较高的文化素养,对当地的影响较大。如全州蒋氏一族,历代科甲最盛,明代担任内阁首辅的蒋冕即出自该族。明代湖南人入桂主要是以卫所屯驻的形式。为加强中央统治,镇压广西少数民族起义,大批湖南籍士兵进入广西,散居于各卫所。自明中期开始,桂东北地区就开始成为湖南籍移民分布最为集中的地区,如灌阳县有谱可查的116姓人口中,有72姓为明代迁入,其中大多因卫所驻守而来,这些士兵中就包括了大量湖南籍人口。明代后期至清代,又有大量湖南籍农业移民进入桂东北[②]。大量湖南人口的迁移,对桂东北地区的经济、文化和社会发展产生了极其深远的影响,使这一地区成为"湖南人的势力范围"。

2.5.4 广西地域文化分区的特点

综观广西地域文化的"桂西百越土著、桂东汉族移民"分区,有如下特点:

首先,百越、汉族两大文化板块区域相对明确。从平面来看,汉族主要分布在与湖南、广东交界的东部地区,势力范围呈现从东到西逐渐递减的格局。而少数民族则集中在与云南、贵州、越南交界的西部地区;从分布的地势高度来看,汉族占据大部沿海、沿江的平原和低山丘陵地区,少数民族则分布在海拔较高的云贵高原余脉及广西内部高寒山区,这也与民谚"高山瑶,半山苗,汉人住平地,壮侗住山槽"相吻合。

其次,汉文化区百越文化底层明显。正如前文所述,汉族南迁前,岭南地区百越土著文化较为发达,分批次进入岭南地区的汉族未能在文化上相对土著民族占有绝对的统治地

---

① 转引自:余英. 中国东南系建筑区系类型研究[M]. 北京:中国建筑工业出版社,2001:110.

② 范玉春. 移民与中国文化[M]. 桂林:广西师范大学出版社,2005:319.

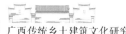
位，且中央政权每每在岭南地区实行特殊政策和措施。在汉族与土著的融合过程中，土著文化作为底层文化沉淀下来，加速汉文化的变异，被汉移民吸收而成为岭南汉族的各民系文化。壮语"那"字地名的大量存留就是土著文化底层的重要体现；广泛分布在贵港、桂平等浔江——郁江沿岸地区的三界庙其实就是壮族先民百越民族蛇崇拜的遗留。

第三，城乡差异较大。不同文化区划之间的差异自然较大，但即便是同一文化区划内部，其城乡之间也存在较大差异。这主要是因为外来移民主要聚集在城镇，对乡间影响较少，这种差异在语言方面体现得最为明显。在桂西、桂南地区，粤商是当地城镇经济的主要支柱，与此相适应，粤语主要分布在城镇，乡村则主要通行壮语。如雷平土司（今大新县境内）的"通圩市、客商贸易，多操粤语"。龙州、百色等地城镇和圩市的"市商贾多粤东来"，粤语也相当流行，但在乡间则仍然通行壮语和土话（桂平则是平话）。同时，风俗的城乡差异也很明显，在外来移民聚居的城镇，风俗的汉化特征更为浓厚，乡间则保留较多的土著少数民族的文化特色。

2.6　本章小结

广西位于全国地势第二台阶中的云贵高原东南边缘，地处两广丘陵西部，南临北部湾海面，整个地势自西北向东南倾斜。山区面积广大是广西土地资源构成的一个最突出的特点。同时，广西河网密布，河流走向总体上沿着地势呈倾斜面，从西北流向东南。珠江水系是广西最大水系，主干流南盘江—红水河—黔江—浔江—西江自西北折东横贯全境。广西气候温暖，热量丰富，也是全国降水量最丰富的省区之一。独特的地理自然环境造就广西境内山地、平原、海洋等多种地域人文生态。

早在石器时代，人类活动的遗址就已遍及广西各地。及至商、周，广西的土著居民被称为"骆越"与"西瓯"，并逐渐演变为现在的壮、侗、水、仫佬、毛南等族，这些民族继承了百越文化的特点，具有以稻田耕作为核心的民族文化特点，实行以"小家庭"单位为主的聚居模式。外来移民是形成当前广西文化发展及其空间差异的主要原因。秦汉以降，汉族和苗、瑶、回等少数民族就源源不断地迁入广西，其中又以汉族移民占据绝大多数，并在明清时期达到移民的高潮，最终形成汉族占据全广西60%人口的基本格局。移民不仅是古代中原文化向岭南传播的有效途径，也构成秦汉以后历代中央政权对广西进行统治的社会基础。汉族移民进入广西，占领了盆地、平原等资源丰富易于生产生活的地区，部分土著居民与汉族融合，更多的则退居山林，广泛分布于广西西部和北部地区。汉族移民带来先进的生产技术和起源于中原的汉文化。在广西的汉族聚居区域内，儒教礼制与宗族制的大家族聚居是其基本的文化特征。

本章的最后部分探讨了广西地域文化的区划问题，并引入文化社会学的"文化圈"、"文化区"的概念。同时，为了廓清广西的汉族移民成分，还借助了民系的概念。最后将广西的地域文化分为"桂西百越土著文化圈，桂东汉族移民文化圈"两大部分，其中百越土著文化圈由壮族、侗族、苗瑶三个主要部分组成；汉族移民文化圈则可被分为湘赣、广府、客家三大区域。

第3章

广西传统乡土建筑文化的生成及其区划

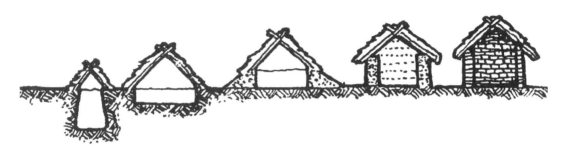

3.1 影响广西传统乡土建筑文化生成的因素

"建筑是地区的产物，世界上没有抽象的建筑，只有具体的、地区的建筑，它总是扎根于具体的环境之中，受到所在地区的地理气候条件的影响，受具体自然条件以及地形、地貌和城市已有建筑地段环境所制约[①]。"可以说，建筑的产生，与当地的建筑材料、建造技术、地形地貌有着直接的关系，人们的生活、生产方式、宗教信仰等对之也有较大的影响，自然环境和人文条件是形态万千、丰富多变的地域建筑生成的必然和必需。从系统论的角度来看，建筑的形成过程，其实就是一个由于信号的输入（气候、地形、材料、技术、生活生产方式、信仰等）而产生信息输出（平面形制、建筑结构、造型装饰）的过程。输入的信号决定了产出的结果。用人文地理学的观点来解释，在某一特定地域，其建筑文化的产生与演变是"人地关系"相互协调处理的结果。"人"即社会性的人，是在一定地域空间上活动着的人。"地"则代表了与人类活动密切相关的自然地理环境和在人的活动下已经做出改变的经济、文化、社会的人文地理环境。

自然地理环境包括了自然气候、地形地貌、水系植被、物产资源等因素；人文地理环境则指在一地聚居的人群在长久的社会生活中形成的社会结构、生产生活方式、宗教信仰以及与之相适应的经济技术发展程度和文化的传播等因素。自然因素与人文因素相互渗透影响，密不可分。建筑文化的生成与发展是这两类因素共同作用和平衡的结果。

3.1.1 自然因素

3.1.1.1 气候

"……住宅形态的地域性和多样性不能以气候决定论来解释。然而，气候作为塑造形式的重要因素，对满足人们需要的宅形仍然具有深远的影响。当技术水平有限、缺乏控制自然的有效途径时，人们往往只能顺应自然。在这种情况下，气候的作用就更加明显了[②]。"

① 何镜堂. 建筑创作与建筑师素养[J]. 建筑学报, 2002, 09: 16.

② 阿莫斯·拉普卜特. 宅形与文化[M]. 常青等译. 北京: 中国建筑工业出版社, 2007: 82.

从原始聚落开始，人类就认识到居所首先是一种自然形态，是遮风雨、御寒暑的庇护所，是有一定使用空间的遮掩体。《墨子·辞过》中说："古之民未知为宫室时，就陵阜而居，穴而处，下润湿伤民，故圣王作为宫室。为宫室之法，曰：室高，足以辟润湿；边，足以圉风寒；上，足以待霜雪雨露……[①]"。这说明传统建筑形式与功能要求皆与气候相关。

早期的传统乡土建筑受技术和经济的限制，气温、日照、降雨、湿度、气流等气候条件是人类在营建房屋时首要考虑应对的自然因素。如何尽量利用这些外界的气候资源，尽可能获得良好的居住物理环境，也是早期传统乡土建筑形态的出发点。因此气候条件对传统民居的空间和形态构成有着极大的影响，而处于不同气候条件下的人们总能找到适合当地的居住和建造方式。位于潮湿、多雨、高温地区的建筑形态往往表现为峻峭的斜屋面和通透轻巧、可拆卸的围护结构以及底部架空的建筑形式；高纬度寒冷地区的民居，为了保温和防风，其建筑形态则严实墩厚、立面平整、封闭低矮；而荒漠地区的民居，则通过对外封闭、绿荫遮阳等手法来减少高温天气对居住环境的不利影响。

广西位于低纬度的亚热带地区，总体的气候特点是热量丰富、潮湿多雨。因此广西的传统乡土建筑对气候的适应主要体现在防潮、防雨、通风隔热等方面。架空的干栏式建筑就是应对于这一要求而被创造出来：底层架空的方式避免了居住部分直接和潮湿的地面接触，也有利于避开水患；也是因为架空，空气对流更为易于形成；房屋使用通透和灵活可拆卸的围护结构，通风条件优越；架空和深远的屋檐、吊脚出挑方式也有效防止雨水对房屋的侵袭。广西地居式的民居，则由北方地区的合院式民居转化而来。北方的院落宽敞以利于纳阳驱寒而传至包括广西在内的南方，经过气候的修正，为了便于遮阳，合院缩小为天井，大小尺度不同的天井相互组合，有利于营造风压差，实现空气的对流。再如广府式的聚落，运用前水塘、后树林和梳式建筑布局的街巷创造良好的通风环境以适应岭南的湿热气候（图3-1）。另外，广西南临北部湾，沿海地区易受台风侵袭，建筑通常较为低矮，如京族民居的檐口仅高1.8米左右（图3-2）。合浦大士阁为供奉观音的庙宇，由于位于海边，底层架空以减小风阻（图3-3）。

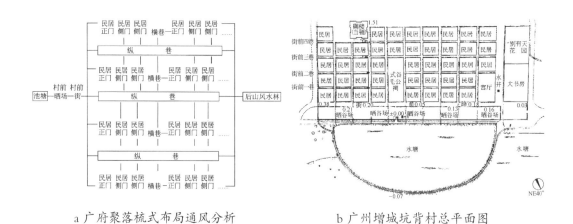

a 广府聚落梳式布局通风分析　　　　　b 广州增城坑背村总平面图

图3-1　典型广府式聚落布局与通风分析

（来源：汤国华.《岭南湿热气候与传统建筑》[M]. 北京：中国建筑工业出版社，2005：143.）

---

① 转引自：龙庆忠. 中国建筑与中华民族[M]. 广州：华南理工大学出版社，1990：191.

图3-2 京族民居层高低矮

（来源：《广西传统民族建筑实录》[M]．南宁：

广西科学技术出版社，1991：91.）

图3-3 合浦大士阁底层架空

（来源：自摄）

虽然广西地区总体的气候环境较为类似，但境内的不同地区由于所处纬度、海拔、地貌和地表植被有所区别，其小气候特征也不尽相同，因此虽然同属某种特定的建筑类型，为了适应气候上的变化，其原有特定的做法会随之发生改变。比如侗族鼓楼的重檐，起到防止雨水飘进室内的作用，重檐之间的空隙更有利于由于生活取暖产生的烟气排出。重檐之间的距离，一般为1米左右。但在河谷平原地区，由于风速没有原来的山区快，为了利于烟气快速排除，重檐之间的距离被调整至1.5米，也不必担心风助雨势飘进室内。这就直接导致鼓楼外形上的变化，山区的鼓楼密实而平地疏朗（图3-4）。再如桂北地区由于冬季较冷，山区干栏敞廊部分的外墙为活动可拆卸式，夏季打开通风冬季则封闭挡风。桂西南地区四季变化不甚明显，干栏的外墙板排布稀疏且留有空隙，其主要目的就是为了内外空气流通。

3.1.1.2 地形

地形地貌是建筑物得以存在的自然背景和物质依托，人们对待地形的态度是地域建筑得以形成的重要原因。传统乡土建筑，为克服自然地形的限定，解决的办法千变万化。这与各民族群体聚居的环境情况、各民族群体在文化和象征意义上如何接受环

a 高定寨中心鼓楼（檐距1米）　b 岜团寨岜团鼓楼（檐距1.5米）

图3-4 高山与平地修建的鼓楼檐距区别

（来源：自摄）

境以及他们对舒适的不同定义有关，也是建筑地域特征分异与演变的重要因素。在工艺技术不发达、控制环境能力受限制的情况下，古代的先民往往没有办法去主动掌握和改造四周的自然，只能去适应环境，一般都是顺应山形水势，趋利避害地选择建造场地，因势利导地适应地形地貌。

我国地形地貌上的复杂多样对建筑、村镇聚落形态产生十分明显的影响。"传统民居由于其所处的地形坡度的不同而具有不同的形态。在坡度较平缓的地形条件下，传统民居多依附于地形，其建筑布局多以水平伸展的地面式民居为主。而在坡度较陡的地形条件下，传统民居则使建筑底面与底面脱开，常在楼层形成悬挑和吊脚，建筑布局以竖向组合的架空式民居为主。同时，传统民居建筑根据其所处地质条件的不同而具有不同的形态。在我国西北的黄土地区，由于黄土颗粒凝聚力强、土质坚实、干燥、壁立不倒，于是人们挖掘成住人的地下式窑洞民居，这种生土建筑形态独具特色。而在河渠纵横、水网密布的江南一带，传统民居建筑则把水面和居住紧密联系起来，根据水乡临河地形创造了傍流临水民居的独特建筑形式[1]。"陆元鼎先生根据民居建筑底面与不同地形的相互关系，将我国传统民居建筑划分为地面式、地下式、架空式、临水式四大类型（表3-1）。

不同地形地貌的传统民居形态分类　　　　　　　　　　表3-1

分　类	特　　点
地面式	建筑底面直接与地面接触，建筑依附于地面而建，有筑台、提高勒脚、错层、掉层等形态
地下式	建筑建于山体地面之下，有靠崖窑洞、下沉窑洞、半下沉土坯拱窑等形态
架空式	建筑底面不直接与地面发生接触，通过悬挑和支撑架空于地面之上，有吊脚楼、干栏、悬挑等形态
临水式	民居与水面有机联系起来，建筑都傍流临水，有水面出挑、水上吊脚、跨流、倚桥等形态

广西位于全国地势第二台阶中的云贵高原东南边缘，地处两广丘陵西部，山区面积广大。干栏建筑的"悬虚构屋"，对利用地形、争取空间有着先天的优势，在广西山区有着广泛的应用。由于居住面抬高，架空的高脚柱可随地形自由灵活变化，因此就无需对地形做大的修整，自然地貌的破坏就少，对于坡地、沼泽等复杂的地形有着很强的适应性。木质建筑重量也较轻，能适应于各种类型的地质状况。当然，并不是说干栏建筑因其架空就无需对地形加以改造，干栏山地民居对地形的处理方式，可以分为如下五种类型（图3-5）：1. 挖进型，即将一部分坡地挖掉整平建房；2. 填出型，即将缓坡填平建屋；3. 挖填型，把坡地部分挖出，填至下方坡地以平整宅基地；4. 错层型，无须整平地基，房屋顺应山势层层退让，架在山坡上；5. 悬空型，通过底层柱子将整个房屋挑出悬空在山坡上。汉族的合院式地居多建于平原与河滩地区的平地和缓坡地形上，部分建造于坡度较陡地形上的汉族民居，则向干栏建筑借鉴，演化为半干栏式的地居（图3-6）。

3.1.1.3　材料

在房屋的建造中，可资利用的材料和相应的结构技术，对建筑形式的构成有很大影响。无论何种形式的住屋总得承受自然界的气候和地心引力的考验。因此，合理的材料与材料之

---

① 陆元鼎. 中国民居建筑[M]. 广州：华南理工大学出版社，2003：101.

1. 挖进型　　2. 填出型　　3. 挖填型　　4. 错层型　　5. 悬空型

图3-5　干栏民居对地形的处理方式

（来源：改绘于雷翔．广西民居[M]．南宁：广西民族出版社，2005：137.）

间的组合对建筑基本功能的达成有着重要意义。在经济技术和交通运输条件低下的情况下，就地取材是建造的基本原则，利用当地资源作为建材，免除了远距离运输的烦恼，也减少了能源消耗；而对材料的综合利用，则提高了材料的利用率。充分利用不同材料的特性，将不同材料进行组合或重叠使用，使材料的特长通过有效的构造方式发挥出来；另外，传统地域建筑对材料的回收和重复利用也体现出其

图3-6　钟山龙道村栏杆式天井地居

（来源：自摄）

经济性，对当前的可持续发展有着积极的借鉴意义。从建筑形态的角度来说，不同的材料出产和对材料组合运用方式的区别使得不同地区的建筑呈现丰富多变的造型和风格，也是地域建筑风格得以形成的重要因素。

南方地区多产竹木，竹子由于生长迅速且具有较好的抗弯性能而成为云南傣族主要建筑材料。广西部分地区的苗族也有使用竹子的传统，并会根据不同竹材的性能因材施建，如梁用"乐竹"、檩条用"马蹄竹"、墙面竹篾用"眉竹"。在瓦未普及之前，苗族也常用竹作屋面覆盖物。生产力发达经济条件较好的地区多用耐久性好的木材作为建筑材料。其中，杉木具有生长快（十八年杉）、易于加工的特点而成为常用木种。侗族更是植树造林的高手，其所产木料除满足自用外还能供给汉、壮等民族建房之需，也是侗民维持生计的重要手段。建房材料由竹转为木材，以绑扎为材料主要结合方式的施工手段就发展为以榫卯为构件结合方式的木穿斗结构。

在木材不易取得的地区，泥土就成为建房的重要材料。版筑夯土技术早在商中期就在修建城墙、水利工程和建筑地基上大量运用。随着木材逐渐缺乏，较易取得的泥土被用于建造

房屋承重墙，边贴山墙的木穿斗结构也被夯土和土坯墙取代。与版筑夯土的起源地黄土高原不同，广西地区的泥土资源并不十分丰富，特别是桂中喀斯特地貌地区和桂西的大石山区，泥土是重要的生存资源。一些地区就算泥土易取，但土质黏性不强，也不适合建房，石材就成为营建房屋的重要材料。柳州武兰地区，田垌中富含大量卵石，为便于耕作必须去除，人们也就地取材将其作为房屋墙体的主要用料，一举两得。卵石墙表面的饰面材料为泥、沙和石灰混合而成的三合土，饰面施工时使用卵石在表面击打使其与墙体紧密结合，由此形成独具特色的墙体肌理（图3-7）。桂北全州地区，人们建房的墙体材料也为河床中取来的卵石，为保证墙体的整体性，砌筑时卵石的大小、方向均按一定顺序排列，十分美观。为便于后期的墙体饰面，卵石墙上预留有方形洞口以作为脚手架的依托，颇具现代美感（图3-8）。另外，石材由于具有优秀的防水性能，广西亦多产石灰岩，因此房屋的基础、地面的防潮基层和易受雨漂的檐柱都会使用石材。

　　材料的变化也会导致建筑形态的改变，比如屋顶的坡度。原始的干栏建筑，屋面的覆盖

a 使用卵石砌筑的民居　　　　　　　　b 卵石建筑的外饰面处理

图3-7　柳州武兰使用卵石作为主要建筑材料

（来源：自摄）

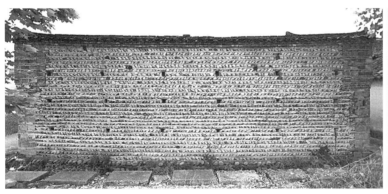 

a 使用卵石砌筑的民居　　　　　　　　b 村民演示孔洞作用

图3-8　全州地区使用卵石作为主要建筑材料

（来源：自摄）

材料多为茅草、树皮、竹片等，质量较轻却不耐久，为了加快雨水排除，屋顶的坡度大多为7分水左右。在普遍使用瓦材后，屋面坡度调整至5分水。坡度的降低，一方面可以防止较重的瓦材滑落，另一方面则是由于屋面的防水性能得到了提高。

3.1.2　人文因素

在生产能力和劳动技能较低的情况下，人们营造房屋时的主要影响因素是气候、地形、材料等自然因素。随着生产力的发展，人们对自然环境的依赖逐渐减少，改造自然的能力则得到提高。这时，社会结构、生产生活方式、经济技术条件等人文因素就成为推动建筑文化形成的主要动力。正如拉普卜特所言："各式各样的聚落和民居形式构成了一种复杂的文化现象，对此，任何单一的解释都无法以偏概全。然而，无论有多少种解释，都得面对同一个主题：抱持着不同生活及理念的人们，如何去应对不同的物质环境。由于社会、文化、仪式、经济以及物态诸因素间相互作用的千差万别，这些应对方式也跟着因地而异，各行其道[①]。"

3.1.2.1　社会结构

社会结构，指的是社会中的人，通过人与人之间的各种关系网络形成的社会的结构。以家庭—宗族血缘网络关系组建起来的社会结构是我国传统农耕聚落社会的基本特点。以血缘宗族为单位的农耕型聚落，宗族组织有很强的凝聚力，聚落结构展现出明显的内聚性特点，资源利用、生产消费均能自给自足，聚落无须依靠外部力量而能相对独立地生存与发展。

汉族尊崇儒家礼制，血缘关系的亲疏远近，往往决定聚落成员在家族中的地位，礼制规范聚落成员的行为，体现聚落成员的社会关系，使得汉族的聚落结构具有突出的秩序性和礼俗性的特点。汉族的聚落社会结构大致为总房—分房—支房—家庭的层级关系，以乡规族约及儒教礼制规范和约束宗族成员的行为。对应于宗族层级关系，聚落的格局形成"村—落—院"的组织结构形态。每一层级都以祠堂（总祠、分祠、支祠、家祠）为中心，住宅则依照血缘关系的远近分布于祠堂周围，形成汉族血缘聚落的空间布局特征。

百越民族如侗族，基本的宗族聚落是由"垛"—"补拉"—"斗"—"寨"组成，同一个"斗"内拥有共同的墓地、树林、公田等，由"斗"内各户轮流维护，其收入则归公共所有，用于修建鼓楼等公益性事业。"斗"内严禁通婚，并选出族中辈分高、年纪大、见识广且有威望的老人担任族长主持"斗"内事务。"寨"由数个"斗"组合而成，与"斗"一样，"寨"中也有寨老和全寨共同遵守的公约。"斗"与"寨"都以本身这一层级的鼓楼为中心，形成侗寨的基本空间格局（图3-9），鼓楼与附近的鼓楼坪、戏台等组成侗寨的核心部分，是村民的公共活动中心。类似的，其他民族也有"寨老"、"都老"、"石牌律"、"埋岩"等氏族领袖与古规古制。

由此可见，汉族与百越民族的血缘型聚落在社会结构的组成关系上区别不大。但在组成聚落的基本单位构成上，汉族聚落以多代同堂的大家庭为主干家庭，而百越民族以核心家庭为主干家庭。这也导致组成百越民族的聚落的建筑单体通常规模较小，且并不强调建筑单体的轴线与空间的递进关系；在社会关系的约束规范上，汉族尊崇儒教礼制的作用，因此聚落内部的等级制度色彩十分强烈，这是在百越民族的聚落中感受不到的。但在全面接受汉文化

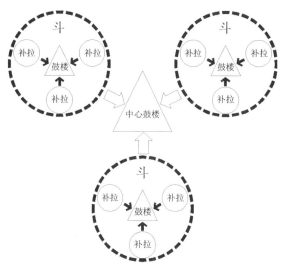

图3-9 侗族村寨结构示意图

（来源：自绘）

图3-10 金秀龙军屯卫星地图

（来源：Google Earth卫星地图）

图3-11 阳朔兴坪古镇

（来源：雷翔. 广西民居[M]. 南宁：广西民族出版社，2005：35.）

影响的区域，百越民族的聚落格局则脱离原有的散点半集中式布局，向规整、集中、等级化的汉族聚落模式靠拢（图3-10）。

血缘型的聚落，由于宗族组织的权威地位和自给自足的经济特点，聚落秩序与结构十分稳定。但是，在某些经济、交通地位重要的区域，不同姓氏的人群向同一地点聚集，原有的宗族组织的权威作用逐渐弱化，聚落的社会结构也趋向复杂多元化，单纯血缘型的聚落被地缘和业缘关系所替代。原有层级明显的封闭内向型空间发展演变为层级模糊的外向型空间格局。广西的很多商业型的集镇，如阳朔兴坪（图3-11）、南宁扬美、灵川长岗岭、三江独峒等就是由血缘型聚落发展而来。

传统汉族聚落的聚居方式，是以家族式的大家庭聚居为基本单位。但到封建社会后期，一些商品经济发达的区域，如广府地区，大家庭普遍解体，形成儿子成年即分家，分家必另立门户的习俗，核心家庭成为社会的基层细胞。直接导致"三间两廊"这种独门独户小规模的居住模式的广泛应用。发展至现代社会，原有的血缘宗族社会结构完全被打破，家庭结构更是朝向小规模的核心家庭发展，中小型住宅普遍增加，原有的那种大型宅院的模式难以为继，聚落的空间格局也发生翻天覆地的变化。

3.1.2.2　生产生活方式

生产和生活方式是建筑基本形制的决定性因素，特定的生产生活活动，必然对容纳这些活动的空间、场所产生不同的要求。地域建筑在其形成和演化的过程中总是与所在地区的生产、生活与风俗相适应。游牧民族逐水草而生，善于迁徙，便于拆卸组装的帐篷成为其主要住屋形式；农耕民族掌握了水稻、小麦等谷物的种植技术，也能长久保持田地的肥力，日出而作、日落而息的生产方式决定了守望在田间地头的永久性住宅成为其安身立命之所。

广西各民族大都以农耕为基本的生产方式，其生活亦围绕农耕生产展开，民居的各组成部分和空间布局方式也大多与农业耕作有关。在百越干栏式建筑中，底层的大部分场所都用于圈养牛、马和储藏锄头、镰刀等农业生产和加工工具；禾晒（图3-12）与晒台则用于晾晒玉米、辣椒、稻谷等农耕产出；火塘的上方透空的"帮"则主要用于存放禾把，利用火塘的烟气熏干禾把，避免受潮和生虫；屋顶的阁楼则大都开辟出来存储加工后的粮食，部分村寨中亦设有公用的谷仓。汉族的地面式民居虽然在建筑形象和空间格局上与百越干栏大相径庭，但围绕农耕生产和生活而形成的基本晾晒、存储、加工等功能组成则是一致的。在以商业活动为主要生产方式的集镇，民居形式与农耕村落完全不同。不需要耕作，牲畜的圈养就不是必需，"下畜牛马上住人"的干栏住屋被"下店上宅"、"前店后宅"或"前店后坊"的商业街屋所取代。商业型的集镇，寸土寸金，民居的开间亦由三开间起步减少至单开间或双开间，为了满足使用要求，进深则被加大，形成多院落的组合（图3-13）。

在同一个民族或同一地区内，生产和生活方式并非一成不变。当生产或生活方式发生改变，住屋的形式也会随着而产生相应变化。比如百越民族火塘间。在已发掘出来的原始社会穴居遗址中，火塘就是原始人类生活空间的中心，火塘除了用于煮食之外，御寒的作用也十分重要，因此早期的人类，起居生活的一切都是围绕着火塘展开。在某种意义上，火塘就是家庭的代表，一个火塘就代表一个家庭，甚而发展出一系列以火塘为中心的崇拜仪式。在侗族的住宅中，火塘的作用至今仍非常重要，并设置有专门的火塘间。随着炊事用火与取暖用火的分离，专用的厨房出现，人们对火塘的依赖程度下降，火塘的作用逐渐减弱，在居室中的地位下降。先是专用的火塘间被取消而成为堂屋的附属公共空间，然后再被移至屋后，最后则完全被厨房取代。这样，火塘从固定式、专门的火塘间转变为活动式的火盆，从一个主要的房屋空间演化为一件家具。

图3-12　侗族禾晒与粮仓
（来源：www.baidu.com）

图3-13　街屋的院落
（来源：自摄）

图3-14　熊村寂寥的街巷
（来源：自摄）

图3-15　喧闹的龙胜平安寨
（来源：自摄）

灵川熊村（图3-14），曾是位于古湘桂商道上的重要商业集镇，沿街民居毗邻而建，前店后坊，是典型的商业型街屋。但由于20世纪中叶湘桂铁路、桂黄公路的开通，熊村日渐没落。商业的败落致使村民转而进行农业生产和中草药的种植，但商业型的街屋缺乏必需的晒台等设施，村民转而在古村外修建新居以满足生产生活的需要，原有的街屋也面临着更新。

龙脊地区的平安寨，属于"龙脊十三寨"之一，原来是典型的农耕型干栏聚落。随着旅游业的发展，农业生产不再是村民的主要经济来源。据相关研究[①]，至2008年，平安寨从事农家乐旅游开发的村民达到96户，占据村民总数的一半以上。原有的干栏建筑被改建为农家旅馆，圈养牲畜的底层空间被改造为餐厅、厨房、公共厕所和洗澡间，二层的火塘、神龛、厅堂均被取消，前堂后室的空间格局被改造，形成了南北两面为客房，中间为走廊的空间布局。为了进一步扩展空间，建筑亦被加高至三、四层，最高者达到六层。木材不敷使用，普遍被替代以钢筋混凝土。原有的农耕特色的村落景观格局不复存在，虽然新建房屋被赋予木材贴面和坡屋顶，但也掩盖不住经济利益追逐下的喧闹与浮躁（图3-15）。

3.1.2.3　经济及技术条件

经济与技术因素对地域建筑的营造水平·质量有着较大的影响，不同地域间的经济和技术上的差异也导致建筑发展的地域差异。"一方面，从聚落的规模和密度上来看，富裕地区往往比贫困地区吸引更多的人口定居，因而规模较大、建筑密度高。另一方面，由于经济能力

---

① 吴忠军，周密. 壮族旅游村寨干栏式民居建筑变化定量研究[J]. 旅游论坛，2008，12：451-457.

的支撑，发达地区居民对于建筑质量的要求往往比欠发达地区更高，因而也促进了建造技术的精湛化，无论在选材、用料上，还是在施工工艺方面都能达到更高的水准[①]。"

从地理环境的角度来说，广西的平原地区比山区的居住和生存环境优越，土地和灌溉以及交通条件也导致平原地区的经济状况远胜于山区，如右江平原（右江盆地）、南宁盆地、郁江平原、浔江平原、玉林盆地等地均是广西历史上著名的粮仓。这些地区的村落规模普遍为几百至上千户的大型聚落，而山区由于土地资源相对较少，村落规模也较小，石山地区更甚，通常一个自然村落仅仅只有十数户人家。从生产力和技术发达程度的角度来看，广西东部与西部存在着较为明显的差异。桂东地区是汉族移民的主要聚居地。本来就具有资源和区位优势的桂东地区在汉族移民相对先进的生产技术的发展下，其经济水平远比桂西地区要高。也正由于经济能力较强，汉族建筑的规模、工艺和装饰水准比大多数百越少数民族的建筑要高。广西汉族移民中，由于经济能力的不同，建筑形态也有较大区别。如广府人占据资源优越的平原和流域地区，经商的传统也使得广府人经济水平较高，能够大量使用青砖和石材等贵重建材；客家人多居住于山区，农业生产是其主要的经济来源，山区的农业产出比平原要低，受经济条件的影响，客家建筑多以夯土和土坯砖为建筑材料。在广西少数民族之间进行比较，苗族与瑶族历史上习惯于刀耕火种，多游走迁徙于高山峻岭之间，虽然随着先进耕作技术的掌握得以定居，但聚居地的资源条件导致其经济水平仍低于壮族和侗族。部分居住在山区的苗族和瑶族，至今仍采用耐久性和强度弱于木材的竹子作为主要的建材，屋面的覆盖材料也为竹片和树皮等。

3.1.2.4 文化传播

某种特定的地域建筑文化得以形成之后，并不会处于一成不变的状态，变迁和演化贯穿地域建筑发展的整个过程。文化的变迁，从源头来看，可以归为源于内部和源于外部两种情况，"内部发展的变迁通常源自发现或发明，而外部发展或接触的变迁，一般源自借用或传播[②]。""人类文化不论开放或封闭，都会因种种渠道或带来文化之间的接触与交流，并最终相互影响。在异文化的影响下，引起文化内部的震荡与调整。其结果也导致了文化的变迁，因而文化传播是影响文化变迁的一个重要因素[③]。"传播者、传播媒介与传播通道是文化传播得以形成的三个要素。传播通道在第二章已进行探讨，本节主要讨论地域建筑文化的传播者和传播媒介两方面内容。

1. 传播者

建筑文化的传播者，最为直接的就是工匠。传统工匠可被分为木匠、瓦匠和石匠等，木匠是组织和领导者。工匠在充分了解业主的营造意向和投资状况后，通过其掌握的建房造屋的技术手段以及对相应建筑模式的理解，完成房屋建造的目标。通常经济发达地区和某种文化核心区的工匠，因其营建技艺更为高超和"正统"，而被业主邀请至其他区域主持和参与营建活动，建筑文化由此传播开来。如灵山苏村建造古宅群的工匠就是从原籍肇庆和佛山等地招聘雇请而来。三江和龙胜的木匠由于技艺高超，活跃在广西各地甚至被请到贵州和湖南参与木楼与风雨桥的建造。工匠也主动学习外地的建造技术，三江高定寨的墨师吴仕康就曾为

① 李晓峰. 乡土建筑—跨学科研究理论与方法[M]. 北京：中国建筑工业出版社，2005：105.

② （美）克莱德·M·伍兹. 文化变迁[M]. 施惟达，胡华生译. 昆明：云南教育出版社，1989：3.

③ 郑晓云. 文化认同与文化变迁[M]. 北京：中国社会科学出版社，1992：207.

仿古制修建独柱鼓楼而赴贵州黎平参观学习。

"三分工匠，七分主人"，业主是建造活动的出资方，对建造内容和模式有着决定性的作用。业主根据其生活经历、思想观念和技术经验，结合功能、形式、投资等具体内容，形成心目中理想模式，并通过匠师实现。一般来说，同一地区和具有相同生活背景的业主由于接收到的外界信息较为一致，其目标模式也基本相同，所以建造内容的形制与造型也具有较强的相似性和稳定性，从而形成一定的建筑文化传统。并随着业主的迁移而传播至各地。正如前文探讨的广西汉族移民由广府、客家、湘赣三大民系构成，代表着这三个民系的相应的地域建筑类型也随着汉族移民入桂而传播开来。

2. 传播媒介

传播媒介指的是人们用来传递信息和取得信息的工具。传统建筑文化传播的媒介，主要有口语媒介和文字媒介两种。新中国成立前，广西百越诸族，如壮、侗、苗等族都没有自己的文字，建造技术和信息只能靠口诀和歌谣传播。如流传于百色平果、田东一带的壮族《建房歌》，"包括上山伐木、打砖瓦、烧窑、平基安磉、立柱安梁、盖瓦、新房落成、庆贺入居以及相关的居室设置、使用功能、建筑装饰、居住习俗等"[①]。文字媒介方面，传统建造技艺和建筑文化通过族谱和《鲁班经》等营造著作传承和流传散播开来。

3.2 广西传统乡土建筑的类型

一般认为，我国传统建筑的原始形态，粗略而概括地，可以分为两种最为基本的类型：南方的巢居和北方的穴居。原始人类生产力有限，在住屋的形态上完全受制于自然，亦只有依靠所处地的自然条件才能营造遮风避雨的安乐窝。《博物志》中有云："南越巢居，北朔穴居，避寒暑也。"恰当地描述了两种住屋形态分布的地域范围和特点。穴居分布于雨水较少、林木缺乏和土壤黏性较强的黄河流域地区，如山西、陕西、宁夏、甘肃等地。黄河流域拥有广阔而丰厚的黄土层，土质均匀富含石灰质，壁立而不易倒塌，便于挖作洞穴；巢居则大量分布于雨量充沛、林木繁茂、地形起伏较大的南方地区。《韩非子·五蠹》云："上古之世，人民少而禽兽众，人民不胜禽兽虫蛇，有圣人作，构木为巢，以避群害"。穴居最后发展为合院式和天井式的地居，巢居则演变为干栏式的楼居。

广西的干栏式楼居是百越民族的传统民居形式，属于"本土原生"的地域建筑类型；地居民居随着汉族移民传播至广西，经过广西本土气候、地形地貌的修正，成为另外一种具有代表性的广西地域建筑类型。

3.2.1 干栏式楼居

3.2.1.1 干栏楼居以前的洞居

考古发现证实，距今13万年以前，包括广西在内的岭南地区就有原始人类的活动，岭南的原始人依靠狩猎采集为生，还不懂得营造房屋。岭南地区分布着大量的石灰岩，这些石灰岩受雨水的溶解侵蚀，变得群峰竞秀、溶洞纵横。原始人自然就以这些洞穴作为居所。"原始居民对赖以栖息的山洞或岩穴是有选择的，其条件是洞穴所处的位置既不低也不高，一般

---

① 覃彩銮等. 壮侗民族建筑文化[M]. 南宁：广西民族出版社，2006：33.

a 原始巢居　　　　　　　b 樐巢　　　　　　　　c 干栏

图3-16　干栏演进推考

（来源：张良皋.《匠学七说》[M]. 北京：中国建筑工业出版社，2002：50）

以距离地面10～30米为宜，以方便下山从事渔猎和采集劳动。其次是临近水源（即山下有江河或水潭），方便生活用水的需要。其三是洞口相对较小，洞内较为宽敞且不深，地面干燥，冬暖夏凉，以利于防备猛兽的袭击。其四是洞口向阳，以便采光，避免冬天冷风吹入。直到唐宋时期，壮族地区仍然有一些地方的壮民'以岩穴为居止'，所居岩穴的选择大致如前，只是地势略低而已[①]。"

随着生产方式的变化和劳动技能的提高，原始居民活动的范围逐步扩大，人们开始走出山洞，逐渐聚集在江河两畔依树巢居，并最终发展为干栏式楼居（图3-16）。

3.2.1.2 干栏楼居的形成过程

"干栏"一词，最早见于《魏书·獠传》，其云："獠者，盖南蛮之别种……种类甚多，散居山谷……依树积木，以居其上，名曰'干兰'。干兰大小，随其家口之数。"宋代的《太平寰宇记》对干栏建筑有如下描述："人栖其上、牛、羊、犬、豕、畜其下"。范成大《桂海虞衡志》："民居苦茅，为两重棚，谓之麻栏。""干栏"一词，用壮族语言来翻译，"干"是"上面"的意思，"栏"即"房屋"，合起来就是"上面的房子"。此意与史献描述颇为相符。干栏建筑的形成过程，根据目前学界的普遍观点，大致历经"巢居"—"栅居"—"整体框架"几个阶段。

图3-17　沧源岩画"树上房屋"

（来源：盖山林.《中国岩画》[M]. 广州：广东旅游出版社，2004：144）

在禽兽众多的环境条件下，"巢居"大概是原始人类赖以生存的主要居住形式。韩非子《五蠹》记载："上古之世，人民少而禽兽众，人民不胜禽兽虫蛇，有圣人作，构木为巢，以避群害，而民悦之，使王天下，号之曰'有巢氏'。"巢居形式少有遗存，我们只能从文字和岩画（图3-17）以及出土文物中大致推测其形态。远古的人类，技术水平较低，只好利用天然的树木为柱，在几株相邻的大树之间，凌空架起横木，用藤葛之类绑扎固定，然后铺上树干或篾笆，编制草排、树叶为壁，其上盖以茅草、树叶或树皮，远远望去，有如鸟巢。随着技术的发展和农耕生产的推广，人们逐渐走出山林，在平地或斜坡上构筑居室，仍仿"巢居"

[①] 覃彩銮. 壮族传统民居建筑论述[J]. 广西民族研究，1993，03：113.

式样，离地数尺以居，用巨木立地代替天然树木，并利用楼下的空间饲养畜禽，巢居逐渐演变为栅居。"利用天然生长的树木来架设巢居，毕竟要受到客观条件的限制，当客观条件不能满足人们的需要时，他们就会创造条件来满足自己的需要。在缺少理想的天然树木的场合，人们就采用了在地上埋设木桩的方法来替代天然树木支撑巢居的底座，这时的巢居就发生了性质上的变化，成为后世所说的'栅居'了[①]。"

巢居和栅居有着同源的递进关系，都可视作干栏建筑的原始状态，戴裔煊先生认为："就巢居与栅居而论，中国的历史记载分明告诉我们是西南中国古代最流行的住宅形式，越人和其他西南中国许多民族根本都是居住这一类住宅的，依山则巢，近水则栅，在唐代以前还两种并存，后来巢居逐渐为栅居所替代，揆之文化演进之公例，适者遗存，不适者淘汰，人类文化多数是进步的，后来者居上，其演变递嬗的层次先后，盖甚明显。僚人同时有这两种形式的住宅，两者同样叫作'干阑'，从名称上观察，亦不能不深信彼此有亲缘递嬗的关系"[②]。

栅居的下部支撑短柱与上部结构是分离的，亦被称为"接柱建竖"，房屋的整体性较差。整体框架体系的干栏则用贯通上下的长柱取代下层短柱，下部支撑部分与上部庇护结构联成整体框架。这种上下连通的整体结构被称为"整体建竖"，以穿斗式的柱、梁、枋连接方式为基本构架方式，"在每根长柱上分别凿穿上榫眼、中榫眼和地脚孔，以枋穿连将柱竖起，上榫眼和木枋穿连处正是天花板部位；中榫眼部位为铺楼板处，柱子下端的地脚孔是安上木枋或圆杉木做的'地脚'，以嵌楼下壁板，将三或五根柱穿连起来为一排，每柱的正中间柱最高，两边次之，前后柱最矮。矮柱与高柱之间再加以小柱穿连架梁，将二或三、五排穿连的柱竖起用枋穿连起来，便成了整个房屋的架子[③]。"张良皋先生也曾对干栏建筑的演进进行推考。

干栏建筑在我国的分布，目前主要集中在西南部的云南、贵州、广西、湖南、湖北、海南和台湾岛，但从史籍记载、甲骨文和考古发现推断，干栏建筑曾流行于古中国南部地区其至黄河流域下游地区。"从考古发掘看，中国剑川海门口、余姚河姆渡、吴兴钱三漾、丹阳香草河、吴江梅堰、黄陂盘龙城、圻春毛家嘴、荆门车桥、堰师二里头……都发现干栏遗存。可以说，古中国除黄土高原之外，都曾见到干栏踪迹[④]。"刘致平先生也有论："干栏——即是由上古巢居演变而成的高足式建筑。此建筑几乎各国都有……在亚洲则北至堪察加、日本，南至南洋群岛全有此种建筑，中国中原等处在最早用干栏即很普遍。以后可能因北方风大过寒的关系，在北方的干栏建筑逐渐减少，在南方的则今日仍可得见，为西南少数民族所喜用[⑤]。"气候的因素固然是干栏建筑式微的原因之一，木材匮乏、建筑材料和技术的发展以及中原汉族合院建筑文化由北至南、从黄河流域至长江流域的传播应该才是干栏建筑退居西南一隅的主要因素。

① 杨昌鸣. 东南亚与中国西南少数民族建筑文化探析[M]. 天津：天津大学出版社，2004：63.

② 蔡鸿生. 戴裔煊文集[M]. 广州：中山大学出版社，2004：28—29.

③ 张贵元. 侗族的建筑艺术[J].《贵州文史丛刊》，1987，04：151.

④ 张良皋. 匠学七说[M]. 北京：中国建筑工业出版社，2002：34.

⑤ 刘致平. 中国建筑类型及结构[M]. 北京：中国建筑工业出版社，1987：9—10.

3.2.1.3 广西干栏楼居的基本特点

在广西的百越土著和苗瑶等少数民族和部分高山汉族，干栏仍是其住屋的主要形式。

从干栏建筑的发展来看，原有的一些特点如全竹木建造、席地而居等已随着生活方式的变迁和材料技术发展等诸多原因逐渐减弱或消失不见，但最为基本的特征——"人栖其上，牛、羊、犬、豕畜其下"的楼居模式由于具有先天的气候、地形适应性被保留下来，并通过聚落总体布局、建筑平面型制、结构构架以及造型等方面反映出来。

a 干栏聚落的空间形态

1. 干栏聚落的布局在空间意向上呈现出依山傍水，顺应地形的散点半集中式形态。由于历史的原因，百越诸族及苗、瑶等族的居住地多位于山区。山是生活的依托，依山坐收林木之利，为住房营建提供材料，而稻田耕作的生产方式又决定了傍水而居的重要性。同时，百越诸族少受儒教礼制的影响，聚落的布局仅取决于山形水势，以结合地形为主而无一定的规制。居住建筑围绕鼓楼和凉亭等公共建筑布置，呈现一种散点半集中式的形态特征（图3-18a）。

2. 单体平面功能采用竖向分区，充分利用并结合地形，形成"人栖其上，牛、羊、犬、豕畜其下"的空间格局。具体来说，干栏建筑的底层一般为家禽、牲畜的圈养空间和农具、柴草储藏空间以及酿造、木工等作坊；二层（部分民族包括三层）则是以火塘为中心的家庭生活的起居空间（图3-18b）。火塘不止用来煮食，更多的意义在于取暖御寒，在百越民族的生活中占有重要的地位，火塘间就成为血亲家庭的中心，代表着温暖和光明，成为家庭单位的代名词。在少受汉族影响的少数民族民居中，火塘间是室内最主要的开放公共空间；由于山面开敞，通风透气的阁楼成为谷物存储的主要场所。

b 典型干栏建筑二层平面

c 典型干栏建筑构架剖面

图3-18 干栏建筑的基本特点
（来源：自绘、摄）

另外，百越民族以核心家庭居住模式为主，对居住领域的限定则以建筑单体加上通透的围墙构成，即便两三户聚族而居也仅是单体简单的横向叠加排列，"富家巨室，欲添置多数房屋，则于原居左右两侧横向开展，以骑楼为通道，故屋宇多者，或扯直如'一'字形，或绕山如弯弓形①。"因此，干栏建筑对外呈现一种开放的格局和形象。

3. 建筑支撑体系以木穿斗结构为主要特征（图3-18c），局部缺乏木材的地区则以夯土或泥砖承托檩条和屋面。为了防止雨水侵蚀木材和泥土的墙面，悬山是百越诸族普遍采用的屋面形式。壮族民居在房屋开间超过3间或过长的情况下，尽间屋面采用四坡，形成类似于汉族歇山形象的偏厦，而侗族地区则喜用重檐。百越传统建筑均较为朴素，门、窗扇和出挑的吊柱是建筑装饰的重点。

---

① 转引自：蔡鸿生编. 戴裔煊文集[M]. 广州：中山大学出版社，2004：19-20.

3.2.2 天井式地居

3.2.2.1 天井地居的形成过程

如图3-19所示，地居式建筑概由穴居发展而来。与干栏建筑不同，地居式建筑强调水平方向的功能分区，并且出于纳阳保暖、防风避沙以及防御方面的需要围合成院落，在融合了汉族儒教礼制文化后形成特有的合院式建筑。较完整的合院早在西周时期就有发现，说明黄河中下游地区应是合院建筑的源起地之一。

从出土的画像砖以及相关史籍可以推断，至秦汉时期，合院建筑已经发展为一套从礼制文化要求到营建技术等方方面面都较为成熟的体系。合院建筑中的院落，对我国传统汉族民居的体制和空间组合的形成有着至关重要的作用，李允鉌先生对此有精辟的总结："由于中国传统的单座建筑平面简单，它们必须依靠院为中心才能达到机能完整。院的重要性必须和房屋的重要性完全相等……单座建筑可以看作是属于院子的，只有这样才能将建筑群的层次逐级地构成，才能一组一组地组织起来[①]。"传统汉族民居，就是这样以院落为中介，进行纵横的组合，连接成一个复杂的平面整体以容纳所有族系成员。北方的合院式建筑，由于气候寒冷和光照等因素的影响，建筑是由几栋不同使用功能的房屋从四面或者三面围合起院落的宅户，它们之间通过院墙或者廊子连接在一起，每栋房屋的屋顶是分开独立的。北京四合院为典型的北方合院式民居，这种严格按照南北轴线对称布置房屋和院落的方式既适应于中国古代社会的宗法和礼制制度，使尊卑、长幼、男女、主仆之间有明显的区别，同时为了保证安全、防风、防沙，在庭院内种植花木，造成安静舒适的生活环境。

正如上文所说，干栏建筑是除了黄土高原以外我国大部分地区都曾流行的建筑形式。秦汉时期的汉族移民来到岭南，干栏式楼居亦是其最为主要的居住建筑类型。合浦出土的汉墓明器（图3-20）即为例证。如图的干栏式陶屋，上层楼居，下层用于饲养牲畜。上层平面为横长方形，室内一侧的地面设有孔洞，为厕所，通向下层。门前设有楼梯以供上下，下层四周用矮墙围绕，构成方形的基座。图3-20为干栏式的陶屋，平面形状由长方形演变为曲尺型。随着砖、瓦等材料的出现和人类活动范围的扩大，南方地区的潮湿和野兽的伤害等不利的自然条件不再成为生活的困扰，地居式建筑在汉族地区开始逐步取代干栏式建筑。同时，中原

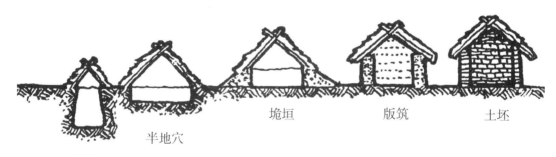

图3-19　地居演进推考

（来源：张良皋.《匠学七说》[M]. 北京：中国建筑工业出版社，2002：50）

[①] 李允鉌.《华夏意匠》[M]. 天津：天津大学出版社，2005：141.

　　a 干栏铜仓　　　　　　　　　b 干栏陶仓　　　　　　　　c 庑殿顶陶楼

图3-20　合浦出土的汉代明器

（来源：北海市人民政府：《北海市申报国家历史文化名城文本》）

文化的进一步融入也改变原有岭南地区的婚俗文化和家庭模式，原有的小家庭被封建大家庭所取代。中原合院式建筑被引入岭南地区，经过环境的修正衍化，形成适应南方自然环境的天井式地居建筑。如图3-20，为河源出土的东汉前期陶屋，三合天井式，两层高，为凹字形平面。采用均衡对称的一堂二室布局，前为两个廊屋，后连堂屋，堂屋与廊屋均为两层。图中的楼阁式陶屋也体现出明显的中原汉族文化的影响。三合天井式陶屋和楼阁式陶屋，讲究对称，主从分明，体现出长幼、尊卑有序，居中为尊的封建宗法制度观念。以上表明以天井模式组织建筑空间的汉族地居式建筑在岭南汉族移民地区的成形。

　　天井式地居建筑的院落，好似从建筑中掏出来的一样。通常厅堂面临天井的门扇打开，或不设门，天井进而与民居厅堂连为一体，满足建筑内部采光、通风和排水之用。天井成为建筑的附属空间，被一栋建筑内四面（或者三面）不同房间所围，这些房间的屋顶连接在一起，从空中俯瞰，犹如向天敞开的一个井口，故而名之"天井"。这样，以明间的堂屋和堂屋前的天井为中心，与围合在两旁的廊屋或厢房一起，被称为"一进"。南方天井式民居的平面形制，就是以"进"为基本单位，多进纵横连接，形成多种平面格局，并通过明确的轴线系统体现宗法礼制。

3.2.2.2　广西天井地居的基本特点

1. 聚落布局受宗法、儒教礼制和风水意向的强烈影响，有较明显的总体规划痕迹，呈现规整的向心性组团空间形态。宗族关系是汉族聚落形成的最为基本的原始因素，崇尚儒教礼制的汉族将祠堂的建设视为立村之本，其余居住建筑均以祠堂为中心严整规划布局，祠堂、牌坊、水口建筑、亭台、寺庙等重要节点和街巷、溪水、池塘等领域界线都会形成图纸规划。以祠堂为中心形成的村落组团再以宗祠——支祠的承递关系构成以宗族为系统的聚落。另外，风水意向也是汉族村落规划中需要考虑的重要因素，山为依托，依山面水，藏风纳气等风水理念成为左右汉族聚落格局的重要力量。

2. 在建筑平面形态上，以大家庭聚族而居为基本居住方式，建筑群体通过庭院或天井进行横向和纵向的组合，相比壮、侗等民族其宗族关系在建筑组合的联系上显得更为紧密。每一建筑单元都以堂屋为核心，轴线关系明确。以礼制为核心的汉族文化强调"尊卑有序"、"居中为尊"，以堂屋为中心的中轴对称方式和通过堂屋组织室内空间秩序成为礼制思想物化的最好体现。与百越族群的居住习惯不同，居住者的各项活动在围合成院的多座房屋中完成，同时出于防御性和生活习惯的考虑，居住单元的空间呈现向内开敞而对外封闭的形态。

3. 建筑支撑体系上，木结构和砖（泥）——木结构两种体系均有广泛运用，广西汉族的木结构又以穿斗为主而抬梁为辅。由于经济相对发达且木材资源在人口稠密的汉族平原地区较少，砖墙承重硬山搁檩的结构体系得到广泛的应用。反映在建筑造型上，砖石建筑以硬山搁檩为主而夯土和泥坯墙承重的民居则以悬山为屋面形式。与百越民族的干栏建筑相比，经济和营造技艺相对发达的汉族天井地居式民居装饰讲究而精致，砖、石、木雕饰丰富工艺精美。

3.3　建筑文化的区划方法

区划是地理学上的一种方法，它的目的在于了解各种文化和自然现象的区域组合与差异及其发展规律。同样地，建筑作为历史文化传统的物质再现，建筑区划的研究有利于揭示不同地域建筑之间的空间差异及其分布规律。

有相当长的一段时期，我国在传统地域建筑的整体研究上，采用的区划方法是借用行政区划方式，将我国传统民居分为浙江民居、吉林民居、云南民居、广东民居等。这种区划方法常常会出现各省传统民居形态相混杂的情况，建筑形态的区划与行政省份的界限并不重合。同时，"建筑系统的区划也并不总和历史上的移民区域一致……建筑系统虽然和语言分区有相似之处，但也并不总能以语言分区代替建筑的分区。例如四川话属于北方语系，而四川的民居则多数属于南方穿斗建筑[①]。"

从建筑本体的发生发展来说，受到所在地区地形、地貌、气候等自然条件的制约，同时也是一个民族、一个地区人们长期生活积淀的历史文化传统的物质再现。因此，建筑文化的区划是一个涉及面广、难度较大的课题。它的研究对象的资料来源既有对地方史料的整理，又有对各种建筑类型进行分地域逐项调查和细致的分析。目前看来，较为科学成熟的区划方法主要有如下几种：

3.3.1　基于建筑本体构成要素的区划

建筑的构成要素大致可分为形制（平面空间构成）、结构（支承体系）和造型三个层次。从支撑体系来说，木结构承重，"墙倒屋不塌"是我国传统建筑的主要特点，根据木结构的承重方式，可分为井干、穿斗和抬梁三种类型。朱光亚先生在《中国古代建筑区划与谱系研究初探》一文中较为详细地论述了穿斗和抬梁的特点和区别，认为它们的差异属于体系性差异，质的差异，并且在建筑技术的层面上，井干—穿斗—抬梁有着较为明显的继承关系。中国传统建筑在宋朝以后，就已经形成北方抬梁而南方穿斗的建筑结构体系。进而，作者通过建筑结构体系和结构构件作法在不同地域的比较分析，借用这些地域的古代名称来划定建筑文化圈（图3-21）。

3.3.2　基于建筑形成影响因素的分区

建筑的形成受到自然因素和文化因素双方面的影响，这些影响因素很自然地会成为建筑

---

① 朱光亚. 中国古代建筑区划与谱系研究初探[A]. 陆元鼎，潘安. 中国传统民居营造与技术[C]. 广州：华南理工大学出版社，2002：5.

文化区划的依据，现存的建筑文化区划，大多也是基于建筑形成影响因素来进行。徐明福先生在进行台湾传统民宅的有关研究时，有一个概括："影响人为环境的因素有自然环境和社会文化环境。前者包括气候条件、地景特征、自然资源以及人的生物属性；而后者包括人类群居的社会生活，诠释人与人之间的关系和人与自然环境而有的文化生活，以及人的生物属性。之所以在此将人的生物属性并属于自然环境与社会文化环境，是因为人类原为自然的一分子，然因其特异性得以特立于自然界中自成一格，并建立其特有的社会文化[①]。"

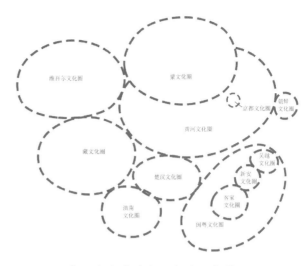

图3-21　中国古代建筑文化分区示意图

（来源：根据朱光亚.《中国古代建筑区划与谱系研究初探》[A]. 陆元鼎，潘安.《中国传统民居营造与技术》[C]. 广州：华南理工大学出版社，2002：9. 改绘）

在自然因素对建筑分布的影响方面，英国的R·W·布伦斯基尔在《乡土建筑图示手册》一书中，根据建筑的各种结构及材料来做出区划图以表现英国建筑的地域分布状态；D·雷安在《炎热地带城市区域主义》一书中，也曾提出了全球建筑气候分区的设想；彭一刚先生在《传统村镇聚落景观分析》中根据聚落与地形地貌关系的不同将乡村聚落划分为平地村镇、水乡村镇、山地村镇、背山临水村镇等8种类型；王文卿先生在文章《中国传统民居构筑形态的自然区划》中，根据气候、地形和材料三方面的"自然环境因素"对我国传统民居的构筑形态进行区划。同时，王文卿先生的另一篇文章《中国传统民居的人文背景区划探讨》，则从"社会文化环境"的分析入手，从传统文化的结构要素——物质文化要素（经济类型）、制度文化要素（亲缘关系）、心理文化要素（信仰）对传统民居进行综合"人文区划"。（表3-2，图3-22）这两项研究，"综合了自然地理学及人文地理学"中有关区划的"综合性原则、发生学原则和民居文化的利用与地理环境的发展相一致的原则[②]。"

传统文化的综合分析表　　　　　　　　　　　　　　　表3-2

分项区域	经济类型	人口密度	宗教制度	宗教	哲学思想	地理	气候	总结
1	农耕沿海有商业	极高	全面而完善	佛教、道教	儒，道等思想的起源区	长江，黄河，大运河的主要流域	暖温带和亚热带温润半湿润区	古代农业文明发源地，哲学思想发源地，农、商业发达
2	农耕沿海有商业	高	完善	佛、道	儒道等	江南丘陵	亚热带湿润区	多有聚族而居的遗风

① 转引自：余英. 中国东南系建筑区系类型研究[M]. 北京：中国建筑工业出版社，2001：95.

② 王文卿. 中国传统民居的人文背景区划探讨[J].《建筑学报》，1994，07：47.

续表

分项区域	经济类型	人口密度	宗教制度	宗教	哲学思想	地理	气候	总结
3	农耕	不高	不强	多为原始崇拜	影响小	云贵高原	亚热带湿润区	多民族杂居状态，民居多姿多彩
4	游牧及农耕	很低	强	喇嘛教	无影响	青藏高原	高原高山带半湿半干区	以藏族为主体，民居形态多为毡房和碉房
5	绿洲农耕	很低	弱	伊斯兰教	无影响	西疆沙漠	温带和中温带干旱区	维吾尔族为主体，民居布局以适应气候为主
6	农耕	较低	弱	伊斯兰教	有影响	河西走廊为主	中温带干旱及半湿润区	地处青藏高原和内蒙古高原夹缝，受多方文化影响，民居多为平房有院
7	游牧	很低	弱	以佛教为主	无影响	近长城的蒙古高原	中温带干旱区	以蒙古族为主，民居多为蒙古包及其形式
8	农耕为主	局部较高	较强	以佛教为主	影响较小	东北森林为主	中温及寒温带湿润区	以满汉为主，汉化较重，民居兼有两者特点

（来源：王文卿.《中国传统民居的人文背景区划探讨》[J].《建筑学报》，1994，07：44）

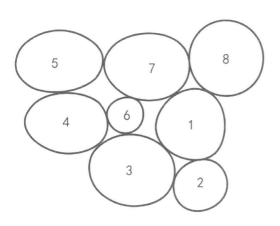

图3-22　中国传统民居综合人文区划示意图

（来源：根据王文卿.《中国传统民居的人文背景区划探讨》[J].《建筑学报》，1994，07：44.改绘）

陆元鼎先生则强调，民居类型的划分既要考虑生产、生活、习俗、信仰等人文因素，又要充分考虑气候、地质、地貌、材料等自然因素。陆先生采用人文、自然条件综合分类法，将中国民居系统划分为9类，并用列表的形式表达其类型与特征（表3-3）。

3.3.3　基于历史民系的区系类型研究

该研究成果主要是余英博士所著《中国东南系建筑区系类型研究》。在研究中，作者着重于建筑区域的文化背景和历史传统，参考了方言地理的一些方法，结合民系划分的理论，"以东南系地域生活圈为基本的研究范围，研究建筑形制、建筑衍化和社会文化结构的互动关系[①]"，提出了借助人文社会科学的概念，将东南系建筑按不同特质分为五大区系以及各自不同的亚区、次亚区，并对

① 余英. 中国东南系建筑区系类型研究[M]. 北京：中国建筑工业出版社，2001.

表3-3

中国传统民居各类型分布及特征

编号	民居类型		民族和地区分布	气候	地貌	生产方式	生活方式	主要结构	平面与外观主要特征
1	院落式民居	北方 合院式	汉、满、回族	寒冷、干燥日照少	平原	农业	血缘、亲缘生活方式	抬梁式木构架、砖墙或夯土墙、坡顶瓦面	平面前堂后寝 中轴对称、内部院落(天井)相间、规整严谨，总体布局结合地形、前低后高，坐北向南、环境协调，稳重朴实，外观青砖灰瓦，室内装饰丰富、白族民居大门照壁雕饰华丽
		南方 中庭式	汉、白、纳西族	湿润、多雨日照长					
2	窑洞民居(覆土式)		汉族、西北地区	干燥、寒冷	黄土高原	农业	血缘、亲缘、独户式	生土拱券结构	平面内部深厚 构造简单、靠崖或下挖筑成、线刻简朴、厚实简朴
3	山地民居(穿斗式)		汉族、浙闽沿海及川贵地区	多台风或地震地带	多山和丘陵地带	农业	独户式	穿斗式木构架为主	平面灵活自由、根据不同地形布置，外观依坡而建 或坡、体型错落、或吊脚、挑、吊法、拖、梳法
4	客家民居(防御式)		汉族、粤闽赣及川、台等省	南方山区寒暑温差大	山区	农业	同族集居封闭防御	外厚土墙、内木构架	平面有圆形、方形、五凤楼等形式、单围二围三围甚至三、四围者，高达三四层、外墙夯实厚筑、防御性强，住宅围绕院落而建、外观雄伟朴实、封闭性、采光、仅小窗透气
5	井干式民居(木楞房)		汉族、云南宁滇摩梭人、深山区		深山林区	伐木	独户式	木柱、木架、四周原木叠筑墙 木板屋面 或木楞木叠筑墙	平面方形、单间、外观朴实、宁滇木楞房为井干式民居形式、主屋为两层
6	干栏式民居(支撑式)	干栏 麻栏	傣族、德昂族	南方湿热多雨地区	平原	农、猎	独户式	竹、木支柱和构架	独院竹楼、平面多开敞通透、敞廊、敞梯、外观高耸轻盈、底层杂乱相间有序、二、三层生活住人、外观完整、厅堂大开间、轻盈简朴、环境疏密相间有序
		吊脚楼	壮族		山地	农、猎			
			侗族		山地	农、猎			
		矮屋(船屋)	黎族		山区平地	农、猎	原始生活方式	楼柱、离地50~70厘米、支柱用绑扎式固定、茅草顶	平面直筒形、前厅后房、厅厨合一、外观似船、圆拱形茅草屋面
7	碉房民居(台阶式)		藏族	高山寒冷地区、少雨、日照短、温差大	高原山区	农业	独户式	石条密肋、石屋面、独木柱	平面方形、正中为大柱、合院式平顶建筑、梯形窗、体型凝厚壮实
8	游牧民居(穹顶式)	蒙古包 毡房	蒙古族	北方寒冷地区、少雨	平地草原地带	游牧	独户式	木骨架、羊毛毡覆盖于圆顶上	平面圆形、穹隆顶帐包
		帐篷民居	哈萨克、塔吉克族	高山草原地带	高山草原地带	游牧	独户式	木柱骨架、外披帐幕用绳索固定于四周地面	平面方形、外观帐幕、立中柱两根、夏季放牧用
			藏族						
9	高台民居	阿以旺民居	维吾尔族	大陆性干寒地区(沙漠盆地)、炎热少雨	平原	农业	独户式	土坯、木梁平顶、也有用砖拱券	平面封闭式院落住宅、以旺、外观台起状、前室带天窗、拱廊内院、当地称为阿以旺、严整朴实丰富
		土掌房民居	彝族	亚热带炎热、少雨地区	坡地	农业	独户式	土墙承重、上铺柴、墙上密排木楞、草抹泥平顶面	平面有内院和无内院两种、民居建于山坡、外观饰土坡、火焰纹墙、土部尖、内部尖、立体轮廓丰富、错落、叠量

(来源：陆元鼎主编.《中国民居建筑》[M].广州.华南理工大学出版社.2003：125.)

不同模式建筑进行区系类型研究。

在划分东南系建筑的地域文化区时，依照了以下基本原则：1. 比较一致或相似的建筑类型；2. 相同或相近的社会文化环境；3. 类似的地域社会文化发展过程和程度；4. 较为独立的地理单元；5. 相同或相近的方言和生活方式。

基于历史民系的建筑区系类型研究，结合了多学科的研究成果，将建筑本体与背景因素综合考虑，建立了有别于以往研究的新的理论框架和方法论，为地域性建筑的研究开拓了学术视野。

广西是一个多民族、多民系的地区，人口及方言构成均较为复杂，且历史上受到来源于多方移民甚至境外文化的影响，单纯运用自然、人文因素或建筑本体的构成要素来进行建筑文化的分区都不尽科学全面。而运用历史民系进行建筑区划研究的方法将有助于廓清产生于不同地理环境及历史人文背景下的广西地域建筑文化区域，特别是广西汉族移民区域的建筑文化研究也能得到深入的开展。

3.4 广西传统乡土建筑文化的区划

根据广西地域文化分区的框架，结合广西传统乡土建筑干栏楼居和天井地居的分类，可以大致上进行广西传统乡土建筑文化的区划，如图3-23、图3-24。

从大的建筑文化板块来说，依然可以根据地域文化分区，分为汉族地居建筑文化区和百

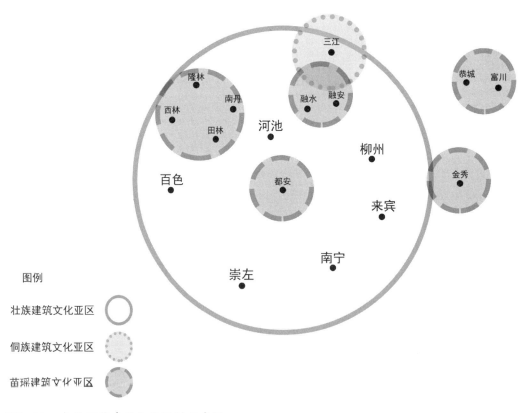

图3-23 广西百越建筑文化区划示意图

（来源：自绘）

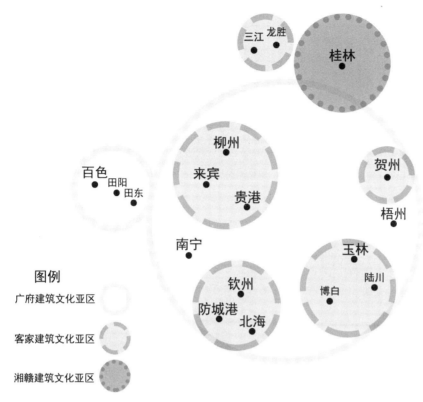

图3-24 广西汉族建筑文化区划示意图

（来源：自绘）

越干栏建筑文化区。汉族建筑文化区位于汉族移民人口占据主要人口数量的梧州、桂林、玉林、贵港、钦州、北海等桂东区域；百越干栏建筑文化区则由百色、崇左、河池、柳州及桂林北部的融水、三江、龙胜等地区组成。在两个建筑文化板块交汇的南宁、来宾、柳州一线则同时受到汉族建筑和百越干栏建筑的影响，同时汉族建筑文化也随着西江流域特别是右江深入桂西。

3.4.1 百越干栏建筑文化区

3.4.1.1 侗族建筑文化亚区

侗族建筑的文化特点，首先体现在聚落的总体布局中。与广西百越其他民族不同，原生的侗族聚落具有明确的中心——鼓楼、戏台及鼓楼坪等。首先，侗族村寨由大小不同、围绕各自鼓楼的组团组合而成，这些组团又以村寨公共的鼓楼为中心布局。其次，从单体来说，广西的侗族民居，普遍达到3～4层，干栏空间得以更为充分的利用。同时由于与汉族接触较晚，建筑平面形制受汉族建筑影响较小，堂屋在空间中占据的地位不强。最后，从建筑造型上来看，由于侗居高大，出于遮雨的需要，重檐与披檐是其区别于其他百越民族的典型特点。（图3-25）广西的侗族建筑，主要分布在侗族聚居的桂北三江、龙胜两县，又以三江县为甚。

3.4.1.2 壮族建筑文化亚区

壮族在广西百越民族中人口及分布最为广泛，其建筑文化也较为丰富多彩（图3-26）。从

图3-25　广西侗族干栏建筑

（来源：自摄）

图3-26　广西壮族干栏建筑

（来源：自摄）

总体上来说，壮族干栏受汉文化影响较深，平面形制上大都以"前堂后室"与"一明两暗"的空间格局为主，强调堂屋在室内布局中的统率作用。同时，壮居的穿斗构架除了桂北龙胜地区由于和侗族较为接近，采用瓜柱承托檩条之外，其他基本都采用叉手承托檩条，这是一种较为古老的穿斗构架形式。另外，受到汉文化的影响，河池、柳州、南宁等木材较不易取得的地区，壮族干栏流行砌体承重的结构方式。

壮族干栏建筑，主要分布在南宁、来宾、柳州以西的大部分地区，占据百越民族建筑文化区的绝大部分区域。

3.4.1.3　苗瑶建筑文化亚区

苗瑶属于外来少数民族族群，其人口分布区域主要集中在桂西北与贵州、云南交界的云贵高原余脉地区和桂东北的五岭山区以及桂中的大瑶山等海拔较高的区域，部分位于平原地区的苗瑶族群被完全汉化，从建筑文化上看已属于汉族天井地居式的建筑。桂东北的苗瑶干栏建筑，呈点状分布在海拔较高、汉文化影响较少的高山地区（图3-27、图3-28）。从建筑风格上来说，苗瑶的干栏建筑受壮族和侗族的影响较大，呈现"近壮则壮"、"近侗则侗"的特点。由于生产力和经济较不发达，部分苗族建筑仍然保留"叉手承檩"和"半接柱建竖"的原始穿斗结构。

3.4.2　汉族地居建筑文化区

3.4.2.1　广府建筑文化亚区

典型的广府式建筑以粤中地区的民居为代表。民居的单体则多为"三间两廊"的小型

图3-27　广西苗族干栏建筑
（来源：自摄）

图3-28　广西瑶族干栏建筑
（来源：自摄）

图3-29　广西广府式建筑
（来源：自摄）

"三合天井"模式，厅堂居中而房在两侧，厅堂前为天井，天井两旁分别为厨房和杂物房。聚落形态上采用梳式布局，以"三间两廊"住屋为单元，在村前水塘边的宗祠统率下形成聚落，强调村落形态意义上的聚族而居。

　　广西的广府式建筑主要分布于梧州、玉林、钦州、贺州等桂东南地区，南宁、柳州、来宾也受广府建筑文化影响较深，同时广府建筑文化也顺着西江流域深入桂林、百色等地区。总体来说，这些地区属于广东广府文化的边缘区域，其建筑特点与粤中地区也有较大差异。从聚落布局来看，水体、宗祠等的分布与规制和村落的风水意向仍具广府特色，但很少有像粤中地区那样严整规矩的梳式布局。同时，建筑单体仍以"三间两廊"为主，但规模较粤中地区为大，如玉林高山村和金秀龙屯村。造成这些区别的原因除了远离广府文化核心区而致使文化产生变异外，土地及其他自然资源丰沛，人口密度较小，人均占有的资源就多，建筑单体的规模就能做得更大，而聚落也能拥有更多的用地，其形态就显得相对松弛。除了以"三间两廊"为单元形成的村落，现存于世的广府民居更多的是规模较大的宅院和由这些宅院形成的聚落，如灵山的大芦村、苏村和玉林的庞村。广府人善于经商，广西沿大江大河的墟镇遍布广府人的足迹，骑楼式的城镇民居和粤东会馆也广泛分布于梧州、贺州、南宁、百色等商业重镇和其他沿江墟镇。

3.4.2.2 客家建筑文化亚区

客家人强调聚族而居，与其他民系采取以村落的形式聚居不同，客家人的整个宗族若干家庭几十人甚至几百人则习惯共同居住于同一门户之内，共享厅堂与"同一个屋顶"。这种居住模式与其民系的文化渊源和经济渊源有密切关系。首先，漫长的迁徙过程在客家人的心理上形成了比其他民系更为强烈的团结和宗族意识。来到定居之处又必须共同抵御来自自然和人为的外来侵略，客家人多居住于山区，自然和人文条件均相对恶劣，这也使得其本宗族的内在凝聚力得以加强。其次，山多地少的资源状况使得客家人必须集约化地利用土地，选择更为紧凑的居住模式。在这些因素的影响下，客家建筑更为强调围合性与封闭性，当然，在不同的自然和社会环境下，其封闭程度也不尽相同，如在客家占优势的客家文化核心区的梅州等地，其防御性的要求会有所降低。

由于地处封闭的山区，思乡情切，客家人更加注重礼制的传承，认为"敬神不如敬祖"，对祖先的崇拜比其他民系更为强烈，大部分的客家地区都将宗祠设于居住区域的核心内部，"祠宅合一"是基本的建筑空间构建模式。同时，自称"中原正统"，沿承传统"耕读传家"思想的客家人十分重视教育，屋前的月池其实就象征着学宫大门前的半圆水池——泮池[①]。客家围屋中的月池、禾坪、大门、厅堂、祖堂以及穿插于其间的内院、天井等严谨地布置在建筑的中轴线上，是客家文化完美的物化体现。

客家建筑学者吴庆洲先生将客家建筑意向归纳为三点："天地人和谐之美，阳刚奋发之美，以及生命崇拜之美。天地人和谐之美是儒道哲学的共同基础，阳刚奋发之美是儒家尚雄的阳刚哲学的特色，而生命崇拜之美则是道家守雌的阴柔哲学的特色[②]。"

陆元鼎先生在《广东民居》中将客家建筑由小至大分为门楼屋、堂横屋、杠屋、围垅屋、围屋、城堡式围屋等多种类型。按照这一划分方式，广西现存的客家式建筑主要是堂横屋式，另有少量围垅屋式和城堡式围屋。广西的客家式建筑主要分布于玉林的博白县和陆川县以及贺州八步区和柳州柳江、来宾武宣等地区，在桂东汉族聚居地区，客家建筑也常见于山区。

图3-30　广西客家式建筑

（来源：自摄）

---

① 余英. 中国东南系建筑区系类型研究[M]. 北京：中国建筑工业出版社，2001：304.

② 吴庆洲. 建筑哲理、意匠与文化[M]. 北京：中国建筑工业出版社，2005：35-36.

图3-31　广西湘赣式建筑
（来源：自摄）

3.4.2.3　湘赣建筑文化亚区

湘赣民系与广府民系一样，都以村落为单位进行族群聚居，但相对于广府地区，湘赣地区的被汉民族开发的时间要早，人口密度也比相同时期广府地区的密度高，其开基建村的古老聚落比例则远高于广府民系。随着聚落长期的生发、拓展过程，建筑不断被加建、改建、拆建，宅基地所有权也在不同聚落成员间买卖变更，其原有统一规划的聚落格局被打破，相对于原有严整规划保存得较完好的广府地区，湘赣民系的聚落呈现散中有聚、乱中有规的状态，是自由形态和几何形态的结合，体现出有限人为控制下自生自长的发展态势[1]。

湘赣系民居建筑类型特征，在平面上有"一明两暗"型和在其基础上发展起来的"天井堂庑"、"天井堂厢"、"四合天井"和"中庭"型[2]。其民居建筑平面布局基本上是上述各平面类型纵横拼接而成。在湘赣系民居中，堂是文化的核心，天井庭院是空间的核心，民居中的堂与天井庭院是最关键的一对空间。民居主体部分的厅堂空间大多方正而规则，有明显的中轴线，并按轴线从前到后由厅堂和天井庭院组成一进进的纵向递进式贯穿组合，体现了礼制、尊卑的空间位序及虚实相应的空间布局，实现了建筑空间与自然空间相互交替、情景交融的意境。

广西的湘赣式建筑分布于与湖南交界的桂东北地区，包括桂林全地区和贺州富川县、钟山县等地区。其中桂林南部地区的阳朔、恭城以及永福等地区的湘赣式建筑，其风格受到桂东南广府建筑的较大影响。湘赣民系对广西的开发较早，所居住的区域均为广西文化经济较为发达的地区，其建筑在这些地区的存留量相对汉族其他民系建筑的存留亦更多。现存较具代表性的湘赣民系村落有全州梅塘村、全州沛田村、兴安水源头村、灌阳月岭村、灵川长岗岭村、灵川熊村等。

3.4.3　广西传统乡土建筑文化区划的特点

1. 从总体上看，汉族各民系建筑占据了广西地形地势平坦、交通水运发达的东部和中部地区，这为汉族各民系发展地居式建筑提供了良好的条件。百越诸族的干栏式建筑则广泛分布于桂西海拔较高的山区。

---

① 潘莹，施瑛. 湘赣民系、广府民系传统聚落形态比较研究[J]. 南方建筑，2008，05：28.

② 郭谦. 湘赣民系民居建筑与文化研究[D]. 广州：华南理工大学学位论文，2002：116.

2. 广府建筑亚区沿西江流域深入百越建筑文化区，与百越建筑文化区呈交错状。湘赣建筑文化亚区则实现对同样原属百越地区的桂东北的覆盖。这一建筑现象印证了汉族对广西地区开发时序的不同，桂东北早在秦代就成为汉族移民的主要通道和聚居地，而广府民系则仅在明清时期才大举进入广西。

3. 在汉族内部各民系之间，湘赣民系和广府民系对广西的开发比客家民系早，因此湘赣系和广府系的建筑得以在平原地区呈面状分布，客家建筑则主要呈点状和团状分布在广西东部海拔较高的地区。从湘赣系和广府系的比较来看，湘赣系建筑主要分布于广西东北部地区，广府系建筑则位于广西中部、东部和东南部，甚至沿西江流域深入桂西，相比起来广府建筑的影响范围更广泛，这与明清时期广府文化，特别是商业文化在广西的广泛传播有很大的关系。同时，在他们之间，即贺州富川——桂林阳朔——桂林永福一带则存在着两种建筑文化交融的地区，阳朔朗梓村和永福崇山村的建筑就同时具有这两种民系建筑的特点。

4. 建筑文化的分区与民族、语言和民系的分区并不能呈现完全——对应的关系，特别是在各文化区域的边缘地带，这一情况更为明显。在汉族广泛分布的中部和东部地区，仍有大量壮族、瑶族等少数民族存留，他们的生活方式和建筑特点则基本与其临近汉族民系相同。如贺州富川和桂林恭城均为瑶族自治县，但其建筑风格为典型的湘赣式（图3-32a）；来宾武宣东乡是客家聚居地区，位于该处的壮族则同样选择堂横屋作为其民居形式，且禾坪、月池等客家建筑基本元素也一并沿用（图3-32b）；金秀龙屯屯是壮族聚居村寨，村落格局却与广府村落无异（图3-32c）。

a 富川湘赣式的福溪村（瑶族）

b 武宣客家堂横屋式的武魁堂（壮族）

c 金秀广府式的龙屯屯（壮族）

图3-32 广西少数民族居住建筑的汉族化
（来源：自摄）

与百越干栏民居的汉族化相对应，部分小规模入桂的汉族，则被少数民族化，其居住方式亦由地居改为干栏式的楼居。如三江地区的六甲人，由福建迁至三江，他们的居住建筑是典型的侗族干栏；田林浪平乡的汉族，大都是明代由湖南等地迁来，干栏楼居也是其基本居住方式（图3-33），有意思的是，周边的壮、苗等少数民族却居住在地居式民居里。

图3-33　田林县汉族干栏
（来源：自摄）

3.5　本章小结

传统乡土建筑适应于特定的自然和人文环境而被创造出来，必然受到产生地自然和人文环境的影响。在生产能力和劳动技能较低的情况下，人们营造房屋时的主要影响因素是气候、地形、材料等自然因素。随着生产力的发展，人们对自然环境的依赖逐渐减少，改造自然的能力则得到提高。这时，社会结构、生产与生活方式、经济技术条件等人文因素就成为推动乡土建筑文化形成的主要动力。

广西的传统乡土建筑，在自然和人文的作用下，形成干栏式楼居和天井式地居两种主要模式。干栏式楼居是百越民族的传统民居形式，属于"本土出产"的地域建筑类型。其聚落布局在空间意向上呈现出依山傍水、顺应地形的散点半集中式形态；在单体平面功能的组织上采用竖向分区，充分利用并结合地形，形成"人栖其上，牛、羊、犬、豕畜其下"的空间格局；建筑支撑体系以木穿斗结构为主要特征，局部缺乏木材的地区则以夯土或泥砖承托檩条和屋面；由于以小家庭单位为主，建筑的空间形象呈现外向开放性的特点。地居民居随着汉族移民传播至广西，经过广西本土气候、地形地貌的修正，成为另外一种具有代表性的广西地域建筑类型。汉族的天井式地居，聚落布局受宗法、儒教礼制和风水意向的强烈影响，有较明显的总体规划痕迹，呈现规整的向心性组团空间形态；在建筑平面空间布局上，以大家庭聚族而居为基本居住方式，建筑群体通过庭院或天井进行横向和纵向的组合，相比壮侗等民族其宗族关系在建筑组合的联系上显得更为紧密；在建筑支撑体系方面，木结构和砖（泥）——木结构两种体系均有广泛运用，木结构体系又以穿斗为主而抬梁为辅。

根据广西地域文化分区的成果，结合广西传统乡土建筑的基本特点，可将广西传统乡土建筑文化分为"百越干栏建筑文化区"和"汉族地居建筑文化区"。根据各民族和各民系建筑特点的差异，又可分为侗族建筑文化亚区、壮族建筑文化亚区、苗瑶建筑文化亚区、广府建筑文化亚区、客家建筑文化亚区及湘赣建筑文化亚区六个部分。广西传统乡土建筑文化的分区，为后续两章展开的广西传统乡土建筑具体形制及特点的研究进行了铺垫。

第4章
广西百越文化区传统乡土建筑

4.1 聚落及总体空间形态

4.1.1 聚落类型分析

广西地区的各个民族中，汉族人口多，生产力先进，在封建社会处于统治地位，且自秦始皇起由于屯兵和巩固政权的需要，汉族取得优先耕种平原地带肥沃土地的权利。壮族是广西人口最多的少数民族，也能占有部分平原良田。而苗、瑶、侗等其他民族，在争夺生产生活资料的斗争中处于下风，只能迁至桂西、桂西北、桂北等地的山区中。民间素有"汉族、壮族住平地，侗族住山脚，苗族住山腰，瑶族住山顶"的说法。可以说百越诸族的聚落，大部分都分布在山岭之中。山提供了树木和梯田，是百越民族生活的依托，水则是从事稻田耕作和生活中必不可少的资源。根据不同的山形水势可以将百越民族的聚落分为三种。

4.1.1.1 高山型

这类村寨主要分布在桂北和桂西北的三江、龙胜、融水、天峨、南丹、巴马、东兰、凤山、都安；桂中的忻城；桂西的那坡、靖西、德保、凌云及桂南的上思等地的山区。这类型的村落，周围群山环绕，山势巍峨，山上林木葱郁，山下沟壑交织，平地较少。因此交通十分不便，人们出门便爬山，生产和生活较为艰苦。此类村落多分布在相对高度在30～300米的缓坡上，建筑分布密集，村内主干道顺延等高线发展，小巷道依着房屋之间自然形成的空隙形成，高程变化显著且坎坷不平，曲折蜿蜒，各类建筑顺应等高线分布，依据地形高差产生高低错落的层次变化，远远看去呈现出变化优美的天际轮廓线。

山区地形地貌多变，为各民族建村立寨提供了更多的选择余地，同时也增加了难度。广西大部分地区均位于北回归线以北，因此山南为阳而北为阴，在太阳升起时东为阳而西为阴，太阳落下时则相反。在长期的生产生活实践中，各民族逐步形成了较为明确的地理方位和日照方位的概念。一般来说村落靠山一面多为阳坡，背负青山，可提供生产生活的广大基地，而且挡风向阳，能减少高山上的寒气压迫。建筑的朝向，以坐北朝南居多，也有朝向东南或西南，较少坐南朝北。房屋修建在向阳且地势较高的坡地上，优点有三：首先，光照充分，村落每天的大部分时间都能沐浴在阳光下，既能满足人的生理需求也能保

a 三江高定寨　　　　　　　　　　　　b 三江林略寨

c 龙胜龙脊村　　　　　　　　　　　　d 田林大石山中的小村

图4-1　高山型村落

（来源：自摄）

持地面的干爽同时便于晾晒谷物和防止雨水湿气对木质建筑的侵蚀；其次，地势较高便于雨水排泄并保证了村寨不易为洪水侵袭；第三，背山面水前景开阔，给村民带来较好心理感受。

　　高山地区的聚落，一种将寨址定于凹陷的山谷两侧，形成环抱包围状，藏风聚气，如三江高定寨（图4-1a）。更多的是位于山脊呈向外凸出形态，这样视野开阔，可以接纳更多阳光，如三江林略寨（图4-1b）和龙胜龙脊村（图4-1c）。一些位于桂西大石山地区的村寨，由于山腰和山顶都绝少土壤，村民不得不将房屋建在山底以利用有限的土地资源和雨水（图4-1d），这样的村落规模都很小，通常才十几二十户。山底空间封闭而湿气较重，并非优秀的定居场所，好在石山坚固没有滑坡之忧。

　　4.1.1.2　丘陵河岸型

　　这一类型的村寨，在百越诸族的聚落中占据绝大多数。背靠山脚或是不很陡峭的丘陵，出行方便，面临溪涧小河取水方便又不用担心大江大河洪水泛滥，因此成为建村立寨的绝佳场所。村落周围是绵延的丘陵或者孤独的山岭，间有平地和河流。村落多坐落在低矮丘陵向阳的一侧，背靠丘陵，溪流河水从村前或附近流过，沿着溪流河水两岸分布着狭长的田地。往往是三里一村、四里一寨。有些河流、溪流的沿岸，串联着数个大小不一的村寨，如龙胜金江河两岸的壮寨和瑶寨以及三江苗江河两岸密布的岜团、八协、平流、华炼等诸多侗寨

图4-2 苗江河沿岸侗寨
（来源：自摄）

（图4-2）。

如果村前无河流，人们就挖掘水塘蓄水，供牲畜饮用或便于居民浇灌。建筑依坡而建，由坡上向坡下乃至田峒中延伸，排列有序，朝向基本一致。与高山型不同，此类村落村中平地较多，因此耕地也较多且多肥沃湿润，水源也较为充足，所以村落的分布较为密集，一般距离1千米左右，每一村多在100户以上，大的村落可达200～1000户。

此类村落往往沿江河呈线型分布，因为背丘陵而直接面水，几乎都是由山脚往山顶方向修建，而越往上就离水源越远且越受地形的限制，因此房屋顺坡向上建的层次不多。当村落的密度无以复加的时候，就会从村寨中迁出一部分建立新的村寨。

4.1.1.3 平地田园型

在支流汇入主河道的交汇处或者河道曲折迂回处，地势一般比较平坦开阔。由于河水冲击和泥沙淤积等因素，往往形成一片平坦的平峒或山间的小盆地，这样的地貌，水土丰茂，适于耕种，空间开阔，人口容量大。在这样的地区，村民们选址时为了避免洪水侵袭，往往将房屋建在较高的二级台地上，村落的形态根据具体环境营造成团状、带状或块状，如三江县的程阳马安寨、独峒乡座龙寨在河道曲折蜿蜒处，村落犹如建在三面环水的半岛上，与周围的田园形成俯视和辐射的关系（图4-3）。

4.1.2 聚落空间意向

4.1.2.1 聚落生态意向

西方哲学的自然观，一直把自然作为一个人之外的对象，自然被当作与人的主观意志相对立的世界，人与自然不是一个整体；在中国文化中，自然是一个充溢着生命、充溢着发育创造的境域，人与自然是一个和谐融贯的整体，"人法地，地法天，天法道，道法自然"则是

a 三江程阳马安寨

b 三江独峒座龙寨

图4-3 三面环水的村寨
（来源：自摄）

中国传统自然观的经典表述。汉族将这种自然观、宇宙观现实化和可操作化，发展出道教文化。而百越民族的自然观处于相对朴实和原始的阶段，崇尚"万物有灵"的自然崇拜，与稻作农耕的生产生活方式有关的自然因素都会成为崇拜的对象，如土地崇拜、水神崇拜、山神崇拜以及动植物崇拜等。对自然的敬畏促使百越民族强烈的归顺自然、顺应自然、适度师法自然的生态观和哲学观的形成，反映在生产生活中则是以自然崇拜、图腾崇释为内涵和以禁忌及习惯法规为约束机制来规范包括土地的开垦、水源的利用、树林的砍伐、石山的开采等方面的行为，以达到人与自然这一生态系统的平衡与和谐。

每一个聚落就是一个生态系统，当系统内部各个构成要素——人口、牲畜、田地、树林、水源等发挥各自功能并相互影响、适应且物质和能量的输入输出达到动态平衡时，就形成和谐平衡的聚落生态系统。但每一生态系统都有其承载能力的极限，它取决于生态系统赖以运行的资源类型和数量、人们的物资需求和服务需求、资源利用的分配方式、资源消耗产生废物的同化能力等因素。资源数量对生态系统的承载力影响固然重要，但系统承受冲击的能力很大程度上依赖管理者对于环境维护的目标和水平。归顺自然、师法自然的百越诸族积累了丰富的生产生活经验，并通过村规民约实现对生态系统的管理。

百越诸族的聚落，大部分分布于丘陵和高山地区，这些区域平地较少，因此可供耕种的土地比平原地区要少，这就要求聚落分布的密度、规模要与土地资源相适应，才能使村落居民既有足够的生产生活空间，也能在人口适度增长的时候还能留出充分的发展余地，维持聚落生态的平衡。平地资源的稀缺促使梯田这一独具山地特点农耕模式的出现。在坡地上沿等高线开垦出来的梯田，可以拦滞径流、稳定土壤，具有保水、保土、保肥作用。广西大石山区的梯田，珍贵的土壤被保护在石块垒砌的田埂里，形成独具地域特点的石制梯田景观（图4-4）。当然，梯田绝非百越民族或少数民族所仅有，但百越诸族多居山区，干栏与梯田交互映衬的景象已成为百越民族聚落的文化符号。

水资源是农耕稻作必备的生产物资。百越聚落多位于山区，用水来源除了降雨产生的地表径流外，山岭中的原始森林是另一个重要水源。如龙脊地区，山区内众多的森林和次生林用根系将大量的水储存在土壤之中，构成了巨大的天然绿色水库。即便在枯水季间，森林释放蓄水，也能使山涧溪流四季流水。众多的水源林使得龙脊地区常年流水山涧溪流达33条，提供了大部分梯田、旱地灌溉用水和全部人畜用水。村民们早已意识到水源林的重要性，对于聚落背后及两侧的山岭植被禁止砍伐，并且以村规民约的形式加以约束。对于山中柴薪的砍伐也并非砍光割尽，而是采用轮伐的方法，舍近取远以让自然植被得以恢复。同时为弥补因开辟聚落基地所造成对植被的破坏、保持水土和可持续的自然资源，人工林被大量种植。如家庭中增加一男丁，父母就会在山中为其栽种林木，待此男孩长大成家单独立户，少时种下的小树也长大成材，正好伐取作为分家立户的建筑材料。

随着村寨人口不断增多，现有资源不能

图4-4 桂西大石山中的梯田
（来源：自摄）

满足使用需要，原有生态平衡即将打破时，则会有一部分居民迁出另觅他址开村立寨，以确保每一聚落的土地资源都处在合理的使用范围之内。如龙胜龙脊十三寨，据其族谱记载："明朝嘉靖年间三兄弟从庆远府迁出，经兴安县辗转至龙脊……于是在这里落脚……后来人口不断繁衍增多……有一部分人迁出，在附近的山坡上另立新寨……久之，又有一部分人迁出，最后形成了十三寨[①]。"

完全取材于自然的干栏式建筑是聚落构成的主体。干栏式建筑就地取材，耗费少，适应于百越民族经济特点；承重和围护结构都由木材构成，自重轻，无需对地形做大的改造，客观上则有利于对山体的保护避免滑坡等自然灾害；底层架空适应于岭南炎热潮湿的自然气候，又可用于围养牲畜。干栏式民居依山就势，参差起伏，虽然局部看来散落无序，但聚落的总体形态却是对自然地形的模拟，呈现一种完全融入自然的形态。

这样，聚落生态系统内部得益于朴实原始的自然生态观念的调节，得以达到系统稳定而平衡的状态，组成聚落的各个要素——人、建筑、山、水、田、林等完美融合，呈现"天地与我并生，万物与我为一"的聚落生态意向。

4.1.2.2　聚落宗族意向

如第2章所述，百越诸族的聚居模式与汉族聚落那种以封建礼制规范起来的大家族聚居不同，其家庭单位一般都在两代以内，单体建筑的规模普遍不大，满足5人以下居住。三至五代以内的家庭，血缘关系密切，被称为房族，三代以外的称为门族或宗族，房、门、宗族总称为家族。最基本的聚落就是由一个同姓的宗族或家族形成，较大的聚落则由数个家族组合而成。

以侗族为例，基本的宗族聚落是由"垛"—"补拉"—"斗"—"寨"组成。"垛"即最小的家或者户，"补拉"直译出来是"父亲和儿子"，有两层意思，狭义的"补拉"是指一个儿女众多的大家庭，包括若干个"垛"；广义则指同一个祖父所生儿子的各个家庭。"斗"即房族，是一种以父系血缘为纽带联的宗族组织（但它也可以通过一定的方式吸取非血缘成员加入）。同一个"斗"内拥有共同的墓地、树林、公田等，由"斗"内各户轮流维护，其收入则归公共所有，用于修建鼓楼等公益性事业。"斗"内严禁通婚，并选出族中辈分高、年纪大、见识广且有威望的老人担任族长主持"斗"内事务。几个"斗"共居组成一个寨，与"补拉"和"斗"一样，寨也有共有的风水林、鱼塘、鼓楼、风雨桥、河段和荒山等，并由各个"斗"选出的长者组成"老人协会"制定村规民约共同管理（图4-5）。如三江高定寨，现有500多户、2600余人。全寨共有5个姓氏，90%为吴姓，其余为杨、李、黄和陆姓，其中吴姓又分为伍苗、伍峰与伍大、伍通、伍六雄、伍央5个分支，并无血缘关系，是为了壮大组群而对外统称吴姓。寨中共有7座鼓楼，其中6座分属不同分支或不同姓氏，大姓如吴姓占有其中4座，分别

图4-5　鼓楼议事
（来源：自摄）

---

① 覃彩銮等. 壮侗民族建筑文化[M]. 南宁：广西民族出版社，2006：218.

图4-6 三江高定寨总平面
（来源：根据韦玉姣提供资料绘制）

图4-7 龙脊三鱼共首石刻
（来源：www.baidu.com）

归于全体吴姓和不同分支所有。另外两座则为小姓合建。寨中央的中心鼓楼和戏台则为全村各姓氏共建，属于全体村民共同所有，是全寨团结协作的象征。全寨被分为6个"斗"，以各个鼓楼为中心形成6个组团，分布在中央东西向山谷的两侧（图4-6）。中心鼓楼和戏台则位于北面山坡的中央。

相邻的寨子，不但地界毗连，而且有家族的联系和婚姻的关系，结合自然紧密，于是以寨结合为村。这样就由血缘型的宗族结合形成地缘性的寨或村。如三江县独峒乡的华炼村，就包含3个自然寨——大寨、寨基与二坝；再如龙胜的龙脊村古壮寨，包括廖、侯、潘三姓3个寨，三鱼共首（图4-7）为村落标志，代表了三个姓氏的居民互信共存，齐心合力。侗族的聚落，村之上则设有"款"，设"款"的目的是为了对内维持社会秩序对外组织群众对付外来侵犯。"款"有大小之分，普遍以村寨为单位设立。"小款"，大寨设一个，小寨则数寨设一个。"中款"则由若干个"小款"组成，"中款"再合成"大款"。各个层级的"款"均有"款约"，"款首"则多由经验丰富、享有威信、熟悉"款约"的寨老充任，平时负责处理寨内事务，调解纠纷，战时则充当军事领袖。"'款'组织的形成过程实际上就是以血缘为纽带的氏族公社被以地域为纽带的农村公社所取代的过程[①]。"

与侗族类似的，壮族也有自己类似"款"的社会组织结构，如龙脊地区的"款首"则被称为"大寨老"。据记载，从乾隆年间至1949年，龙脊十三寨的"大寨老组织"总计组织十二次大会，通过如立碑、判刑、筹集粮草、组织义军等重大决议[②]。但与侗族不同的是壮族和苗瑶等族的村寨，绝少鼓楼和戏台有这样明确的聚落活动中心。富裕一些的村寨会修建凉亭、庙宇等公共建筑，但居住建筑也不以其为中心布局，而是纯粹顺应地形沿等高线发展，呈现

---

① 白正骊. "款约"与广西近代侗族社会[J]. 广西师范大学学报（综合专辑）1997增刊，1997：130.
② 龙脊古壮寨生态博物馆资料

图4-8 那坡达文屯总平面

（来源：韦玉姣提供）

图4-9 龙胜龙脊村总平面

（来源：根据廖宇航提供资料绘制）

无中心的散点式状态，如百色那坡达文屯（图4-8），全屯共居住着62户人家，在石山脚下沿等高线均匀分布，大部分干栏为坐西南向东北，村落中唯一的公共建筑是位于村前风水林中的土地庙。龙脊村由廖家寨、侯家寨、潘家寨3个寨组成，自上而下分布在金江河北岸的龙脊山的山腰上（图4-9），虽然由地理位置和婚姻关系决定了四个寨子关系密切，但却无明确的聚落中心。村寨间被田垌、溪流、山路分割成自然形态，每一个村寨内部也呈团状或带状顺应地形散点分布。

以血缘宗族为纽带构成基本单元，以地缘关系为网络连接，百越诸族的大小聚落就是这样被编织起来，散布在山岭河网之间。

4.1.2.3 聚落风水意向

风水理论来源于人们对天文、地形、土质、水源、温度、湿度、屏障等居住地自然环境的认识，在长期的生活实践中融入社会伦理、民俗、玄学、易学、预测等知识，形成一门庞大复杂的学问。汉族的风水理论发展得完善而系统，对少数民族聚落的选址和布局也有着一定影响。比如瑶族就将村寨周围的地形看成是有头、两手、两足的人体形态（图4-10）。村寨的最理想位置依次是：1. 人体胸部的中央；2. 胸的左右两侧；3. 人的胃部；4. 腹部。左青龙右白虎，瑶族将左方视为己方，右方看作敌方，因此从右方流来的"白虎水"就不能饮用，有时甚至不惜舍近求远，利用竹筒搭接成长长的引水管道将左方的"青龙水"引至各家各户作为饮用水，而"白虎水"则只能用作灌溉和洗涤。同样，青龙山应在高度和长度上都超过白虎山，并将白虎山围住，才能保证自己处于不败地位①。

聚落所处的绵延山脉为风水学说提供
了用武之地，按照风水观念，理想的村落
应该是依山、环水、面屏。蜿蜒起伏的山
脉可称为"龙脉"，山脉遇溪流、平坝而止
之处可称为"龙头"，"龙头"面朝环绕的
溪河和开阔的平坝，背靠起伏跌宕、来势
凶猛的"龙脉"，村寨建在这样的"龙头"
处被称为"坐龙嘴"。村寨依山而踞水，溪
河环抱，曲折连绵的山脉为龙身而流水则
是龙的血脉。对于山本身来说，山之东、
南面为阳，山之西、北面为阴；对于山与
村落的关系来说，山为阴，宅为阳，并以
房屋的阴（背）面面向山的阳面，可以屏
挡北来的寒流，使村落获得充足的阳光。
面水可以迎接南来的凉风，也可取得方便

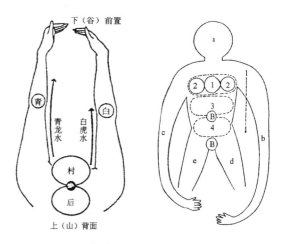

图4-10 瑶族聚落风水观

（来源：杨昌鸣.《东南亚与中国西南少数民族建
筑文化探析》[M]. 天津：天津大学出版社，2004：
125）

的生活及灌溉用水，这样的自然环境有利于良好的生态和局部小气候，自然能成为吉祥福地。
从水与村落的位置关系上来说，风水将其归纳为"抱边"或"反边"的情况，就是"水抱边
可寻地，水反边不可下"，即基地要设在流水环抱的一边，称为"玉带水"。因为随水流的冲
刷淤积作用，环抱的一边逐渐淤积而增地；而环水对面的"反边"则被逐渐冲刷而减地，这
预示着将来有被水冲毁的隐患。对水势的要求是"来要生旺，去要休困"，即来水要茂盛而去
水要缓慢，便于"留财"②。

并非每一村寨所处的山形水势都十分完美，而面对有所欠缺的地形，村民们会依照风水
理论予以适当的人工改造。植林、挖塘、修桥等是较为典型的处理方式。位于平坝上的村
落，村后没有山为依托无法形成"负阴抱阳"之势，甚或村后为空旷的山谷，村民就在村后
密植樟树林（风水林），形成屏障，遮挡北风，以弥补"后龙"之空缺；水为财，村落中不可
无水，水源丰沛但流势太急也不可，挖塘是解决水源水势的一种办法，将河流来水汇于塘中，
可以缓解村前河流来水湍急，也可以清解村落前方或左右高山的逼压。对于池塘的形状，不
可以是方形，不能上大下小如漏斗状，也不能小塘连串如锁链状而且池塘要距离住宅有一定
心理距离，否则不吉；广西地区河网密布，遍布乡间的风雨桥是村民出行、丰富景观和完成
村落空间序列的必需，同时在村前河流、溪涧处架设风雨桥也能"锁住水口"，将"财"留在
村内。如三江马安寨（图4-3a），村寨背靠迴龙山，面临沿山脚三面环绕的林溪河，水流蜿蜒
曲折，"气遇水则止，水流徐徐则气聚，曲水收气"，为了加强锁水聚气的效果，村前村尾建
有两座风雨桥：寨东北的平岩桥和寨西南的程阳桥。林木、池塘、风雨桥，这些聚落中的人
工产物既能满足村民心理需求，同样弥补了自然景观的不足，保持了村落与自然的平衡与和
谐，这才应该是风水观念在村落布局中起到的真正作用。

---

① 杨昌鸣. 东南亚与中国西南少数民族建筑文化探析[M]. 天津：天津大学出版社，2004：125.

② 陈耀东. 鲁班经匠家镜研究[M]. 北京：中国建筑工业出版社，2010：22.

4.1.3 聚落公共建筑

以宗族关系组合起来的聚落，都拥有以族为单位或以村寨为单位的公共财产，如树林、田地、鱼塘、鼓楼、桥梁、凉亭、粮仓、寨门等。在接受汉文化较多的壮族聚落，还设有宗族的祠堂，其聚落结构亦与汉族无异。这些聚落的公共财产，除了满足生产生活必需、维系宗族关系之外，还成为聚落的精神象征和特色鲜明的民族符号。这些公共建筑既有偏重于居民精神寄托和祭祀功能的宫庙，也有偏重于聚落集会、娱乐和生产生活的鼓楼、风雨桥、谷仓等。

4.1.3.1 宫、庙

广西百越传统乡土聚落中的宫、庙，比较典型的有侗族的飞山宫和壮族的莫一大王庙，虽然供奉的对象不同，建筑型制也因所处地区和民族不同而有所区别，但"飞山圣公"和"莫一大王"都是侗、壮两民族传说中或领导本民族繁荣发展、带领本民族反抗中央封建王朝统治的英雄，被神化后成为各自民族的祖先和精神象征。

1. 飞山宫

五代以来，活跃于五溪、武陵地区的少数民族群体被封建中央皇朝称为"飞山蛮"。在侗族、苗族、土家族等民族部分群体的民间传说和明清时期的一些地方志记录中，"飞山蛮"首领中最著名者是杨再思。杨再思在唐末、五代时期活跃于黎平、靖州所在的诚州地区，号称"十峒首领"。在杨再思和其后代的领导下，"飞山蛮"的统治范围逐渐扩展到今湘西南、黔东南和桂西北广大地区。杨任诚州刺史期间，颇有惠政，亦因其团结各州的兄弟民族归顺朝廷，治国安邦功勋卓著，被宋王朝先后追封为威远侯、芙济侯、广惠存侯和芙党侯。湘、桂、黔三省边境人民或其思德，或奉为神灵，或尊为祖先，称其为"飞山圣公"，普建飞山宫祀之。

广西境内的侗寨，普遍设有飞山宫，由于"飞山圣公"本人得到封建中央政权的承认并作为民族团结的象征予以表彰和宣传，飞山宫的建筑型制往往采用汉族地居院落做法，与周边侗族民宅的干栏式做法大相径庭，形成鲜明对比（图4-12）。三江县三团寨的飞山宫是所见广西规模较大的飞山宫（图4-11）。三团寨飞山宫原为两进院落式，现仅存主殿。内部全木构架，三开间五步架，既有汉族木构建筑的轩、月梁等典型做法，又具有干栏式建筑穿斗结构的特点。外围墙体不起承重作用，从山墙的造型和装饰风格判断，类似于湘赣式建筑马头墙做法的变体（图4-11a）。高友寨的飞山宫（图4-12）则规模较小，仅为单开间，主殿前有一小院，院前门墙为牌坊式，白色的墙体和周边大量的灰色民房形成强烈对比。

2. 莫一大王庙

莫一大王的传说广泛流传于河池、南丹、宜山、柳城等桂北壮族地区，在壮族民间叙事诗《莫一大王》中，莫一被塑造成为一个神通广大、具有超凡本领类似于孙悟空一般的神仙，他带领壮族人民与封建中央统治者进行了百折不挠、宁死不屈的斗争。可以说，莫一大王的传说就是古代壮族人民在反抗封建统治的斗争中，根据当时的现实生活和自己的愿望，精心塑造出来的理想中的人民英雄。为了纪念他，桂北壮族地区在其传说中的诞辰日——每年农历六月初二举行"莫一大王节"，且多数桂北壮族村寨均会在村前设莫一大王庙，供奉其雕像或在家中设立莫一大王的神位。

与侗族的飞山宫不同，莫一大王庙一般规模较小，且其建筑型制和构架做法与同一地区

a 内部梁架　　　　　　　　　　　b 破败的山墙

图4-11　三团寨飞山宫
（来源：自摄）

a 单开间的主殿　　　　　　　　b 白色宫门与周边民房形成强烈对比

图4-12　高友寨飞山宫
（来源：自摄）

的壮族干栏民居类似，如龙胜龙脊村的莫一大王庙（图4-13），为两开间的木制穿斗结构，单层无架空，且层高较矮。

　　除了飞山宫和莫一大王庙，百越传统乡土聚落中，还有很多源自各自聚落历史和传说的地方性宫、庙，如三江和里村的三王宫（图4-14）就是明末清初和里南寨乡民为纪念古夜郎国竹王三子所建①。

---

　　① 传说夜郎国王竹多同生有三子二女，长子竹兴、二子竹旺、三子竹发、长女竹清莲、小女竹爱莲，个个才智过人，文武双全。元鼎六年，汉武帝疑竹王有叛汉之举而诛之，后发觉误杀，对其子厚遇有加。竹王三子不计前嫌，竭忠尽智，在所辖区域力倡革新，广施仁政，群民共享恩膏，深得黎庶拥戴，三王离世后，各地相继立祠，以志竹氏父子风范。

图4-13 龙脊村莫一大王庙
（来源：自摄）

图4-14 三江和里村三王宫
（来源：自摄）

4.1.3.2 鼓楼

"有寨必有楼，有楼必有寨"是对侗族村寨与侗族鼓楼关系十分贴切的形容，广西境内的三江、龙胜等地的大小侗寨中分布着数百座鼓楼。鼓楼不仅是侗族村寨最为明显的标志，同时更承载了侗民族的世界观、审美观、科技水平等多方面的内容。关于侗族鼓楼的相关文字记载最早见于明代。明邝露《赤雅》："以大木一株埋地，作独脚楼，高百尺，烧五色瓦覆之，望之若锦鳞矣。扳男子歌唱、饮瞰，夜缘宿其上，以此自豪。"明万历二年（1574年）本《尝民册示》："遣村团或百余家，或七、八十家，三、五十家，竖一高楼，上立一鼓，有事击鼓为号，群起踊跃为要。"从古籍描述中可以看出，从明代起，鼓楼的功用与形象已与现存实例相去不大。下文将从鼓楼的社会功能、平面形态、剖面建构三方面对广西的侗族鼓楼予以分析。

1. 鼓楼的社会功能

首先，鼓楼是侗族族性的标志，由"斗"这一基本宗族单位组成的侗寨，基本上每一"斗"都有自己的鼓楼。鼓楼就成为同一"斗"内族性认同的标志，同属一个"斗"内的人们是不允许通婚的。

其次，鼓楼是族内聚众议事、制定、执行规约的场所，是侗族政治活动的中心。遇有大事、要事，便在鼓楼内击鼓聚众，议事决定。侗族具有法典性质的"款约"，也是在"款首"主持下，于鼓楼中制定的。"款约"议定之后，通常刻碑勒石，立于鼓楼之中。

第三，鼓楼是重要的社会认可和礼仪交往场所。如侗族的孩子长到11岁或13岁时会到鼓楼取名，以得到社会的公认，在鼓楼之外的场所取的名字不被"斗"内承认；全寨性的祭祀活动，都要在鼓楼举行，身着节日盛装的男女青少年，在鼓楼或鼓楼坪里手拉着手，围成一个大圆圈，边歌边舞，或组成长队，从鼓楼出发环村转寨，又回到鼓楼里；侗人迎宾送客多在鼓楼举行，常在鼓楼坪上大摆筵席，盛宴客人；晚饭之余或农闲时节，人们常常聚集在鼓楼内谈天说地，生产经验、生活知识、做人处事的道理就在鼓楼里潜移默化地传给下一代。

可以说，侗族的所有习俗礼仪、文化活动，都和鼓楼有关，都受鼓楼文化辐射和影响。侗家人通过在鼓楼内举行的各种活动，逐渐形成了具有本民族特点的文化精神和价值体系。

2. 鼓楼的平面形态

蔡凌根据鼓楼的结构形式将其分为"抬梁穿斗混合式"与"穿斗式"两大类，而"穿斗式"又分为"中心柱型"和"非中心柱型"两种①。其中"中心柱型"鼓楼由于造型标志性强且符合当代侗族群众审美观念被广为传播，成为侗族鼓楼的代表，20世纪80年代以后新建鼓楼基本为"中心柱型"。

"中心柱形鼓楼"均为正多边形，边数为四、六、八偶数，其中四、八边形占据绝大多数。落地的承重柱有主柱和副柱两种，鼓楼的主要骨架就由主柱和副柱以及联系两者的穿、枋构成。相比副柱来说，主柱的承重和稳定作用明显更为重要，现存的鼓楼实例中，主柱的做法有独柱和多柱两种类型，从鼓楼本身的象征意义来说，独柱做法因其具象于侗族的崇拜物杉树而更显古意（图4-15），广西三江县高定寨五通楼序中描述："侗族鼓楼，渊源久远……营造之始，仿杉木之形，埋巨木立地，为独脚楼……族人培富、宝才、启山等，提议仿古之形，建造独脚楼……"结合明《赤雅》所述之独脚

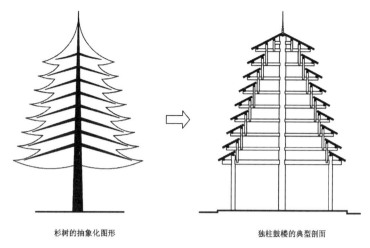

杉树的抽象化图形　　　　独柱鼓楼的典型剖面

图4-15　鼓楼形态源起于对杉树的崇拜
（来源：自绘）

a 墨师吴仕康和五通楼　　　b 五通楼内景

图4-16　广西三江独峒乡高定寨独柱鼓楼
（来源：自摄）

楼的特征可以推测，模仿杉树外形且具有祖先崇拜、生殖崇拜多重意义的独柱楼确为原始鼓楼的雏形。建于1993年的三江高定寨五通楼是广西独柱鼓楼的代表（图4-16）。

由于杉木长度有限，独脚楼的高度、层数和规模必然受到限制。如五通楼，据主要墨师吴仕康介绍，原楼身每层高度定为1米，但由于中柱取材的限制而调整为0.9米。且由于结构构件位于正中，具有同样象征意义的火塘只能偏于一隅。随着技术的进步，单独主柱的结构发展成为多主柱结构（图4-17），多主柱结构就如现代高层建筑中的套筒结构，增强了鼓楼整体稳定性，为鼓楼向高、宽发展提供了可能。

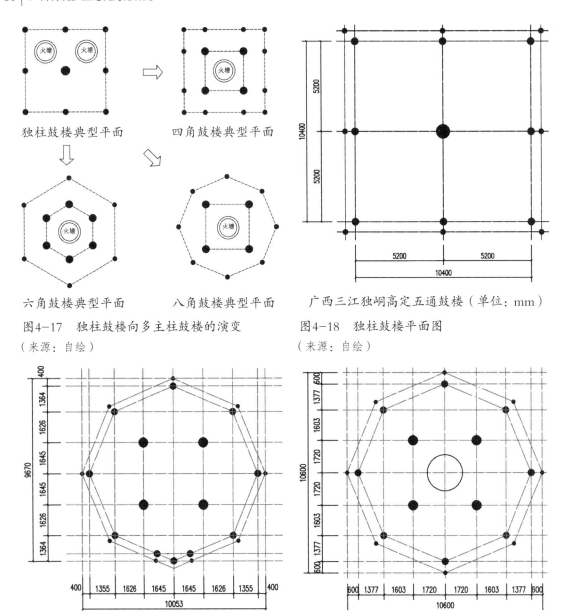

独柱鼓楼典型平面　　　　　四角鼓楼典型平面

六角鼓楼典型平面　　　　　八角鼓楼典型平面

图4-17　独柱鼓楼向多主柱鼓楼的演变
（来源：自绘）

广西三江独峒高定五通鼓楼（单位：mm）

图4-18　独柱鼓楼平面图
（来源：自绘）

广西三江林溪平铺鼓楼（单位：mm）　　　　广西三江高定六雄鼓楼（单位：mm）

图4-19　部分八角鼓楼平面图
（来源：自绘）

　　多主柱型鼓楼占据现有鼓楼的绝大多数，无论外形是四边还是八边，主柱均为呈正方形排布的四颗，正六边形鼓楼的主柱则为六颗。广西较具代表性的多主柱鼓楼的柱网排布及尺寸如图4-18～图4-20。由图中数据可以看出，鼓楼的总宽度在6～12米范围之内变化而主柱跨度则大多控制在3～4米左右。主柱内空间是鼓楼的核心空间所在，集会、烤火、歌舞等公共活动均围绕此空间展开，从使用的角度来说应该是越大越好，但跨度的增加必然导致内柱间穿枋截面积的增加，而取材自杉木的穿枋不可能像钢筋混凝土梁那样任意造型，其高度受到较大限制，同时，由于穿枋式木构架是水平向榫卯，如果枋与柱相交的榫过厚会导致柱上的

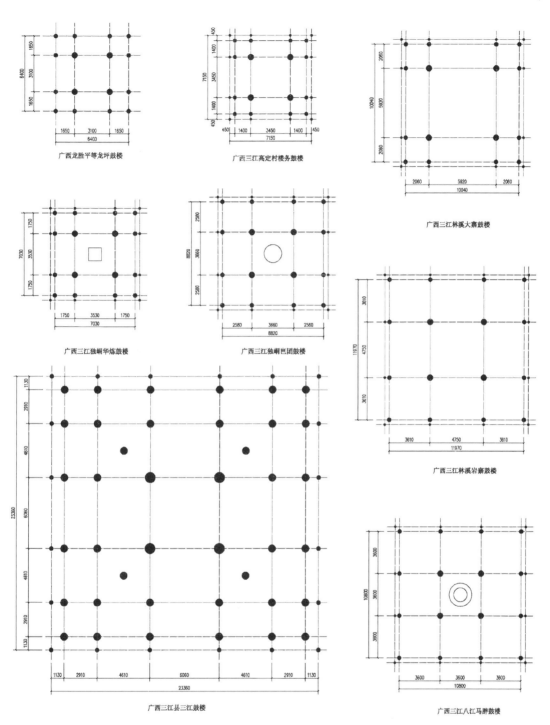

图4-20　部分四角鼓楼平面图（单位：mm）

（来源：自绘）

a 外观

b 主柱上的穿枋尺寸已达极致

图4-21 广西三江程阳大寨鼓楼
（来源：自摄）

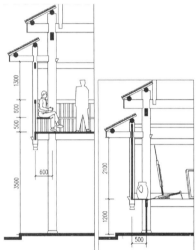

图4-22 吊柱空间的使用（单位：mm）
（来源：自绘、自摄）

卯口过大，影响柱子的整体性而削弱柱子承受外力的能力，因此，穿枋的截面积是有限的。所以，结合功能要求及取材、经济和技术上的限制，主柱跨度在3～4米较为合理。少数跨度较大的如广西三江林溪大寨鼓楼和三江鼓楼则是其中特例，大寨鼓楼一层所兼具的戏台功能要求主柱间的跨度必须较大，由图4-21可以看出其主柱穿枋的截面尺寸已达到接近极限的状态，而三江鼓楼的用材早已超越一般鼓楼尺度，其修建积聚全县之力，非一村一寨所能。

除了主柱与副柱外，部分鼓楼还由副柱外挑形成吊柱，吊柱的作用主要有三点：第一，与现代住宅中的飘窗一样，在不改变占地面积的前提下扩展鼓楼的使用面积；第二，丰富鼓楼的外立面层次；第三，向外出挑的吊柱可多承托一层屋檐，是增加鼓楼层数和规模的重要手段。吊柱与副柱的中距0.3～0.6米不等，其使用功能也有不同，如图4-22所示，三江林溪平铺鼓楼的吊柱与副柱之间距离为0.5米，在距离地面1.2米处设板用于陈列物品；高定六雄鼓楼吊柱与副柱之间距离为0.6米，之间设置可活动的长凳；高定的另一鼓楼楼务鼓楼该尺寸也为0.6米，在距离地面0.6米处安置永久性隔板，主要是为了方便人们躺着休息。

3. 鼓楼的剖面建构

中国传统木构建筑的"立面"比例和内部空间完全是由其构架决定的，因此剖面反映了传统建筑木构架与使用空间和外在造型之间最为直观的逻辑关系，鼓楼也不例外。在构思和设计的过程中，绘制鼓楼的剖面是墨师的主要工作（图4-23）。鼓楼的剖面可分为从下至上的三段：楼基、楼身和宝顶（图4-24）。

楼基是鼓楼的主要使用部分，根据地形、审美倾向和使用习惯不同分为双层和单层两种

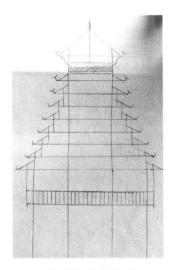

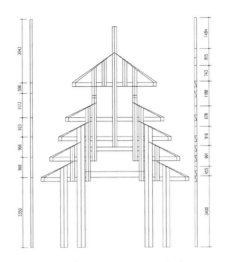

a 墨师韦定锦手绘　　　　b 年轻墨师杨秀军用CAD绘制（单位：mm）

图4-23　侗族墨师绘制的鼓楼剖面

（a. 韦定锦提供；b. 杨秀军提供）

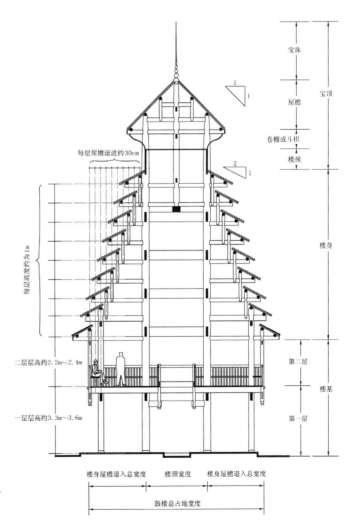

图4-24　鼓楼的各个组成部分

（来源：自绘）

a 三江独峒八协鼓楼　　　b 三江独峒高定六雄鼓楼

图4-25　在火塘上方留口利于排烟

（来源：自摄）

图4-26　龙胜平等石氏过街鼓楼

（来源：www.baidu.com）

做法。单层高度一般为2.4～3.7米，以3.3～3.5米为多且新建鼓楼有加高的趋势。双层做法由单层做法发展而来，由于大多数侗寨所处地区冬冷而夏热，作为重要的公共活动场地，鼓楼应该满足大多数气候条件的使用要求。因此，较为封闭的底层适合冬天使用。而在炎热的夏天，开敞的二楼会更为舒适。出于便于排除火塘烟气的需要，底层通常较高，一般为3.3米以上。部分鼓楼出于节材和造型的需要，降低底层高度，但会在火塘正上方二层的楼板处开设方井以利于通风（图4-24，图4-25）。另外，也有因为地形原因和交通上的因素而自然形成的双层楼基，如广西龙胜平等石氏过街鼓楼（图4-26）。为了消除双层楼基底部过长的视觉印象，一般会在二层处出挑吊柱进行横向的分段处理，同时也达到增加二楼有效使用空间的目的。

楼身是鼓楼的主体部分，除了主柱和副柱外，组成楼身的结构构件有：雷公柱、瓜柱、主柱之间的穿枋、连接主柱与副柱的穿枋、副柱间的穿枋、瓜柱间的穿枋等（指向鼓楼朝向的构件为枋，与之垂直的为穿）。瓜柱和承托瓜柱且出挑的穿枋是直接支承屋檐的构件，它们的自重和所承托的屋檐的重量被穿枋传递给主柱和下层的穿枋，这样层层传递，最后被主、副柱之间的穿枋分别分摊给主柱和副柱，主柱之间和副柱之间又通过穿枋联系，最终形成受力明确、结构严密的整体。

层层后退的屋檐、白色的封檐板、起翘的檐角以及檐角上姿态优美的灰塑构成鼓楼楼身极富节奏和韵律感的造型。决定这一造型的主要因素有如下几个：

1）每层檐的高度：一般来说，同一座鼓楼每层屋檐的高度是一样的，从0.8米（三江马胖鼓楼）至1.5米（三江岜团鼓楼）不等。

2）屋檐层数：楼身屋檐层数与宝顶层数相加一定为奇数，现存和新近修建的鼓楼层数从5层至25层不等（从传统意义上来说，3层的鼓楼由于规模太小，侗民一般视其为凉亭），受材料、经济、技术条件和用地规模的限制，大部分鼓楼的层数集中在5层至13层。现存鼓楼楼身层数最高者是二江鼓楼（图4-27），宝顶2层，楼身层数25层。由于鼓楼层层后退的造型特点，在用地规模一定的情况下，屋檐的层数与每层屋檐退进的距离和退进的方式直接相关。

3）每层屋檐的退进：如图4-24，
每层屋檐退进的距离之和加上宝顶楼颈
宽度就是鼓楼占地的宽度，屋檐的退进
是依靠支撑在主、副柱之间的穿枋以及
立在穿枋上层层后退的瓜柱实现的。按
照位置的不同，侗族工匠将瓜柱分为内
瓜柱（平面位置在主柱之内）和外瓜柱
（平面位置在主柱之外）两种，内瓜柱
的技术和做法在很大程度上解放了主柱
高度对鼓楼高度和主柱内平面空间大小
的限制。如图4-28所示，在相同高度、
层数和用地规模的情况下，减少外瓜柱
数量、增加内瓜柱步数可以起到降低主

图4-27 广西三江鼓楼
（来源：自摄）

柱高度、增加主柱间空间的作用。不少用地规模较小的鼓楼均采用此做法，如三江程阳平懂
鼓楼（图4-29），在一榀框架上外瓜柱只有两根，内瓜柱达到6根，相应的主柱间的空间得到
扩大，满足使用要求。

瓜柱之间的水平距离就是每层屋檐退进的距离，一般为30～40厘米，这一尺寸在同一鼓
楼中也不尽相同，这是为了适应鼓楼外轮廓曲线的要求。

4）外轮廓曲线：大部分鼓楼外轮廓呈向内凹进的弧线，鼓楼的墨师认为如果设计时外轮
廓呈直线，则实施出来的鼓楼会显得中部向外凸出而影响美观。曲线可以通过两种方式实现：
其一，保证每层高度一样，调节每一瓜柱之间的水平距离。其二，瓜柱之间的水平距离一致
而调整每层层高。在实际操作中这两种方式都有，而以第一种方式为多，是因为每层高度一

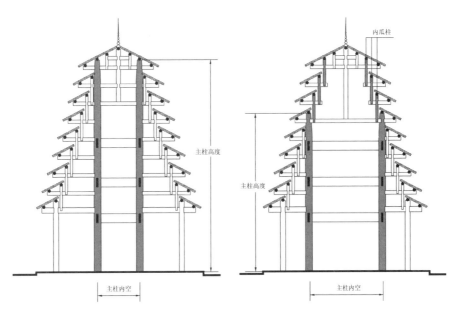

图4-28 有无内瓜柱做法的剖面对比
（来源：自绘）

图4-29　广西三江程阳平懂鼓楼内景
（来源：自摄）

图4-30　广西三江程阳岩寨鼓楼
（来源：自摄）

样便于瓜柱的加工和安装。在设计时，墨师会先绘制自认为理想美观的外轮廓曲线，通过作图投影定位的方式量取每层屋檐退进的距离。

5）屋檐的坡度：鼓楼屋檐的坡度基本与民居的一样，为1：2，这样的坡度在满足排水、挂瓦的要求的同时又方便计算和施工。

6）屋檐出挑长度：一般来说，出挑的穿枋长度为66厘米（2尺），为了留出承托檩条的空间，此尺寸会延长至81厘米（2.5尺）。

鼓楼最高处宝顶是鼓楼视觉焦点所在。宝顶的做法有两种：一种是直接与楼身相连形成整体（图4-30），宝顶与楼身的区分不明显；另一种宝顶由"楼颈"、如意斗栱或卷棚、屋檐三部分组成，与楼身有明显区分，使整个鼓楼呈现明确的三段式构图，有的鼓楼为了与过高的楼身平衡还采用双重宝顶的做法。后一种做法流传得更为广泛而更具代表性。

"楼颈"由主柱或内瓜柱向上延伸形成，外饰窗棂。内瓜柱（或主柱）与中心的雷公柱一起支撑宝顶屋檐。屋檐的做法有歇山和攒尖两种，以攒尖为多。由于屋顶过高，为了能欣赏到整个宝顶，屋檐的坡度一般都在1：1左右。

作为屋檐与"楼颈"的过渡，屋檐下会饰以如意斗栱或卷棚。如意斗栱的做法在贵州较为常见，每个斗栱单元都由一根指向雷公柱的主栱和两侧呈一定角度对称斜交的次栱组成，每个单元阵列排布层层出挑形成华丽的装饰效果，被侗民亲切地称为"蜜蜂窝"。广西的鼓楼，"蜜蜂窝"的做法被卷棚替代，墨师认为现实中的蜜蜂窝由于人类取蜜而经常被捣毁，在鼓楼中使用"蜜蜂窝"显得不吉，相对来说卷棚的寓意更为隽永。

4.1.3.3　风雨桥

百越诸族的聚落依山环水，桥梁成为必要的交通设施，为了供行人避雨和保护木质的桥身，在桥上搭建亭廊，就成为"风雨桥"。桥面设置栏杆坐凳，可供人歇息乘凉，因而又称之为"凉桥"。各族村寨都有风雨桥，以侗族风雨桥的建筑技艺最高，造型也更为优美。"风雨桥"是外来的汉语名称，侗家人自己称廊桥为"福桥"，它体现了廊桥祈福村寨免灾却难，保村寨民安幸福的含义。侗家人亦将桥身油漆彩绘、雕梁画栋装饰丰富的风雨桥称为"花桥"。

据统计，广西地区仅三江一地就有风雨桥108座[①]。

1. 风雨桥的选址

风雨桥的选址，一般位于村头寨尾的水口处。从使用功能上来说，建于村头寨尾的风雨桥，便于劳作归来的村民在风雨桥中歇脚乘凉，同时又能防卫村寨的出入口。在重大的节庆活动中，主寨的人可在位于村头寨尾的风雨桥上迎宾送客，使村寨间的娱乐活动有隆重的开端和圆满的结束。从风水角度来说，风雨桥所在的"水口"在聚落空间结构中有着极为重要的作用。水口的本义是指一村之水流入和流出的地方。风水中对水之入口处的形势要求不严格，有滚滚财源来即可，但水出口却往往是改造的重点，因为"水来处为天门，水去处为地户，天门欲其开阔，地户欲其闭密"。所以，在水出口处设置风雨桥可起到锁水的作用。但侗寨在水入口之处亦修建风雨桥，因为侗民认为，只要有庙宇楼阁的装饰，"天门"处建造风雨桥同样可以起到"堵风水，拦村寨"的功效。许多风雨桥内还设有神龛，供奉关公等神祇，逢年过节或外出办事，村民们要到桥上烧香敬茶，以保顺利平安。村头寨尾的风雨桥限定了聚落的界限，构筑了村民的心理防线，在风雨桥限定的村寨空间内安居乐业。

2. 风雨桥的组成

百越聚落所处的山区，林木茂盛，因此风雨桥身多为木质，落在水中的桥墩则为石材。小型的风雨桥单跨架在加固的两岸就可以，无须桥墩。较大型的风雨桥则一般都由桥基、桥跨、桥廊三部分组成。

桥基分为桥台和桥墩两部分，桥台是桥在两岸的基座，多结合自然地形，局部砌青石护坡。桥墩则"通常为六棱柱体，周围用青石砌筑，内填以料石，竖向以3%收分，迎背水处为锐角，以减少河水的冲击力。[②]"龙胜平等的接龙风雨桥桥墩比较特殊，三个桥墩均为断面尺寸38厘米×75厘米，长400厘米的石条呈八字形布局，以支撑桥体（图4-31）。

桥跨基本都由木结构构成，一般做法是在桥台上做单向悬挑向桥墩处接近，桥墩顶面则纵横设置井干式的木梁，向桥面平行方向两边平衡地伸出于墩外，层层出挑，与相邻的桥墩和桥台的叠架木梁

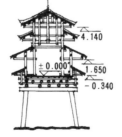

图4-31 龙胜平等接龙风雨桥

（来源:《广西传统民族建筑实录》[M]. 南宁：广西科学技术出版社，1991：228）

---

① 覃彩銮等. 壮侗民族建筑文化[M]. 南宁：广西民族出版社，2006：105.

② 韦玉娇，韦立林. 试论侗族风雨桥的环境特色[J]. 华中建筑，2002（03）：97.

图4-32 龙胜潘寨风雨桥

（来源：覃彩銮等.《壮侗民族建筑文化》[M]. 南宁：广西民族出版社，2006：114）

逐渐靠拢，共同承托桥体的主梁。据有关测定，中径400毫米的杉木满足抗弯强度的适宜跨度在10米左右[1]，侗族聚居区内规模最大的风雨桥程阳桥（图4-33），全长77.76米，桥面宽3.75米，共有两台三墩四孔，就是充分利用木材的抗弯强度，使得桥墩的距离控制在20米左右。如果桥的跨度不大，则无须桥墩，而是直接从桥台处层层出挑木梁会合于中部就可支撑桥面的主梁。如龙胜潘寨风雨桥（图4-32），桥体宽3.15米，长38.68米，中间跨度20米，粗大的"H"型木柱支撑在两岸巨石上，木梁以此为支撑逐层出挑，充分利用了木材的抗弯特性。

桥廊一般分为廊与亭两部分，较短和不很讲究的风雨桥只设廊以达到遮风避雨的作用，如龙脊村廖家寨的风雨桥（图4-34）。

较长的多跨风雨桥一般都将廊与亭穿插设置，榫卯结合联成整体坐落于桥面，复杂的在桥两端还设有桥门。桥廊宽3～4米，两侧或一侧设有栏杆或通长的格栅窗，开敞通透，柱间设有通长坐凳，供路人休息、乘凉。桥亭多为单数，平均穿插在桥廊中，平面在桥亭处扩大，打断了桥廊单调的线性空间，且桥亭空间高耸，在造型上也得到强调。桥亭的结构与造型与鼓楼的极为相似，一般都设在桥墩位置，受力合理，传力直接。桥亭的屋檐造型丰富多变，四角攒尖、六角攒尖、歇山、悬山都有使用。简单的桥亭仅仅为比桥廊高出些许的悬山，复杂者为数道重檐的攒尖顶，最上面的一重还使用加柱的办法做成六角攒尖。正中的桥亭总比其他处理得稍微隆重和丰富，形成对比以突出重点。

为了保证人行道的清洁与安全，使人在桥上不受干扰，提供良好的步行及休息环境，人畜分道的风雨桥被设计出来。被列为全国文保的三江岜团桥就是这样一座独具匠心的风雨桥。岜团桥（图4-35a）始建于1898年，成与1910年，全长50米，两台一墩两孔结构，桥面分设人行部分与畜行部分，人行道高3.9米，净高2.4米，畜行道宽1.4米，净高1.9米（图4-35b）。人行道桥亭地面抬高80厘米，使得畜行道比人行道低1.5米，实现平面空间和立体空间上的双重

---

① 蔡凌. 侗族聚居区的传统村落与建筑[M]. 北京：中国建筑工业出版社，2007：242.

a 三江程阳桥

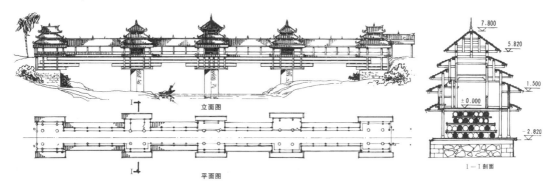

b 三江程阳桥测绘图

图4-33 三江程阳风雨桥

（来源：a. 自摄；b.《广西传统民族建筑实录》[M]．南宁：广西科学技术出版社，1991：228）

分区，这样的处理，除了照顾到人行部分的清洁与干净，也避免桥梁主体的桥板、挑檐、瓦面等不因蹄蹬踏而震摇松动。

4.1.3.4 其他公共建筑

1. 戏台

在百越诸民族中，侗族戏台为最多，发展得也较为成熟。侗戏大约产生于清代嘉庆至道光年间，由黎平县腊洞村侗族歌师吴文彩始创，至今已有一百五十多年的历史。之后又受桂剧、彩调、祁阳戏、贵州花灯戏等其

图4-34 龙胜龙脊廖家寨风雨桥
（来源：自摄）

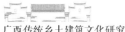

a 三江岜团桥

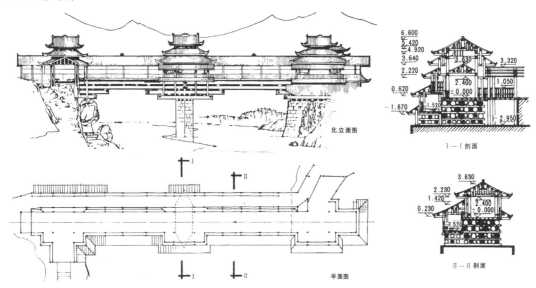

b 三江岜团桥测绘图

图4-35　三江岜团风雨桥

（来源：a. 自摄；b.《广西传统民族建筑实录》[M]．南宁：广西科学技术出版社，1991：227）

他戏曲剧种的影响发展成型。

　　侗族戏台多分布在鼓楼左右两侧或相对布局，共同利用鼓楼坪的场地。戏台多为干栏式，上层抬高以利于表演，下层为准备间或是留空作为村民休息活动的空间。根据使用要求，设有前台、后台、侧台等部分。前台宽敞高大突出，侧台等矮小后退。实例如广西三江八协庆云戏台（图4-36），总高11米，底层是贮藏室，二层是演出空间，后部设有后台准备间，侧台和后背景墙利用透视原理绘制变化丰富的背景，颇具意趣。戏台左边是休息凉

图4-36　三江八协寨庆云戏台与凉亭
（来源：自摄）

亭，与戏台连为一体，对面是鼓楼，共同构成村寨的公共活动中心。这一系列的公共建筑满足了侗寨仪式、典礼、集会、娱乐等多项功能要求。也有戏台与鼓楼合为一体者，如三江程阳大寨的鼓楼（图4-21），底层扩大完全向外开敞，平时是村寨的活动中心，重大节日就用于侗戏的表演。

　　2. 寨门

　　寨门是一种具有防御功能的建筑类型，与围墙一起起到防御匪患的作用。村寨建立之初一般都设有多座寨门，如三江高定寨原有4座寨门，团寨也有4座。随着岁月的流逝，寨门的防御意义逐渐消退，原有的或毁或拆，现今存留者成为村寨的标志，对地域的界定作用取代防御成为其主要功能。

　　从现存的寨门看，壮族的寨门较为简朴，多以石料构成简单的门框，门楣凿出屋檐的意向，屋脊正中雕刻宝瓶或葫芦（图4-37a）。侗族的寨门十分丰富，有凉亭式的，一到两步架进深，内设条凳（图4-37b），类似凉亭功用，供人歇息停留；也有多功能复合的，如程阳岩寨寨门（图4-37c），造型类似鼓楼，下层架空为通道，上层则围合成储藏空间。

　　　a 龙胜金竹寨门　　　　　　　b 三江八协寨门　　　　　　c 三江岩寨寨门

图4-37　寨门
（来源：自摄）

a 谷仓群   b 带有防鼠陶罐的谷仓

图4-38　南丹白裤瑶谷仓

（来源：自摄）

3. 谷仓

　　村寨中谷物的存放分为两种方式，一种是各家各户分别存储在自家阁楼，另一种是群仓制，即设立公用的谷仓，村寨中的粮食集中存放。群仓制的优点是谷仓与住宅分离，一旦住宅用火不当也可确保粮食不受损失。隆林、龙胜、东兰等地的壮族保留了古老的群仓制，谷仓的建筑构造与民居无异，有些谷仓则建立在水塘上，防火亦防鼠患。南丹白裤瑶的谷仓最具特色（图4-38a），谷仓屋面盖茅草，呈圆锥形，中间用竹编围成一个巨大的圆筒形主体部分，正前方还开一个拴紧的小门。主体部分的下面有四根木柱，木柱分立四方，稳稳地将巨大的圆筒悬在两米多高的半空，木柱与主体交接处一般都设有陶罐或锡铁皮包裹，是为了避免老鼠攀爬（图4-38b）。

4.2　居住建筑平面及空间组合

4.2.1　基本功能构成元素

　　百越民族的干栏式建筑，由于不同民族的生活习惯、经济技术发展程度和受汉民族文化影响的程度不同，在平面功能的布局和建筑装饰造型上会有差别，但干栏式建筑的基本功能元素和空间组合方式是相同的。《魏书·撩传》所云："僚者，盖南蛮之别种……种类甚多，散居山谷……依树积木，以居其上，名曰'干兰'。干兰大小，随其家口之数。"；《太平寰宇记》中描述："人栖其上，牛、羊、犬、豕、畜其下"；刘锡蕃对民国时期的广西干栏有详尽描述："人皆楼居，楼下分为两部，一部为舂碓室，农具杂物亦储其间；一部为牲畜室，一家所饲鸡豕牛羊，悉处其内。楼上分三部或两部：左右为卧室，最狭，普通仅可容榻，中间为火堂，封填形如满月之三合土（即黄泥、石灰、砂砾三者羼合之泥土，胶结甚固），以铁质圆形之三角灶（做名'三撑'）架于当中。（贫者不用铁灶，取石放置成三角形，架锅其间。）火堂隔门之外为骑楼，骑楼曲展至屋侧为楼口，于此建木梯，即为升降必由之路。屋前或屋侧多架竹为楼，露天为盖，蛮人'晾物'、'晒衣'、'缝纫'、'乘凉'诸事，多于此间为之[①]。"

自古以来干栏式建筑的基本竖向功能分区就没有发生改变，即：以火塘、堂屋和卧室为主，位于中部的生活起居空间；位于底部圈养牲畜和位于顶部用于仓储的生活辅助空间；联系上下的楼梯、廊道的交通空间。这三种类型的空间组成最基本的干栏式居住建筑。

4.2.1.1 生活起居：火塘、堂屋与卧室

1. 火塘

在已发掘出来的原始社会穴居遗址中，火塘就是原始人类生活空间的中心，当时起居生活的一切都是围绕着火塘展开的。"火塘的前身大概只是简单的土坑，故也称'火坑'，方国瑜先生即有'古时煮食于火坑'之说。半坡遗址的火塘也大多是在地上挖掘出来的浅土坑。即使是今天，某些少数民族设在地面上的火塘也基本上是在土坑的基础上稍加修整而成的。而真正具有构筑意义的火塘，可能首先出现于巢居或干栏式建筑，人们从土坑得到启发，遂用木箱盛土，置于楼板上，用作火事，取其凹陷之意，故名曰火塘。从地面的火坑到架空的火塘，在居住建筑发展史上可能是一个划时代的转换，只有在解决了架空生活面上的用火问题之后，人们才得以摆脱地面居住的束缚，创造出在架空生活面上生活的离地居住方式。如果说从树上生活转为地面生活是人类发展史的一个里程碑，那么，这时的由地面居住到离地居住的转换，并不是简单的倒退，而是在新的层次上的一种飞跃。它为人们应付恶劣生活环境提供了必要条件[②]。"

火塘的首要功用当然是用来煮食，但对于经济条件和文化发展落后的地区缺乏有效御寒手段的人们来说，火塘的采暖作用就尤为重要。刘锡蕃在《岭表纪蛮》中写道："（火塘）除调羹造饭外，隆冬天寒，其火力及于四周，蛮人衣服不赡，借以取暖，有时环炉灶而眠，兼为衾被单薄之助。赤贫之家且多未置卧室，而以炉为榻，举家男女，环炉横陈。虽有嘉宾，亦可抵足同眠，斯时炉灶功用，不止于烹调，盖直抵衣被床榻矣"。可见直到清代晚期，西南少数民族民居中的火塘仍然是家中炊事、取暖甚至休憩的中心。直至现代，百越民族的社交活动比如会客、聚餐、家庭成员的聊天都是围绕着火塘进行。在对广西百越村寨的田野调查当中，很多桂北山区的家庭在寒冷的冬季仍将老人卧榻置于火塘边以抵御寒流。

火塘与人们的温饱产生直接联系，在某种意义上它就是家庭的代表。在百越地区，成年的儿女和父母分家，如果没有财力和土地新建房屋，就在老屋增设一个火塘，如果有几个成年兄弟则有可能分设几个火塘。一个火塘就代表一个家庭，与家族、家庭有关礼仪活动也围绕火塘展开，比如，在搬进新屋之前，要举行简单的接火种仪式，即需要从旧屋的火塘里引一把火，点燃新房子火塘里的火，意为本家烟火不断。同时在使用火塘时也有诸多禁忌：禁止用脚踩踏火塘上的三脚架以及灶台；小孩不能往火塘里小便；烧柴火时必须小的一端先进火塘，否者会导致产妇难产等，诸多禁忌都显示出火塘与家族的兴旺、子孙的兴盛关系密切，人们将对火塘的依赖转化为一种原始崇拜。

广西百越民族地区的火塘绝大部分都是贴地建造，不高出地面（图4-39a），因此四周的凳子都是20厘米左右高的矮脚凳，吃饭的时候在上面架一矮桌，便可围炉进餐。火塘的上方在阁楼底板之下吊一竹匾，俗称"禾炕"，上面搁置腊肉等熏制食品，底部也可悬挂各种器具

---

① 转引自：蔡鸿生. 戴裔煊文集[M]. 广州：中山大学出版社，2004：19-20.

② 杨昌鸣. 东南亚与中国西南少数民族建筑文化探析[M]. 天津：天津大学出版社，2004：47.

a 百越民族贴地式火塘

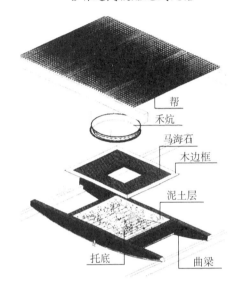

b 火塘构造

c 汉族火台

图4-39 火塘

（来源：a、c. 自摄；b. 罗德胤等.《西南民居》[M].
北京：清华大学出版社，2010：237）

和食物。"禾炕"的顶部是火塘间的屋顶，并未用木板封隔，而是在梁架上搁细竹竿，上铺竹席，龙胜地区称之为"帮"，"主要存放禾把，旨在将晾晒的禾把再用烟熏干，避免受潮和生虫；另外，竹棍之间的缝隙便于火塘产生的烟雾和热空气上升，通过阁楼层至山墙面排走，形成循环通风排烟系统①"（图4-39b）。有意思的是同处于百越地区的高山汉族，同样住在构造相似的干栏建筑内，其火塘就是高出地面尺许（图4-39c），便于坐在凳子上进餐，究其原因，应该与汉族较早使用家具告别席居生活有关。

2. 堂屋

汉族文化以儒家礼制为本，以堂屋为中心和轴线安排居住空间则是封建宗法制度在建筑上的反映，也成为汉族民居的基本特点。正如宋《事物纪原》所云："堂，当也，当正阳之屋；堂，明也，言明就义之所。"堂屋的上方一般都悬以匾额，写着家族名称的堂号，太师壁上供奉着祖先的牌位，牌位前祭祀着"香火"，香火的分合，即指宗法与经济的分合，兄弟分家，一定要有堂屋标示独立成家。堂屋作为汉族住宅的核心，反映出来的是尊卑有别、长幼有序的道德伦理观念，既是起居空间又是家族议事会客，婚嫁丧葬，祭祀祖先等仪式举行的场所。

百越民族的干栏民居内也有祭祀祖先的场所，一般都与火塘有关。灵位陈设一般较为简单，一个木墩或板凳就是"神台"，在上面钉上一节竹筒插香烛，摆上一盏油灯，就是祖灵神灵之位了。或者将装有火塘灰的陶罐放置在火塘旁，插上香烛，也表明祖先仍然和自己生活在一起。随着汉文化的影响，汉族式的堂屋也进入百越民族的干栏民居。大多数情况下，堂屋并非全封闭，而是将敞廊局部扩大呈三面围合的空间，正中的后墙中上部设置有称之为"香火"的神龛，神龛

---

① 罗德胤等. 西南民居[M]. 北京：清华大学出版社，2010：236.

正中贴红纸，书有自己祖宗、本地神灵的名讳，如莫一大王、岑大将军、花婆等，正中则书写"天地君（国）师亲"，这是受汉族儒家文化的家国观念影响的体现（图4-40）。在一些边远山区，汉文化影响力较弱的地区，民居中只拜祖先而无"天地君师亲"牌位。

可以说，有无堂屋或堂屋配置是否完善以及堂屋在居室中的重要性就成为判断该地区受汉族文化影响强弱的标志。广西百越诸族中，侗族民居的堂屋不甚明显，壮族民居则有着明确的堂屋设置，苗瑶两族分布较散，位于高山地区的民居则基本没有堂屋的痕迹，平原地区与汉族接触较多，堂屋在住宅中则占有重要的地位。

3. 卧室

百越民族普遍不讲究卧室的通风、采光等物理环境，面积也很小，通常以能放下一张床为标准，低矮闷热的屋顶阁楼在居住空间不足的情况下也会被开辟为卧室。同时，在卧室位置的分配上，并未体现出类似汉族那么严格的长幼等级制度。

图4-40 壮族干栏堂屋
（来源：自摄）

4.2.1.2 生活辅助：架空层、晒排与粮仓、厨房

1. 架空层

架空层是干栏民居最具特点的空间，也是这类型建筑之所以称为"干栏"的原因。架空层普遍不高，多为1.8～2米左右，满足人员进出的基本要求即可，其最主要的功能是圈养牛、猪、鸡鸭等牲畜，相应的饲料和煮食用具和场所也分布在畜棚附近。米碾、米舂、锄头、镰刀等农用工具和柴火等杂物也在架空层有专用空间堆放。同时，酿酒、织布等小作坊往往也位于架空层内。卫生间通常也设置在靠近畜棚的架空层内，很多地区卫生间和牲畜的粪便池与沼气利用设备结合起来，做到了能源利用的循环。但由于架空层卫生条件普遍较差，受现代居住文化影响，近年新修建的干栏式民居多将卫生间布置在二层起居空间内，外墙部分用砖墙砌筑以利于防潮。老式干栏建筑也有针对卫生间的改造，通常也是在原有卧室后用砖或混凝土砌块等防水建材向外扩建。

2. 晒排与粮仓

与地居民族直接在地面设置禾晒与晒场不同，架空的晒排是百越民族农耕生产必不可少的辅助空间，它通常位于住宅正面或者向阳的两侧，与生活起居空间连通，位置以不遮挡入户楼梯为准。底部通常以木柱、石柱支撑，也有利用宅前大树作为支架者。上部则覆以密排竹篾，为避免作物下漏，垫之以竹席（图4-41a）。龙州板梯村的晒排颇具设计意趣，由于木、竹质的支撑物容易朽坏，当地壮族利用本地的岩石垒砌桥拱状晒台，上部晒谷物，下部仍可储物（图4-41c）。也有将晒排做成活动式的，"下装滑轮和滑竿，后边加绑绳索，需要晒谷物时，就拉动绳索，将晒排拉出屋檐外；若遇下雨或晚间，只需拉动绳索，整个晒排就沿着滑竿进入室内[①]。"晒排通常用来晾晒谷物和辣椒等农作物，玉米则一般结成串直接挂在通风的

---

① 覃彩銮等. 壮侗民族建筑文化[M]. 南宁：广西民族出版社，2006：68.

a 直接从房间出挑的晒台　　　　b 下部有支撑的晒台　　　　　c 石砌晒台

图4-41　晒台

（来源：b、c. 自摄；a. 雷翔.《广西民居》[M]. 南宁：广西民族出版社，2005：142）

门梁、房梁上，所以在以玉米、红薯、土豆等作物为主的桂西石山地区，干栏式民居鲜见晒排的设置。

　　由于底部架空层多潮湿、二层又是主要的生活起居空间，晾晒好的谷物一般都存储在位于屋顶阁楼的粮仓内，粮仓的壁板拆卸方便以易于粮食搬运，讲究的人家还设有卯榫巧妙的木质仓门锁。为了防止粮食霉变，屋顶山面一般都不做外墙板封闭，以利于通风，同时也有利于屋面下热空气的排出。

3. 厨房

　　虽然火塘与木质的楼板有较好的隔绝措施，但因用火不当而导致房屋焚毁并殃及全村的情况屡见不鲜。同时，在火塘处煮食确实烟熏火燎，污染室内空气且不利于节能。在这样的前提下，专用的厨房在部分百越民族地区出现，政府则在推行寨火改造的同时推广沼气等清洁能源和节能灶的使用。据了解，沼气池所产生的能源完全满足普通人家煮食和照明之用。为了防火，厨房一般都在原有房屋外用水泥砖或红砖扩建。即便如此，一般的家庭都保留原有的火塘间，这固然有文化习俗不易改变的原因，从另外一个角度来看，火塘间里那种家人围坐烤火聊天其乐融融的家庭氛围不是在现代化的厨房和餐厅中所能找到。

4.2.1.3　交通空间：楼梯与廊道

1. 楼梯

　　楼梯可分为两种，一种是由地面层通向二层起居室的入户主楼梯，另一种是进入阁楼和其他辅助空间的次要楼梯。前者根据其在建筑中的位置又分为山面楼梯和檐面楼梯两种，侗族干栏民居的入户楼梯多位于山面，而壮族多位于檐面。出于风水上的考虑，楼梯步数一律为9级或11级的单数，每级高度约为6寸许，这样可以保证底层的高度在1.9～2米左右，满足底层的功能需求。楼梯一般都为木质，宽窄不等，由踏板夹在两侧的梯梁中构成，一般不设踢面。有的梯梁做成微微下弯的弧形，踏板也顺着弧形安装，美观实用（图4-42a）。

　　对于侗族和桂北地区的壮族来说，二层以上的空间使用频率较高，因此室内楼梯成为常设梯而有固定的梯井。其他地区的干栏式民居由于阁楼空间通常只是用于储藏，一般都不设固定楼梯，有些活动楼梯甚至仅仅就是在一根圆木上用斧开凿出踏步齿而成（图4-42b）。

2. 廊道

　　廊道是连接楼梯和室内的过渡空间，也是起居的前导空间，百越民族开放性的性格特征在透空的廊道空间得到充分体现，也是区别于汉族民居的典型之处（图4-43）。廊道通常为一个柱距的进深，在临室外的一面设有座凳供休息，特别是一些使用木骨泥墙和夯土墙的民居，

a 主要入户楼梯　　　　b 室内简易楼梯

图4-42　百越干栏的楼梯

（来源：自摄）

图4-43　聚会和待客的场所——敞廊

（来源：自摄）

开窗面积很少，室内采光较差，白天也不具备较好的能见度，因此家中老人、小孩多喜欢在通廊上闲坐和嬉戏，在这里也方便和邻家进行交流和互动；通廊还成为晾晒衣物和常用农具的存放场所，与晒排结合就成为晒谷物；外人来访，也可利用通廊待客。

4.2.2　侗族传统建筑空间特征

广西百越诸民族中，侗族偏居于与湖南、贵州交接的桂北一隅，受汉文化影响较少。从平面空间布局的角度来说，山面设门的入口方式、开敞的亦廊亦厅的前廊空间、独立的火塘间、偶数的房屋开间等都显示其百越原生干栏的特点。同时，侗族的木构技术也最为发达，房屋层数多在三层以上，对空间的利用也十分充分。

4.2.2.1　山面设门的入宅方式

山面开门，应该是干栏建筑原型——巢居所使用的方式。原始的巢居，在树上的平台搭建人字棚，没有垂直于地面的墙壁，墙面和屋顶是连为一体的，因此剖面形态基本为一个三角形，三角形的中央空间为最高，成为必然的入口之处。元代马端临在《文献通考》中说"僚蛮不辨姓氏……杆栏即夷人椰盘也，制略如楼，门由侧辟……"此处提到"门由侧辟"应是当时大多数干栏建筑入户的方式。张良皋先生对此也有大胆论断："山面开门是一切双坡屋顶建筑——包括干栏的天然趋势，在未接受窑洞建筑影响以前，中国建筑肯定会以山面为正面[①]。"虽然随着巢居朝现今的干栏建筑进行演变，墙体出现，层高增加，屋顶得以脱离地面，檐面的高度也早已满足开设大门的要求，但山面开门的方式依然保留下来，成为判断干栏建筑原生性的标志之一。

山面开门，楼梯就一定在山面。广西侗族干栏建筑的入户楼梯绝大部分都位于山面（图4-44，图4-45）。山面的楼梯根据其外形可以分为对外开敞与封闭两种。后者应该是侗民私有财产意识增加后对前者的改进，先是设置底部架空层的大门，然后将这一大门挪至入户楼梯以外，成为整座干栏建筑的总门。因此单纯从外表来看，现在的侗族干栏很难判断其楼梯的具体位置，至于二层起居部分的大门也有局部改变，位置仍然位于山面靠前檐口的部分，

---

① 张良皋. 干栏—平摆着的中国建筑史[J]. 重庆建筑大学学报（社科版），2000（04）：2.

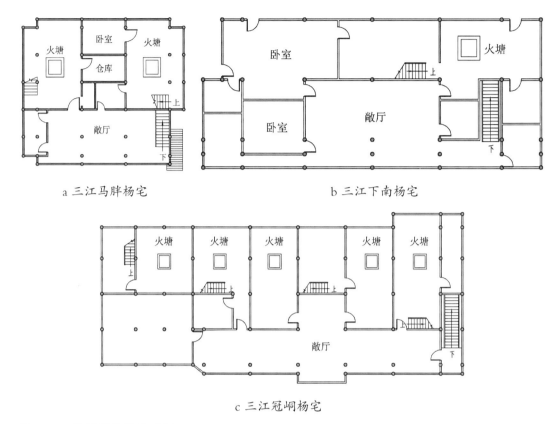

a 三江马胖杨宅　　　　　　　　　　b 三江下南杨宅

c 三江冠峒杨宅

图4-44　敞厅型的侗族干栏

（来源：a、b. 改绘自《广西传统民族建筑实录》[M]．南宁：广西科学技术出版社，1991；c. 改绘自韦玉姣提供资料）

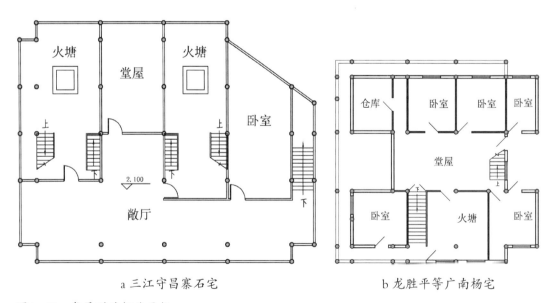

a 三江守昌寨石宅　　　　　　　　　b 龙胜平等广南杨宅

图4-45　堂屋型的侗族干栏

（来源：改绘自《广西传统民族建筑实录》[M]．南宁：广西科学技术出版社，1991）

但有些侗居为了增加入户的层次，将原属于室外的楼梯入户平台部分封闭起来，大门转了90度，直接面对楼梯方向，室内也因此多出一个类似玄关的空间。楼梯位于山面，从平面和结构体系来看，是在整体结构上增设一小跨楼梯间，是附属于主体的空间，屋顶的悬山无法遮挡楼梯间的雨水，因此一般都会在山墙上部增设披檐。

4.2.2.2　以敞廊为过渡的室内布局

敞廊直接连接入户楼梯，是侗居二层生活起居的第一个空间。由于山面楼梯一般都导向前檐开门，所以敞廊通常都位于干栏正面前檐处，通面宽，一至两个柱跨的进深，是主要的迎客摆宴、休憩聊天、织布劳作的空间，也是晾晒衣物存储工具的场所。之所以称其为敞廊，是因为面向檐口的一面一般仅有栏杆而不设墙板封闭，空间似隔非隔，相对于室外空间来说界定得不很明确，既围合又通透，充分体现了侗民族开放性的特点。"开放性是侗族干栏式住宅的一大特色。干栏式住宅的开放性与村寨布局开放性有同构关系，鼓楼、风雨桥、款坪等公共建筑、公共空间形成的完整建筑群空间体系对居住在村寨中的人们来说，一方面为人们的室外活动提供了更多方便和更大可能，同时也是民族开放性性格特征的一个有力说明。侗民们至今仍保持着不掩户的纯朴民风，廊道作为半开放的起居室，对外人来说，同样是开放的空间，而入户门，大部分时候仅仅是起着心理上的界定作用①。"

规模较小的敞廊是通面阔的直线型空间，如三江马胖村杨宅（图4-44a）为三开间两柱进深。面宽较大的干栏，为了突出空间重点，在中间朝进深方向凹入局部扩大形成三面围合状态，如三江冠峒杨宅（图4-44c）与三江下南杨宅（图4-44b）。这种向内凹入的空间，大部分的仅仅是为了方便聚会而将敞廊局部扩大，空间高度仅为一层，普遍没有祖先牌位和香火供奉，不具备汉族堂屋特征，三江独峒乡的高定、林略等村寨的敞廊均属于这种类型。另有一些邻近汉族聚居区的侗居，敞廊有向堂屋转化的痕迹。如三江守昌寨石宅（图4-45a），在敞廊扩大处再向内凹进一间，形成两层通高的堂屋。再如龙胜平等乡广南寨的杨宅（图4-45b），三开间的布局，敞廊则演化为明间的厅堂。

敞廊是公共开放的空间，也是向火塘间、卧室等私密空间的过渡。根据敞廊、火塘间、卧室这三个基本生活空间联系方式的不同，可将侗居的空间组合分为串联式和并联式两种。

1. 串联式

串联式是指居室空间从敞廊—火塘间—卧室为串联关系。这种模式的干栏住宅，通常为两个以上亲缘关系较近的家庭合居，一个火塘就代表一个家庭，敞廊是家庭间所共用，而每个家庭都有属于自己的火塘间和卧室，它们之间呈嵌套式布局，火塘间成为敞廊和卧室之间的中转枢纽。如三江守昌寨石宅（图4-45a），对外只有一部入户楼梯，但两个火塘内部都设有通向架空层和三层卧室、仓库的楼梯。三江马胖村杨宅（图4-44a）与三江冠峒杨宅（图4-44c）也属同种情况。

2. 并联式

如果一座干栏内部没有分家，干栏内部所有空间都属于私产，则不必坚持一定要经过火塘间才能到达卧室，敞廊、火塘间、卧室之间是一种并联关系。如龙胜平等乡广南寨蒙宅（图4-46）和同寨的杨宅（图4-45b）以及三江下南杨宅（图4-44b）等。很多情况下，兄弟分家，但由于经济情况无力新建房屋，会将原有干栏在内部用有效手段隔绝，将敞廊、火塘间、

---

① 蔡凌. 侗族聚居区的传统村落与建筑[M]. 北京：中国建筑工业出版社，2007: 132.

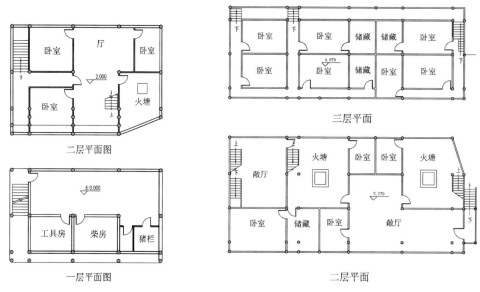

图4-46 龙胜平等广南寨蒙宅
（来源：改绘自《广西传统民族建筑实录》
[M]．南宁：广西科学技术出版社，1991）

图4-47 三江皇朝寨吴宅
（来源：改绘自《广西传统民族建筑实录》[M]．南宁：广西科学技术出版社，1991）

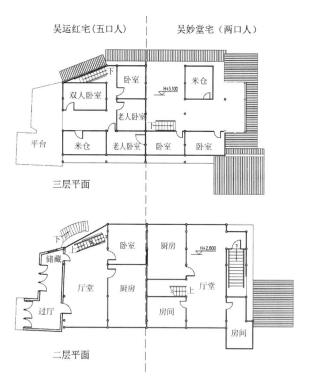

图4-48 三江高定寨吴氏兄弟宅
（来源：改绘自广西大学建筑学2000级高定寨测绘资料，未出版）

卧室等空间分为两套，两部入户楼梯也位于不同的山面，内部各空间的联系也和并联式一样。如三江皇朝寨吴宅（图4-47），为四开间两户共用，入户楼梯分别位于南、北两个山面。三江高定寨吴运红、吴妙堂两兄弟的联宅（图4-48），在中间将原有干栏一分为二。吴运红的一家有五口人，原有部分不敷使用，所以对原宅所加建。

原生的侗族干栏，敞廊向外的一面是没有隔断的，有些地区为了冬季保暖，会使用可拆卸的隔板，夏季还是完全向外开敞的，通透性很好。玻璃成为廉价的建材以后，敞廊檐面普遍安装平开玻璃窗，既能满足采光要求也可防风保暖，这自然是生活水平提高的象征，也喻示了侗民心理从开放开始走向封闭。

4.2.2.3 利用充分的楼层空间

和壮族不同，侗居普遍将第三层也作为主要的生活层。在一些用地陡峭的山区，每层建筑占地有限，二层在布置敞廊和火塘间后空间已无富余，卧室就主要分布在第三层。同时侗居的敞廊、厅堂一般都只占一层高度，所以第三层空间十分完整。这种空间竖向分区布局的方式与现代住宅动静分区的原理是一样的，如高定寨某宅（图4-49），主体部分进深仅为8米，二层全被敞厅占用，火塘间位于后部附加部分得以接地，卧室和粮仓都位于第三层。再如高定文宅（图4-50），户主除了农耕还从事人造宝石的加工，因此将第三层中间较高处开辟为手工作坊。如果三层仍然不够使用，则会隔出阁楼或是继续修建第四层。

层高方面，架空层和第一层稍高，2.2～2.4米，第三层一般为2米左右，以人员进出不碰头为准，近年随着平均身高的增加和生活水平的提高，原有层高已不能满足要求，有加高的趋势。

4.2.3　壮族传统建筑空间特征

封建时期广西百越民族和苗瑶等族在统治者眼中是"荒蛮"、不开化的，"性愚蠢"、"不勤生理"、"耐杀喜斗、不司官法"等歧视性描述屡见于史书记载。为了加强对广

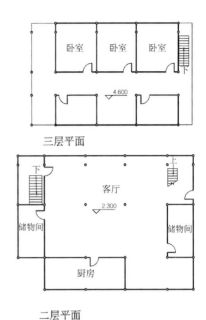

图4-49　三江高定寨某宅

（来源：改绘自广西大学建筑学2000级高定寨测绘资料，未出版）

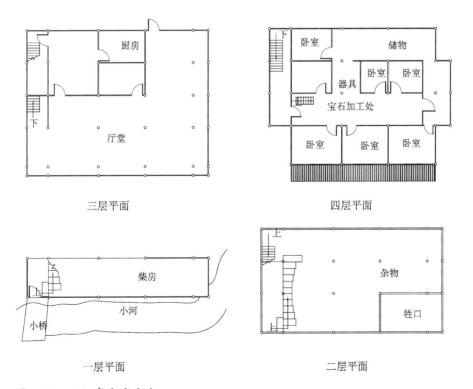

图4-50　三江高定寨文宅

（来源：改绘自广西大学建筑学2000级高定寨测绘资料，未出版）

西的统治，教化是封建统治者的重要手段，同时也必须承认，受到发达的汉文化影响，少数民族的生产力和生活品质得以有较大提升。壮、侗、苗、瑶等民族中，壮族汉化较早，在史书文献中可以一窥端倪。

明代王士性在《桂海志续》中对龙胜的壮族有如下描述："壮俗，……居屋无间，贫富俱喜架楼，名之曰栏……壮性稍驯，易制服，缘近民为城中佃丁也……衣冠、饮食、言语颇与华同。"乾隆二十二年的《富川县志》记载："壮即旧越人，来自古田（今永宁州），而散居于花山、西乡诸村。俗尚与瑶同。无编籍，颇淳朴，不如瑶之狡猾、茅奸。"及至民国时期，民国二十四年《罗城县志》有载："县属各族人口，以汉族占百分之七十，苗、瑶、侗、壮占百分之三十。其中苗、壮人几乎完全与汉族同化，再次为侗人，至苗、壮之同化程度，仅达到十分之三。"民国二十五年《信都县（今贺州）志》亦云："瑶居大桂山，壮居石牛寨。壮与汉同化……唯瑶族仍旧。今文明日启，知识增进，亦知向学……壮人散处乡村，衣服饮食与齐民无异。"

现存的壮族干栏式建筑也体现出较强烈的汉文化影响，如宅门均设在檐面，居室也有较明确的明间意向，同时堂屋在室内空间布局中也占有支配性地位。这些特点既是壮族干栏汉化的例证，也是壮族干栏区别于其他民族的典型特征。

4.2.3.1 檐面设门的入宅方式

入户大门开在檐面中央，是汉族民居普遍运用的形式，也是突出明间地位、强调宗法礼制观念的必需。受汉族文化影响，壮族干栏建筑的大门都开在檐面。但干栏建筑的入户大门都位于主要生活起居的二层，宅门与地面之间需要以楼梯作为过渡。根据过渡方式和楼梯位置的不同，壮族干栏的入口可以分为三种形式。

1. 楼梯位于山面

前文已针对原始干栏式建筑在山面设置楼梯的必然性进行过论述，可以推断这是一种古老的楼梯设置方式。现存的壮族干栏建筑中，这一做法仅存在于少数实例中。如龙胜枫木寨陈宅（图4-51），已有一百多年的历史，主房为三开间，左边设有一间偏厦。入户楼梯位于右山面，上至二层后有檐廊（望楼）作为通向大门的过渡，大门向内凹入60厘米形成门斗。西林那岩村的王万福、王平、王敬祥三家的干栏住宅（图4-52），入户楼梯都位于山面，与枫木寨陈宅不同的是过渡的檐廊为通面阔，贯穿整座干栏的檐面。

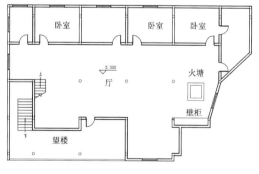

图4-51 龙胜枫木寨陈宅

（来源：改绘自《广西传统民族建筑实录》[M]．南宁：广西科学技术出版社，1991）

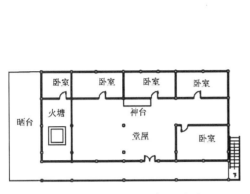

图4-52 西林那岩王万福宅二层平面

（来源：改绘自广西大学建筑学2006级那岩寨测绘资料，未出版）

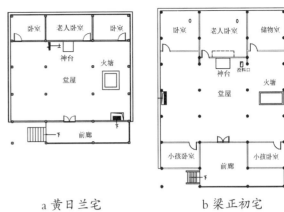

a 黄日兰宅　　　　　　b 梁正初宅

图4-53 那坡达文屯干栏住宅平面

（来源：改绘自广西大学建筑学2007级达文屯测绘资料，未出版）

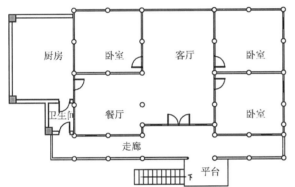

图4-54 西林那岩何正宅二层平面

（来源：改绘自广西大学建筑学2006级那岩寨测绘资料，未出版）

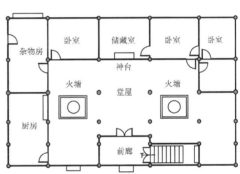

图4-55 龙胜龙脊村侯玉金宅二层平面

（来源：改绘自广西大学建筑学2008级龙脊村测绘资料，未出版）

2. 楼梯平行于檐面

由于入口位于檐面，如果从山面楼梯入户必然要经过两个方向上的转换。为了迁就入口位置，将楼梯平行于檐面布置明显要合理一些，大量现存的壮族干栏都是使用这种入户方式。如那坡达文屯黄日兰宅（图4-53a），为三开间布局，大门开在正中，楼梯位于檐面右侧，同样使用檐廊作为过渡，由于楼梯占用了一个开间，外廊仅余两开间长度。同村的梁正初宅（图4-53b），同样为三开间布局，楼梯亦在右侧占用了一开间面宽。不同的是由于用地充分，进深方面前后各多出一进，入口处以向内凹入一进深度形成宽敞的门廊，明间的意向更为明确了。西林那岩村的何正宅（图4-54），楼梯平行于檐面但位于檐廊之外，通过一个平台与廊相接，应该是一种过渡形态。达文屯与那岩的干栏，檐廊都较宽大，但从整体构架上看，并未融入主体结构，有临时性特征。龙脊地区的壮族干栏，发展得较为成熟完备。如侯家寨侯玉金宅（图4-55），为五开间四进深，楼梯在明间的左侧占据一开间，檐廊仅设在明间，转化为望楼。

图4-56　德宝那雷村干栏均由正面直上入户

（来源：自摄）

3. 楼梯正对明间垂直于檐面

楼梯平行于檐面，和楼梯位于山面相比，入户便捷很多，但还不是最直接的方式，同时由于楼梯占用了一开间，整个正立面是不对称的。将楼梯垂直于檐面正对明间就能解决这些矛盾。这一类型的干栏，汉化特征最为明显，一般都是三开间布局，楼梯位于正中指向明间的入户大门，左右对称。为了容纳垂直方向的楼梯，明间凹入形成门斗。那坡那雷寨及其附近村寨的干栏都属于这一类型（图4-56）。楼梯伸出室外，得不到挑檐的遮挡，为防雨水腐蚀，一般都用石材砌成实心的台阶。由于不再需要檐廊作为过渡，一些次间的门廊被封上木板作为房间使用。

这三种入户方式还未能尽述壮族干栏丰富多变的外部灰空间，比如西林妈好村的黄宅的外廊就比较特殊。该宅为九开间，堂屋位于中央，前有凹入的门斗，前檐廊演化为环绕干栏一圈跑马廊，方便后部卧室的出入也提供了更多的户外休息和工作空间，同时还能保护外墙板不被雨淋。

4.2.3.2　以堂屋为中心的室内布局

对于壮族来说，堂屋是家庭中最为重要的礼仪场所。堂屋一般深两到三个柱跨，4～7米不等，为了增加进深，一些地区还将堂屋后墙向后推90厘米左右形成凹入的空间，更加强调了神台的重要性。堂屋通常通高两层直达屋顶，后墙摆放神案和八仙桌。神案上放置贡品、香炉等祭拜设施，与上部的神龛构成了整个民居中最为华丽和神圣的部分，体现了神灵和祖先崇高地位。为方便采光，堂屋正上方的屋顶通常设置有数片明瓦，从明瓦洒下的光线也仿佛成为凡人和祖先及神明沟通的桥梁。

卧室、火塘等生活空间，都是围绕堂屋展开，可大致分为"前堂后室"与"一明两暗"两种类型。

1. 前堂后室

前堂后室的布局是指前部为起居接待空间，后部为寝卧空间的空间格局，是广西少数民族乃至我国西南地区和东南亚居住建筑最为常见的布局形式。前堂后室中的"堂"，在不同民族的干栏建筑中，可以理解为火塘、客厅、堂屋等，比如侗族干栏的"前堂"在大部分的情况下就是以敞廊为主的客厅，火塘间和卧室嵌套成为"后室"。滇西傣族住宅的"前堂"是客厅与火塘，"后室"为卧室。壮族干栏的"前堂"则是以堂屋为中心，火塘、客厅、堂屋三者的混合体。

通常情况下，堂屋位于中央的明间，火塘分布于两侧，堂屋与火塘之间没有明显的分割。如果只有一个火塘，则按照东面为尊的习惯布置在堂屋的东侧，如遇分家出现多个火塘，则由年轻人使用东面的火塘，按照当地老人的说法是："年轻人住东边象征朝阳，老人住西边象征夕阳"。足见对年轻人的爱护和希冀。火塘在房屋进深方向位于中柱与前金柱之间，与堂屋的中心空间在一个水平线上。堂屋空间高大位于中心，火塘间低矮位于两侧，整个"前堂"空间虽然没有分隔但层次丰富主次明确。

卧室一般都位于后部。龙脊地区的干栏较大，一般都是五开间以上，所以后部空间足够卧室使用，在家庭人口较多的情况下，左右稍间也会布置卧室。桂西地区经济欠发达，如达文屯，干栏普遍都是三开间，后部空间不敷卧室使用，则会压缩火塘间，在前檐部分隔出卧室。关于家庭成员对卧室的分配，壮族一般秉承老人和已婚者住后面，小孩与青少年住前面的宗旨。堂屋正中后面的一间卧室，有特殊意义，有的地区是居住家中的男性老人，是一种父权思想的体现；有的地区则并不讲究，男女老人都可以住；桂北地区则认为位于神牌之后的空间不适合住人，而是用做储藏空间。前檐的卧室通风较好，视野开阔，又多位于南面而光线充足，适合发育中的青少年居住。壮民们也认为"阳"气十足的青少年自然不适合住在带有"阴"气的神台附近，以免"阴阳相冲"。前堂后室的布局实例详见图4-51～图4-53。

2. 一明两暗

"一明两暗"是汉族民居最为常见的类型，"一明"指的是中间的厅堂，"两暗"是分列于厅堂两侧的卧室。厅堂朝外开启大门为"明"，卧室门开向厅堂则为"暗"。"一明两暗"类型的壮族干栏，是汉化最多者，火塘间在家庭中的地位亦不显得那么重要，炊事用火和采暖用火开始分离，意味着文明的进步。虽然居室的空间都围绕堂屋这一单核心布局，火塘这种原始家庭的象征仍然对住宅的功能分布有所影响，根据火塘在家庭中重要性程度的不同，"一明两暗"类型的壮族干栏可从以下两个方面进行讨论。

1）火塘位于前部单侧。这一类型的"一明两暗"，厅堂通常占据通进深，两侧为卧室或储藏室，火塘间则位于一侧的第一进空间，这说明火塘间在居室中仍占有一定地位，冬季烤火取暖和家人聚会是其主要用途，煮食的功能被专用的厨房取代。如西林那岩何正宅（图4-54）和西林马蚌岑宅（图4-57）。

2）火塘与厨房位于后部。火塘间的重要性被进一步削弱，甚至完全被厨房取代。房屋的功能呈现前后分区的特点，前部为生活起居，后部为辅助杂物，因此前部的堂屋进深通常为两柱跨左右，较浅，后部的厨房设有后门通向后院，如图4-58。

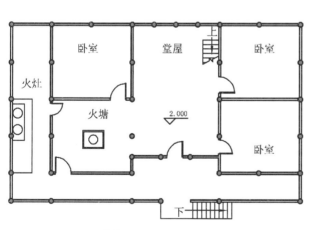

图4-57 西林马蚌岑宅
（来源：自绘）

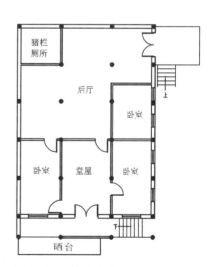

图4-58 龙州某宅
（来源：改绘自《广西传统民族建筑实录》[M]．南宁：广西科学技术出版社，1991）

4.2.4 苗瑶传统建筑空间特征

4.2.4.1 苗族传统干栏建筑

我国境内的苗族，主要分布在西南和中南各省区，以贵州、云南、四川、湖南和广西为多。苗族多居住山区，尤其是西部苗族居住环境更为恶劣，大多生活在高山山顶地带或石山区。贵州苗族占据全部苗族人口将近一半，其民族传统建筑也较具特色。"半边楼"是其区别于周边其他少数民族的独有的干栏建筑形式。与壮、侗民族的传统建筑一样，苗族的"半边楼"也是典型的架空干栏式建筑，但苗人"为了解决将民居建在山坡上这一矛盾，采取在斜坡上开挖部分土石方，垫平房屋后部地基，然后用穿斗式木构架在前部做吊层，形成了半楼半地的'吊脚楼'[①]。"局部架空局部接地的空间利用模式使得苗居与壮侗居不同：贵州的苗居，其房屋楼面"一定有一部分是架空，一部分与坡坎或与自然地表相接，这种建造方式即使在场地不受地形限制时也是如此建造。这是由于苗族建房有'粘触土气、接地脉神龙'的生活习俗，苗族寨民认为只有这样建造的住房，才会人丁兴旺子孙繁衍[②]。"因此，苗居将半架空半地面的层面作为生活起居的基本面；壮侗二族的干栏，其居住方式是完全摆脱地面层，将楼层作为生活起居的基本场所，即便有类似于苗居"半边楼"的地形与空间利用模式，其居住的基本面却一定是完全与地面脱离开来，其对比如图4-59。与大多数干栏建筑类似，苗居的平面布置以堂屋为中心，前堂后室，左右火塘灶厨，依次各据楼面、地面。由于特殊的接地方式，苗居的入口一般会位于后部地面部分，设置曲廊通至山面或正面，因此从入口进入房屋的正堂要经历多个空间转折（图4-60），正面一般设退堂望楼、开阔向阳。贵州的苗居，退堂与望楼部分普遍设置"美人靠"，可坐可依，栏做成曲线形，凸于檐外，这种特殊而美观的栏杆成为苗居区别于其他少数民族的鲜明特色（图4-61）。

广西的苗居，也有类似于贵州苗居的"半边楼"。如融水戥潭村宋宅（图4-62），该宅为四开间布局，主体部分是一明两暗的三开间，中部为堂屋，两旁为四间卧室，堂屋后部设置后堂，有固定楼梯通向楼面夹层。从平面型式判断，具有较为典型的汉化特征。该宅后部接

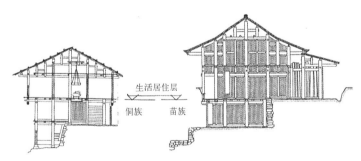

图4-59 侗居与苗居居住层位置的对比
（来源：罗德启.《贵州民居》[M]. 北京：中国建筑工业出版社，2008：133）

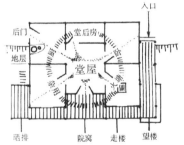

图4-60 贵州苗居空间序列
（来源：罗德启.《贵州民居》[M]. 北京：中国建筑工业出版社，2008：132）

---

① 罗德启. 贵州民居[M]. 北京：中国建筑工业出版社，2008：117.

② 罗德启. 贵州民居[M]. 北京：中国建筑工业出版社，2008：133.

地，主要的出入口亦设置在后堂处，因此室内并没有直接与架空层相连的楼梯，出入架空层需绕道室外。龙胜伟江银宅（图4-63）也是"半边楼"的模式，呈三面环抱的格局，中央主体部分接地。

图4-61 带有美人靠的贵州苗居

（来源：罗德启.《贵州民居》[M].北京：中国建筑工业出版社，2008：123）

广西苗居的"半边楼"，并未像贵州苗居一样，形成一种民族特有的模式固定下来，在同一个村寨，会发现"半边楼"与"全楼居"共存的情况。如融水东兴屯马宅（图4-64），即为典型的半边楼模式，而同屯的梁宅（图4-65），则为全楼居。融水卜令屯梁宅（图4-66）也为全楼居的模式。因此，从广西境内的苗居来看，如果仅从平面型制的角度加以判断，其独特性并不鲜明。这应该与广西苗族人口相对较少，其文化总体合力较弱，易受周边其他民族影响，未能形成本民族固定的居住模式有关。

4.2.4.2 瑶族传统干栏建筑

与苗族一样，瑶族主要分布在山区。广西、湖南、云南、贵州是其主要聚居地，尤以广西为多。广西的瑶族，按照其分布区域的地形特点，可被分为平地瑶和高山瑶两种。平

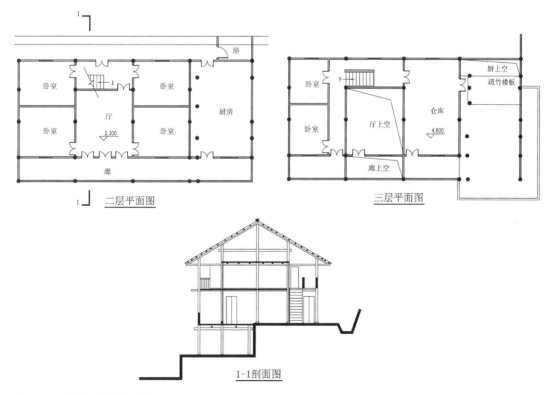

图4-62 融水践潭村宋宅

（来源：《广西传统民族建筑实录》[M].南宁：广西科学技术出版社，1991：49）

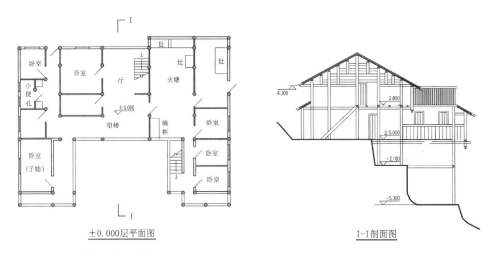

±0.000层平面图　　　　　I-I剖面图

图4-63　龙胜伟江银宅

（来源：《广西传统民族建筑实录》[M]．南宁：广西科学技术出版社，1991：59）

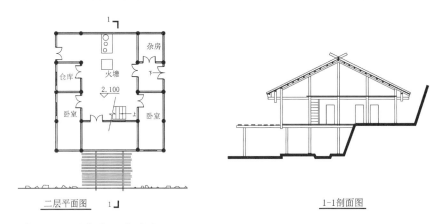

二层平面图　　　　　1-1剖面图

图4-64　融水东兴屯马宅

（来源：《广西传统民族建筑实录》[M]．南宁：广西科学技术出版社，1991：51）

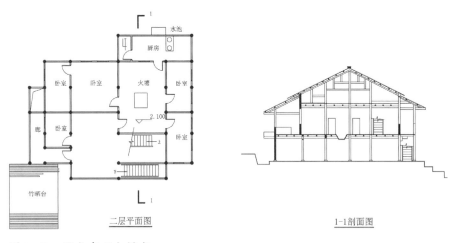

二层平面图　　　　　1-1剖面图

图4-65　融水东兴屯梁宅

（来源：《广西传统民族建筑实录》[M]．南宁：广西科学技术出版社，1991：50）

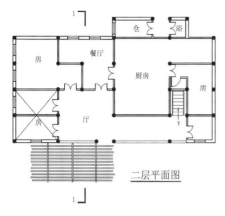

二层平面图　　　　　　　　1-1剖面图

图4-66　融水卜令屯梁宅

（来源：《广西传统民族建筑实录》[M]．南宁：广西科学技术出版社，1991：52）

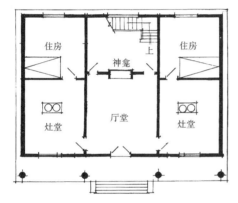

图4-67　富川瑶族地居典型平面

（来源：陆元鼎 主编．《中国民居建筑》[M]．
广州：华南理工大学出版社，2003：882）

地瑶族受到汉文化较为强烈的影响，其居住模式已与汉族的地居建筑类似。如富川地区的"三间堂"类型的地居（图4-67）和恭城郎山村的瑶族天井式的地居（图4-68）。

高山瑶族仍然采用传统的干栏建筑形式，从平面格局来看，根据其受汉文化影响程度的不同，大致有一明两暗和前堂后室两种类型。金秀十八家村赵宅（图4-69）是一明两暗的平面类型，中部厅堂较为宽敞，两侧对称布置卧室。西面有附加的敞篷，是杂物、活动空间。屋前设有较宽的望楼，也是属于附加的部分。该宅顺应地形，底层部分架空，用于饲养牲畜和存放杂物，属于典型的"半边楼"模式。龙胜马堤苏宅（图4-70）也

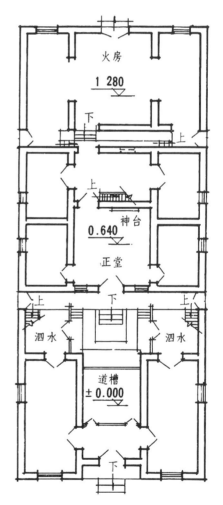

图4-68　恭城朗山村周宅

（来源：《广西传统民族建筑实录》[M]．南宁：广西科学技术出版社，1991：43）

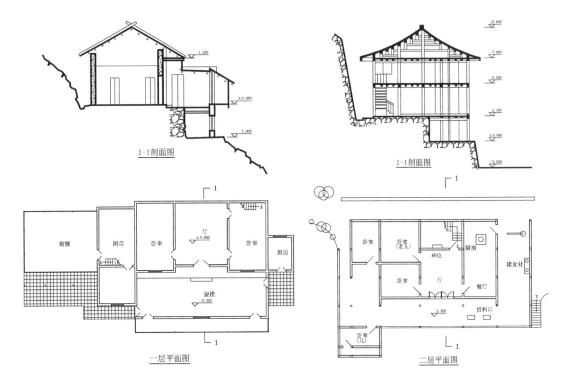

图4-69　金秀十八家村赵宅
（来源:《广西传统民族建筑实录》[M]. 南宁：广西科
学技术出版社，1991：40）

图4-70　龙胜马堤苏宅
（来源:《广西传统民族建筑实录》[M]. 南宁：
广西科学技术出版社，1991：39）

图4-71　三开间式的白裤瑶干栏
（来源：自摄）

图4-72　白裤瑶干栏灵活的架空层位置
（来源：自摄）

是这样一种三开间的半边楼模式，所不同的是一间卧室在侧面前凸，形成"L"形的平面。南丹白裤瑶的干栏民居，也普遍采用一明两暗的三开间布局，如图4-71。由于南丹属于喀斯特石山地貌，岩石坚固而地形多变，因此该地区的瑶族民居多采用局部架空的干栏模式，与苗族"半边楼"模式有所区别的是，这种局部架空并非一定是前部架空而后部接地，为了适应于地形，南丹的白裤瑶干栏的架空部分经常位于左侧或右侧而不拘一格（图4-72）。

在桂东北的山区，高山瑶族干栏的平面类型则与附近的其他民族相似。如融水红邓屯，

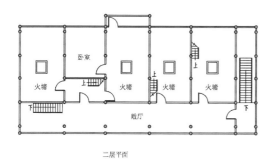
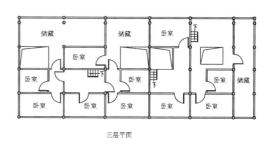

图4-73　融水红邓屯83—85号宅
（来源：自绘）

邻近侗族聚居地区，其建筑技术受侗民族的影响较大，用材也多为全杉木，树苗都从侗民手中购买。该村的瑶居与侗居十分相似，如图4-73，为典型的前堂后室式的布局，主入口分设左右山面，前部为宽敞的通廊，后部为五开间分设四个独立的火塘间，可以此推断该宅为四户合居。卧室基本都位于屋顶的阁楼，采光条件及空间环境较差。

4.2.5　汉文化对干栏建筑平面型制的影响

作为历史上多次中原汉族移民的目的地，南方的干栏建筑文化不可避免地受到北方汉文化的强烈影响。张良皋先生曾撰文《干栏——平摆着的中国建筑史》，文中对傣、哈尼、侗、壮和土家五个民族干栏建筑的形制特点进行总结，认为以这五个民族的干栏发展为顺序，基本代表了干栏建筑从发展（傣、哈尼）到成熟（侗）再走向汉化（壮、土家）的过程，并由此总结："傣、哈尼、侗、壮、土家五个民族的干栏建筑，同时存在，自西而东，在空间上顺次排列。奇妙的是：它又表现着时间序列，从最原始的住人机器，到高度综合的体系化建筑，渐进之迹，厘然可见。所以，一旦把这些建筑的空间分布'竖'起来摆在时间轴上，就是一部中华民族建筑史，或者至少可说是一部干栏演化史[①]。（图4-74）"

张先生的论述，以宏观的视野勾勒了干栏建筑的发展演变过程，那就是受到汉文化的影响，干栏建筑总体上呈现朝向地居演化的趋势。这也体现了建筑文化变迁发展的一般规

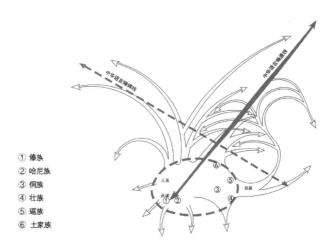

① 傣族
② 哈尼族
③ 侗族
④ 壮族
⑤ 瑶族
⑥ 土家族

图4-74　中国干栏嬗变、民族迁徙和语言畅通线
（来源：根据张良皋.《匠学七说》[M].北京：中国建筑工业出版社，2002：260.改绘）

① 张良皋. 匠学七说[M].北京：中国建筑工业出版社，2002：241.

律，即由文明发展程度较低的建筑文化向文明发展程度较高的一方演化。建筑文化本身并无高低之分，但是孕育产生这一建筑文化的文明和与之对应的生产力却有高低优劣之别，只要有通道存在，位于高等级文明平台上的建筑文化总有向低等级文明方向流动的趋势。因此，当代表先进文明的汉族建筑文化进入南方，与其发生接触的少数民族就从其中"借取"，融合发展出具有汉民族特点的干栏建筑。

广西地处百越文化和汉文化交汇融合地带，各种干栏建筑现象异彩纷呈，对不同类型干栏建筑进行空间组合方式的分析并将其归类，可以大致推演出广西百越文化区的干栏式楼居逐步走向天井式地居的过程。

4.2.5.1 楼梯与入口由山面转向檐面

正如前文所述，原始状态的干栏建筑，由于山面较高而成为理所应当的居所入口，因而楼梯也会位于山面。随着汉族文化的影响，明间成为主入口所在，楼梯也转而布置于檐面。具体的演变过程大致应该是：1. 楼梯与入口均位于山面；2. 楼梯位于山面而入口位于檐面；3. 入口和楼梯均位于檐面而楼梯平行檐面设置；4. 入口和楼梯均位于檐面而楼梯垂直檐面设置。相应的实例与分析简图如图4-75。

4.2.5.2 前堂后室向一明两暗的过渡

前堂后室是指前部为起居接待空间，后部为寝卧空间的空间格局，是我国西南地区乃至东南亚干栏建筑最为常见的室内空间布局形式。前堂后室的方式，出于增加居室数量的目的，会将干栏前部空间封隔予以利用，形成中部为公共空间，前后为居室的过渡模式。随着汉文化的进一步影响和火塘间地位的下降，采暖用火和炊事用火产生分离，火塘间消失或被厨房完全取代，最终形成以堂屋为中心，居室位于左右的对称式一明两暗的布局。相应的实例与分析简图如图4-76。

4.2.5.3 由单一主体走向院落围合

汉族天井式的地居，以建筑围合天井形成的"进"为基本单元，在平面空间上进行横向或纵向叠加的方式扩大居室面积，实现家族聚居。百越民族干栏式的楼居，单座的建筑即为基本单元，其扩大居住领域的方法一是往高处发展以争取空间，如结构技术发展成熟的侗族木楼，通常都有四层，二三层用于起居和住人，四层用于储物；另一种方式则是在水平方向扩展，增加建筑的开间数而形成长屋，或是在纵深方向的一边或两边发展，形成"L"形或"Π"形的空间围合平面。比如谷物的存储问题，原来在单座干栏内部的阁楼或村落的集中谷仓区域解决。随着生产力的发展，家庭财产增加，私有意识增强，集体谷仓的形式不能满足要求。而存储于自家阁楼受空间局限又总有火灾之虞，因此多会自家房屋旁加建谷仓。与此类似的，厨房和柴房等附属功能也脱离主体，分布于居住主体的左近。宜山德胜韦宅（图4-77），将厨房、柴房等辅助功能设于主体一侧，形成两面围合的院子。

"Π"形的三面围合平面，具有对称性的特点。龙胜伟江银宅（图4-63），将卧室部分伸出主体两侧，高两层，类似于汉族的厢房，主体则为三层高，形成两边拱卫中央的形态。龙胜平等杨宅（图4-78）则为"H"形的三开间一明两暗平面类型，中部为通高厅堂，两侧为居室和火塘部分，颇似横屋。三江盘贵寨吴宅，为前后两座三开间干栏在两旁围以厢房组成四合天井式的格局（图4-79）。该宅火塘间排列布局，占据北面所有开间，南面倒座为堂屋，和天井周围连成敞厅。这种布局方式十分少见，并不能作为普遍现象归为一种类型，但的确扩宽了干栏建筑研究的视野，同时也说明干栏建筑的布局并不墨守一定的规制。

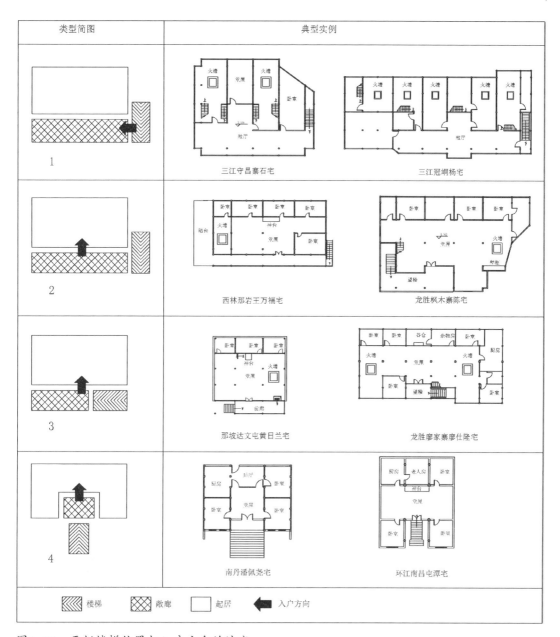

类型简图	典型实例

| 楼梯 | 敞廊 | 起居 | 入户方向 |

图4-75 干栏楼梯位置与入户方向的演变
（来源：自绘）

从空间限定的角度来说，以单体为主的干栏建筑对居住领域属于一种开放性的限定。"它的主要特征是利用单体住宅本身所提供的条件，尽可能地将居住、饲养、贮存等不同的功能要求结合在同一幢建筑之中，同时以周围的场地来弥补其不足。在生产力水平低下，防卫能力有限的情况下，这也是一种不得不行而又简便可行的措施。在这种限定方式中，唱主角的始终是住宅本身而不是院落，即使单体住宅周围有一些简单的围合，也是开敞而通透的，并

图4-76　由前堂后室向一明两暗的演变

（来源：自绘）

不妨碍住宅与住宅之间的对话①。"天井式的地居则属于典型的封闭型限定，建筑空间向内部天井开敞而对外封闭，深宅高院，生人莫入。干栏楼居代表着百越民族开敞奔放的性格而天井地居则是汉文化内敛自省风格的体现。干栏建筑从单一主体向院落围合的发展，即是生产力发展的结果，也反映了百越民族性格由开放走向内敛的趋势。

4.2.5.4　居住层由楼面转为地面

由楼居改为地居，居住性质发生了本质的改变，看似需要较长时间的进化和演变，但在经济技术和文化条件充分具备且地形地貌允许的情况下，在并不墨守成规的百越民族眼里，跨出这关键的一步并不是很大不了的事情。

在居住层由楼面转向地面的过程中，楼居地居同处一地的情况并不少见。清道光十年的《白山司（今马山县）志》有载："近圩市人家房屋，富者架木覆瓦，四壁或裹木板，或砌土砖火砖，另作鸡栅牛圈于宅旁；贫者架木盖茆，四壁以牛粪和泥涂垩，鸡豕与人杂处。其居

---

① 杨昌鸣. 东南亚与中国西南少数民族建筑文化探析[M]. 天津：天津大学出版社，2004：53.

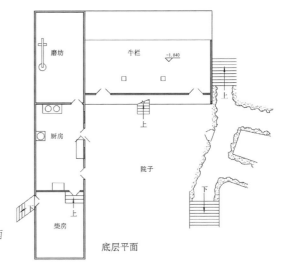

底层平面

图4-77　宜山德胜韦宅

（来源：改绘自《广西传统民族建筑实录》[M]．南宁：广西科学技术出版社，1991：33）

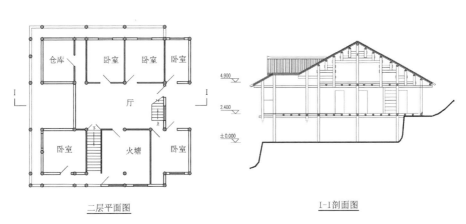

二层平面图　　　　　　　　　　　I-I剖面图

图4-78　龙胜平等杨宅

（来源：改绘自《广西传统民族建筑实录》[M]．南宁：广西科学技术出版社，1991：66）

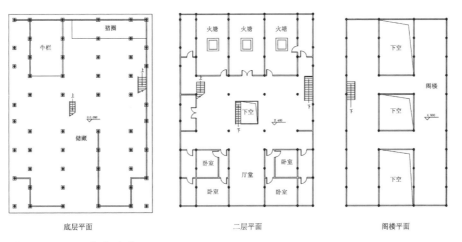

底层平面　　　　　　　　　二层平面　　　　　　　　阁楼平面

图4-79　三江盘贵吴宅

（来源：改绘自《广西传统民族建筑实录》[M]．南宁：广西科学技术出版社，1991：76）

乡村者，无论瓦盖草苫，皆作上下两层，人处其上，牛、羊、鸡、豕处其下，名曰栏房。客至亦宿于上，人畜只隔一板，秽气熏蒸，不可向迩，而土人居之自若。"上文描述的情况说明，地居多分布于经济文化发达的圩市附近而乡村多为楼居，同时也指出干栏建筑由于人畜混居而"秽气熏蒸"的卫生状况。当然，用地平整也是由楼居转为地居的必要条件。《三江县志》记载民国时期的壮族民居："壮人村落，三五十家或十数家。所居皆平旷……近来多筑土为墙……多辟窗户，光足气畅。其牲畜栅栏，亦距屋颇远。惟饮爨用三脚铁架，于厅堂后辟火炉，稍嫌烟气重蒸耳。旧志称壮人好楼居、甑爨俱在楼上，此殆过去一般的习惯。"

调研中所见由楼居转为地居的实例，以西林那岩村较为典型。该村干栏建筑类型十分丰富，既有前堂后室也有一明两暗，楼居和地居模式也同处一村。如该村王文杰宅（图4-80a）为前堂后室的楼居布局，岑海志宅（图4-80b）则为一明两暗的地居模式，厨房附属于一侧建造，牛圈和柴房则安排在屋后的山坡下，晒台亦为平地搭建。同村另一地居式的岑宅（图4-80c）为五开间中轴对称布局，猪圈、厕所和骡棚则分列轴线左右，具有三合院的空间特征。

崇左那练村的干栏则可视为从楼居转为地居的过渡形态。该村干栏从外形看仍为土坯墙一明两暗三开间的楼居模式（图4-81）。据了解，住居的下层原也为圈养牲畜家禽和储物的场所，现在则基本只用来储存谷物，牛棚鸡圈和厨房则不再位于干栏中。堂屋和卧室仍在二层，堂屋后有后堂，后墙上有设门通向后院的遗迹，可据此推测后堂原来应该是厨房或火塘。

百越民族的居住建筑，总体上的趋势是由干栏楼居朝向地居演变，但在一些土地资源稀

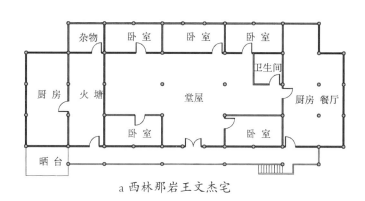

a 西林那岩王文杰宅

b 西林那岩岑海志宅

c 西林那岩岑宅

图4-80　西林那岩寨干栏住宅

（来源：广西大学建筑学2006级西林那岩寨测绘图，未发表）

缺、汉族文化影响较少的地区，干栏楼居仍然具有很强的生命力。那坡达文屯的民居演化过程是一个较为典型的例子。图4-82a为马汉富宅，修建于1990年，三开间的穿斗木结构承重，是该地区典型的原生态干栏，说明至少在20世纪90年代以前，新的材料和技术并未对该村产生影响。图4-82b为梁进元宅，建于2005年，为防雨防潮，建筑的外露部分使用了砖与混凝土，内部则仍然为木结构。黄日兰新宅（图4-82c），建于2009年，完全抛弃木材，采用钢筋混凝土的砖混结构，坡屋顶亦被平顶取代。结构方式和建筑造型在20

图4-81　崇左那练村干栏
（来源：自摄）

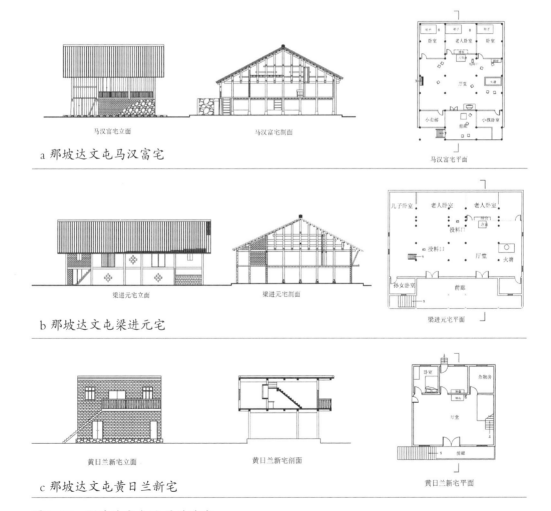

a 那坡达文屯马汉富宅

b 那坡达文屯梁进元宅

c 那坡达文屯黄日兰新宅

图4-82　那坡达文屯民居的演变
（来源：广西大学建筑学2007级测绘资料，未出版）

a 堂屋内的饲料投喂口　　　　　　　　b 卧室内通向畜棚的小便口

图4-83　百越民族的生活方式在达文屯新式干栏中的保留

（来源：自摄）

年以内就发生了巨大的变化，但平面形制却基本没有改变，仍然是底层圈养牲畜、二楼主人的楼居，前堂后室也依旧是平面空间的组织模式。甚至堂屋里通向底层喂养牲畜的投料口和卧室里的小便口也一并保留下来（图4-83），显示出干栏居住模式在该地区强大的惯性。

4.3　建筑结构与构架

4.3.1　基本构架类型

正如第三章所述，干栏建筑的结构体系大致历经"巢居"、"栅居"的发展过程而至"整体框架"的阶段发展成熟。现存广西百越民族的干栏建筑基本上都采用穿斗式的整体框架结构，先由"穿"将落地柱、瓜柱联系起来成为单榀框架，再由"枋"把各榀框架组合在一起，形成整体的框架结构。屋面荷载则通过檩条传递给下部的梁柱框架。根据下部框架结构承托屋面檩条方式有所不同，穿斗结构可分为柱头承托檩条和叉手斜梁承檩两种类型。随着木材资源的减少和汉族夯土以及砖技术的推广和影响，硬山搁檩或砌体承托屋面重量也成为干栏建筑结构的新类型。

4.3.1.1　头承檩

柱头承檩的穿斗结构即檩条搁置在承重柱的顶端，由柱头直接承托屋面重量。柱子则分为落地主柱和瓜柱两种，一榀屋架的落地柱数量受房屋总体进深的影响最大，在用地平缓地区，一般有中柱、前后檐柱、前后金柱五柱落地，如地势坡度较大，房屋进深受限则只有中柱和前后檐柱落地。瓜柱的数量取决于相邻落地柱之间的跨度和檩条之间的间距。受限于檩条的截面积，檩条间距不能太大，从50～70厘米不等，柱距则一般为1.5～2.7米，因此，每一步架间通常被2～4根瓜柱分为3～5步水。这样，一榀屋架根据落地柱和瓜柱的数量可被称为"五柱十二抓"、"五柱八抓"、"三柱八抓"等（抓为瓜柱）。柱底直径一般为20～30厘米，细长比一般为1/15～1/25，中柱最高，其柱径亦为最粗。瓜柱柱径为15～20cm左右（图4-84）。

落地柱和瓜柱被穿枋串接成为一榀完整的梁架，穿枋截面宽为45～70毫米，高为140～260毫米。瓜柱底部开槽，插在下部的穿枋上，且每一个瓜柱至少有两根穿枋连接，以确保其稳定。一般来说每一层楼都有一条穿枋由头至尾串接所有落地柱，干栏层（架空层）上承托第一层楼板的被称为一串，也称"千金枋"；二层杂物层的穿枋则被称为大串（或"出

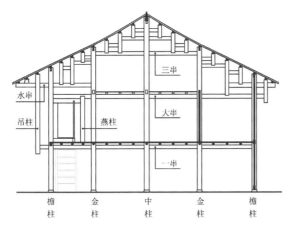

图4-84　典型壮族干栏穿斗构架

（来源：自绘）

图4-85　正梁上的"永发墙"

（来源：自摄）

水枋"）。侗族屋架的大串直接伸出前后檐柱，出挑承托屋檐下的檩条；壮族干栏的大串一般终止于檐柱，由距离大串上方50厘米左右的挑檐枋完成屋檐的出挑。这是因为壮族干栏较矮，主要的起居空间都在二层，大串上方的阁楼使用频率很高，因此整个坡屋顶需要抬高以满足瓜柱穿枋下1.7米左右的空间净高，而侗族干栏普遍有两层完整的生活和储藏空间，对于三角形阁楼的使用要求比前者要弱，空间矮一些也无妨。

各榀屋架之间被梁拉结起来成为一整体空间结构，梁的截面尺寸与枋相近。一般每层楼板下方，每榀梁架的落地柱之间都会有梁拉联，壮族干栏堂屋高两层，则明间中柱之间的梁被取消，只留下屋脊正下方最为重要的正梁。正梁具有特殊意义，梁上用金银铜钱钉满写有吉祥话语的红布，布上悬挂装有五谷的荷包，取"五谷丰登"之意。红布挂满整根正梁，龙脊地区称之为"永发墙"（图4-85）。

柱头承檩，应该是穿斗结构发展到较为成熟阶段的产物。广西地区的干栏，此种类型主要集中在桂北三江、龙胜、融水等侗族、壮族聚居地，其余地区如桂西的西林、隆林等地也有分布。

4.3.1.2 叉手承檩

原始人的巢居或栅居，屋面和墙体还未区分开来，屋架结构大概就是由粗而直的木条交叉绑扎，形成三角形的棚架，也就是早期的大叉手构架。为了扩大居住空间，大叉手屋架被抬高，架在竖向的柱子上，具有了屋顶的意味，并逐渐演变为现在的叉手承檩的穿斗式结构，即屋顶的荷载通过檩条传递至叉手状的斜梁，再由斜梁下传给承重柱。

广西现存的叉手承檩的干栏建筑，落地柱的数量和跨度、步架进深等都和柱头承檩穿斗结构相似，瓜柱和穿枋的数量则明显少得多。如融水卜令屯的苗居（图4-86），长久以来都用竹草和树皮等材料来铺设屋面，虽不耐久，但屋顶重量很轻，即便不在落地柱中设瓜柱支撑斜梁叉手，

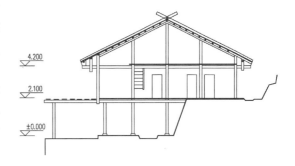

图4-86　融水卜令苗居基本不设瓜柱

（来源：改绘自《广西传统民族建筑实录》[M]. 南宁：广西科学技术出版社，1991）

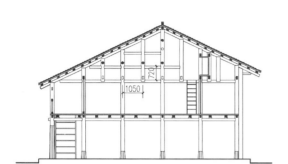

图4-87 那坡达文屯干栏典型剖面（单位：mm）

（来源：改绘自广西大学建筑学2006级那岩寨测绘资料，未出版）

也不用担心弯折。不设瓜柱，穿枋就少，三角形的屋架部分一般设置上下两根穿枋就能稳定一榀梁架。当屋面材料使用瓦片时，原有的柱间步跨就会显得较大，这时需要增设瓜柱作为支撑斜梁的辅助，每步加设一至两瓜即可，穿枋也相应增加。如那坡达文屯的壮居（图4-87），使用瓦屋面，柱间步架深为2米，加设瓜柱后每步水为1米，檩条间距为40厘米左右，为了保证每榀屋架的整体性，瓜柱部分有三层穿枋联系。为了方便进出阁楼层，局部穿枋被断开形成洞口。

　　桂西南龙州地区的干栏采用比较特殊的结构形式，如图4-88，大概是为了拥有一个较为宽阔的室内空间，明间的两榀梁架不设瓜柱，穿枋也只有一道。山面的两榀梁架则在每一落地柱间增加两个瓜柱，且穿枋由上至下布满整个山墙面，既是结构构件也是围护构件，其他墙面也采用类似方式围合。这样的处理加强了外部构架的结构整体性，在一定程度上可以弥补内部薄弱的结构，但外柱开口较多，势必影响其结构强度，合理性值得怀疑。

　　叉手斜梁承托檩条，正如前文所述，是一种比较古老的结构类型，桂西、桂西南和桂中的大部分壮族、苗族干栏均采用这一形式。较为成熟的柱头承檩方式概由叉手承檩演化而来，"当（穿斗、斜梁）组合式中的柱、瓜及穿枋增加到一定数量时，檩条可以完全摆脱斜梁，由柱、瓜支承，从而成为（柱头承檩的）穿斗式构架[①]"。从功能的角度来说这两种方式都能达到支托屋顶的作用且用材量与室内空间感受也基本没有区别。两者的区别在于受力与穿力方式不同。叉手承檩的方式，屋面荷载通过斜梁传递给柱，柱子特别是檐柱受到沿斜梁方向的

a 山面穿斗结构

b 墙体做法

图4-88 龙州板梯村干栏构架

（来源：自摄）

---

　　① 蔡凌. 侗族聚居区的传统村落与建筑[M]. 北京：中国建筑工业出版社，2007：181.

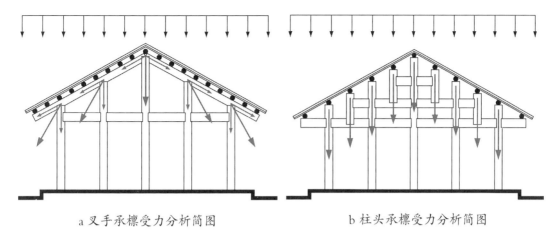

a 叉手承檩受力分析简图　　　　　b 柱头承檩受力分析简图

图4-89　两种承檩方式的受力分析简图

（来源：自绘）

侧推力和与柱中心垂直的压力，其合力方向偏离柱中（图4-89a）。而柱头承檩则能保证柱头的受力都为轴心受压（图4-89b），这一特点对于以榫卯相接的木结构建筑来说意义重大。和现代的现浇钢筋混凝土框架结构相比，榫卯连接其实并不十分牢固，加工得再精密的构件都会因为材料本身随着时间和物理环境的变化导致失去连接的紧密程度和牢固性，柱头承檩简化了受力，应该有利于房屋整体结构的稳定。

4.3.1.3　砌体承重

砌体承重即采用夯土、土坯或砖砌体替代部分或全部木柱承托檩条的结构形式。一般认为，百越民族的夯土和砖砌体的技术是从汉族习来。砌体承重的干栏建筑得以在百越民族地区流行开来，主要有两方面的原因：一是因为木材的日益减少，虽然百越诸族在造屋伐木之时也会种植相应数量的树苗以维持生态平衡和保证日后所需，但木材资源还是很难满足人口日益增加而带来的建房需求。二是传统的全木结构干栏虽然具有灵活轻巧、冬暖夏凉等优秀的物理性能，但木结构的防火问题始终困扰着传统干栏建筑地区。加之山地干栏聚落因地形限制，其房屋相互毗近，擦檐相望，一家失火，往往会殃及左右以至全村。同时，砖制的外墙在抵御雨水侵蚀方面占有优势且厚重的墙体也能保证房屋整体结构的稳定性。因此，外部由砌体承重的干栏建筑广泛分布在广西各少数民族聚居地，缺乏木材和地形坡度不大的地区尤其。

砌体承重的干栏建筑，砌体材料有夯土、泥砖和烧制砖几种，其中夯土和泥砖可以就地取材，经济性方面优于后者，特别是位于山坡的房屋，平整场地清理出来的泥土即可作为建房材料使用。房屋的三面或四面全部被实墙面包围，但明间的两榀梁架一般仍然为木结构，如图4-90，其承檩方式则与该地区原来的全木干栏承檩方式一样。

4.3.2　屋面做法

在瓦还未普及前，百越干栏的屋面材料"大部皆以树皮茅草覆之，或亦剖竹通节，阴阳互合，覆以代瓦[①]。"现基本都使用小青瓦屋面，俯仰相扣，覆盖在杉木椽条上，椽条宽约10厘米，厚2厘米，固定在檩条上。木结构技术发展较为成熟的地区，屋面做法兼顾美观和实

---

① 转引自：蔡鸿生. 戴裔煊文集[M]. 广州：中山大学出版社，2004：19.

a 平果百良屯干栏构架　　　　　　　　b 德宝那雷屯干栏构架

图4-90　硬山搁檩式干栏的明间构架

（来源：自摄）

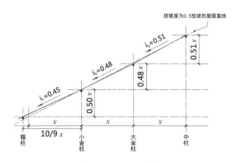

图4-91　龙脊干栏屋面举折示意

（来源：赵冶提供）

图4-92　龙脊干栏屋脊升起示意

（来源：赵冶提供）

用，采用了举折和升起等处理手法。

4.3.2.1　屋面举折

为了利于排水和保证屋面瓦不易滑落，屋面的坡度一般为5厘米左右，即1/2坡。按照屋面是否经过举折处理可分为直线屋面和曲线屋面两种做法。直线屋面的中柱和檐柱的高差即为中柱到檐柱水平距离的一半，各个檩条之间的高差是一样的，龙脊地区称之为"金字水"。曲线屋面通过"举折"处理所形成的多段折线型屋面，被称为"人字水"。以龙脊地区壮居举例，具体做法如下：从中柱至檐柱将屋面分为三段，靠近檐柱的一段坡度较缓，为0.45，后面两段各递增0.03，即0.48和0.51，如图4-91所示。"人字水"屋面由于形态优美，且更利于屋面排水和防止瓦片滑落，现多被采用。

4.3.2.2　屋脊升起

屋脊的升起只在尽间做处理，一般做法是两侧山墙屋架的挑檐枋相比中部各榀梁架向上抬高2寸（约6～7厘米），其余柱顶至串枋的位置及各落地柱上拉结梁榫口的位置不变，屋脊线变为三段式折线（图4-92），和屋面横向的举折一起，形成平缓流畅的双曲屋面。

4.3.3　平面功能对干栏构架的影响

4.3.3.1　减柱

穿斗式的木结构建筑，每一榀梁架一般都有中柱、前后檐柱和前后金柱五柱落地，如用

地进深较浅，则仅有中柱和前后檐柱三根落地
柱。为了扩大局部的使用空间或者是由于功能
布局的改变需要对传统的柱网格局进行改变，
减柱是一种行之有效的办法。

中柱通常落在厅堂的中间，阻碍厅堂内部
视线交流也使得空间显得狭小，因此通常会成
为减去的对象。一般做法是将前后金柱向靠近
屋脊处内移，穿枋直接连接前后金柱，而檐柱
位置不变，原有的五柱四步架变为四柱三步架，
屋脊则代之以脊瓜柱承檩。这样的做法相当于
加深了每一步架的进深，房屋中部的空间更加

图4-93 德宝那雷干栏减柱
（来源：自摄）

灵活也更为开阔，同时也节省了建筑材料。这一做法必须建立在对建筑材料强度有充分了解
的基础上，特别是中部连接前后金柱的穿枋，尺寸必须加大，否则会有弯折的危险，如那雷
屯的明间两榀梁架（图4-93），取消中柱后前后金柱之间跨度较大，穿枋下弯，需用支撑物才
得以稳定。

龙脊地区由于旅游开发的缘故，原有的干栏受限于传统的柱网布局，房间较少，不能满
足旅游接待的要求，近年新修建的干栏也多取消落地中柱而代之以长瓜柱。在取消中柱后形
成四柱三步架的结构，前后金柱距离较近，之间的空间为走道，而金柱与檐柱之间为客房
卧室（图4-94a）。也有通过截去部分金柱来获取合理空间的例子。如高定村的某些干栏（图
4-94b），由于用地进深较浅，如五柱落地则柱距太近，而三柱落地又太疏，因此采用折中的
处理，即在一、二层截去金柱，三层以上予以保留以保证整个屋架的强度。

4.3.3.2 加柱

加柱通常是为了满足某些特殊习俗的需要。如龙脊地区的壮族干栏，在入口望楼处、檐
柱和金柱之间加设一种名为"燕柱"的特殊瓜柱，从屋顶通长至二层地面，大门即安装在
"燕柱"之间。"燕柱"的名称大概是因为燕子在其之间的门梁上做窝而来，其下垫有钱币，

a 龙胜龙脊潘庭芳宅剖面

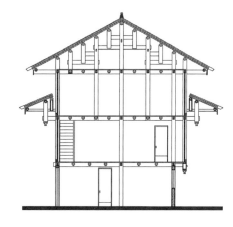

b 三江高定某宅剖面

图4-94 干栏减柱做法
（来源：自绘）

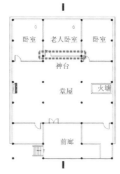

图4-95 那坡达文屯干栏加柱做法

（来源：自绘）

有入门旺财之意。通过"燕柱"的设置（图4-95），望楼的进深和空间得以加大。那坡达文屯的干栏，由于每一步架较浅而房屋的总进深普遍较大，因此一榀梁架总共有七根落地柱，加上檐廊外的廊柱则达到八柱七步架的进深。但当地壮民仍然觉得堂屋进深不够使用，因此在明间后金柱之后加设长瓜，其间形成的凹入空间用于供奉神龛与香火（图4-95）。

4.3.3.3 楼梯位置与干栏构架

干栏住宅的入户楼梯从山面转向檐面，为适应于这一变化，干栏的构架体系也有相应的演变过程（图4-96）。楼梯和入口位于山面时，一般会在横向增加一榀梁架作为楼梯间，主体

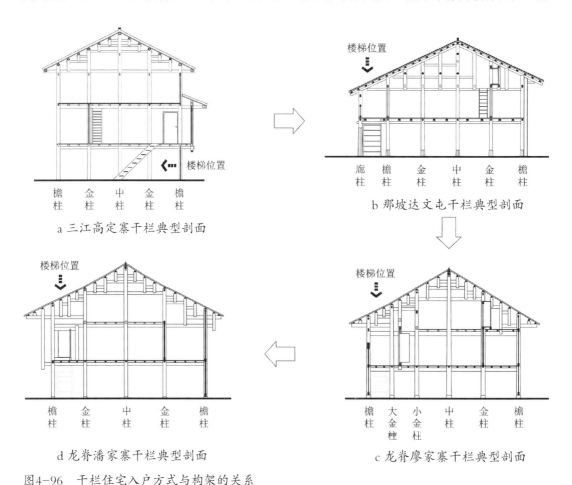

a 三江高定寨干栏典型剖面

b 那坡达文屯干栏典型剖面

d 龙脊潘家寨干栏典型剖面

c 龙脊廖家寨干栏典型剖面

图4-96 干栏住宅入户方式与构架的关系

（来源：自绘）

部分不受楼梯的影响，为五柱四步架，前后檐高基本相平，如图4-96a，侗族干栏建筑多为此做法。壮族的干栏，楼梯转向檐面设置后，对建筑的主体构架产生了影响。开始的时候是保持主体构架不变的，仍将楼梯与通廊作为整体构架的附属部分，如图4-96b，主体部分五柱落地，为了支撑楼梯与通廊，在主体以外增加了一排落地柱，姑且称之为"廊柱"。由于附属部分的增加，主体柱网又未作出相应调整，使得房屋总体进深加大，同时带来的另一个后果是前檐口的高度比后檐口低，更加使得室内采光不足。为了解决这一问题，将前檐柱和前金柱向内移动，成为大、小金柱（龙脊地区特定说法），廊柱则融入整体结构中成为檐柱，前后檐的高度也得以一致，如龙脊廖家寨的干栏（图4-96c）。但六柱落地，导致前后步架深度不一，既不美观也浪费材料。因此，发展至龙脊潘家寨的干栏时（图4-96d），取消了多余的金柱，重归五柱落地的基本柱网布局，同时也向侗族借鉴来吊柱的做法以扩大楼层使用空间。

4.3.4 其他构架做法

4.3.4.1 吊柱

吊柱的做法即在干栏的二层及以上由一串或大串向外出挑60～90厘米左右以扩大楼层使用空间的构造做法。那条落在出挑穿枋端部一层高或通高至屋面檩底的瓜柱就被称为吊柱（图4-97a）。吊柱的做法在广西地区主要分布在侗族聚居区和龙胜的壮族聚居区。山地干栏由于用地面积有限，通过出挑可以充分发挥木材的抗弯性能，获得额外的使用空间，除此之外还能为下层墙面遮挡雨水。在调研中发现，平地所建干栏，前后两面均有出挑的吊柱，而依山而建者则只在前面出挑，概因后部有山体遮挡，雨水对靠山的一层墙面威胁较小，似可判断吊柱的挡雨功能要比其争取空间的功能更为重要。

不同民族的干栏，吊柱的部位和做法也有所区别。在空间允许的情况下，平地侗居一般四面都做出挑吊柱，山地侗居则三面挑，且侗居的吊柱一般只在二层设置，吊柱不会通达主屋檐底，而是在高出二层1米左右结束，支撑主屋檐下的披檐，为二层遮挡雨水。壮居则一般不在山面出挑吊柱，同时由于层数比侗居少，吊柱直达屋檐底承托屋面檩条，即便个别三层的干栏，如图4-97a也是再由二层向外多出挑一层吊柱，形成层层出挑的格局。由此可看出壮族干栏是通过层层出挑吊柱来遮挡雨水，而侗居则采用特殊的重檐和出挑吊柱相结合的做法达到同样目的（图4-97b）。

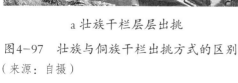

a 壮族干栏层层出挑　　　　　　　　b 侗族干栏出挑与披檐结合

图4-97　壮族与侗族干栏出挑方式的区别
（来源：自摄）

a 龙脊壮族干栏屋顶　　　　　　b 壮族干栏偏厦做法示意

图4-98　壮族干栏的偏厦屋顶结构

（来源：自绘、自摄）

4.3.4.2　偏厦

偏厦是为了扩大使用空间和遮挡雨水在山面之外增设的附属于主体的部分。偏厦屋面坡向主体山墙，与主屋面一起形成类似汉族歇山的结构（图4-98a）。侗居的山面通过吊柱出挑解决防雨问题，一般不做偏厦，壮族干栏则只要在场地和经济条件许可的情况下都会加建偏厦。

偏厦三面起坡，屋顶构造相对复杂，坡面相交部分戗脊的处理就尤为重要。绝大部分偏厦的戗脊是采用斜梁的做法，即用一根较粗的木梁一端搭接在偏厦的檐柱和吊柱上，另一端则直接搁置在山面一榀梁架的穿枋上（图4-98b），其上再铺设屋面檩条。干栏主体采用柱头承檩的方式而偏厦部分却为斜梁承檩，足见偏厦这一做法并未融入成熟的干栏木结构系统中，具有临时性的特点，同时亦说明偏厦应该出现得较晚。

4.3.4.3　半接柱

前文有所论述，干栏建筑的结构是从栅居的"接柱建竖"发展至"整体建竖"，在这两者之间存在一种过渡性"半接柱建竖"的结构形式，即中柱和金柱均为落地柱，而上部檐柱不落地，支承在由底座檐柱出挑的枋上，其余结构则与"整体建竖"无异。这一做法较为古老，据实地调研和现有资料所见，广西地区仅在部分苗居中有所使用（图4-87）。

4.4　营建机制

4.4.1　选址与立项

百越诸族聚落的选址理念，大概可以总结为：依山傍水，因地制宜，讲究山水配置。同时，受汉文化影响，前文所述的风水理念在选址中有较大影响。如苗族对住宅的选址，除了后有靠山、前有朝山之外还要去山平而无丫口，左山"青龙"要高于右山"白虎"，并有民谚"青龙抱白虎，代代出官府""白虎抱青龙，代代都贫穷"。对水的要求则是"左入右出，顺理成章，入多于出，积聚得财。"单座私宅的建设前也会请地理先生使用罗盘根据当年所谓的吉利方向结合主人的生辰八字来测定宅址的具体朝向，动工日期也须根据《通书》测算得来。选址的同时还需勘验基址土质，"把几个生鸡蛋和一撮米（用手掰开谷壳）或谷子埋于地基下，七天后取出。这时敲开鸡蛋，如有带血丝的鸡蛋，意为能孵出鸡仔，住家将人康畜旺；米（谷）如不霉烂，意为能长出谷子，住家将五谷丰登，从而证明这个地基好[1]。""天峨一带的壮族在地理先生择定宅基之后，主家人还要到选定的宅基住上一夜，如果一夜没有不吉之事发生，则预示其宅基为吉地[2]。"

住屋是人们赖以栖息和遮风避雨的场所，同时由于所费甚巨，也成为家庭财富的象征，修建新宅是大多数人一生中最值得自豪和炫耀的大事。"树大分叉，仔大分家"，传统的农耕聚落，有无住房也成为新家庭能否得以组建的重要因素。这样，对于单个家庭的住宅来说，筹建新房是家庭内部的重大事件，大家同心协力倾尽家财以保证新房建设的顺利进行。对于族群来说，修建鼓楼、祠堂等公共建筑也是族内非常重要的事件，通常由寨老们发起动议并召集全族商议立项，由所有族民捐款捐材，"皆踊跃争先，殷实者捐银至二三百元，或百元不等，少亦数十元。男女老少，惟力是尽，绝不推诿而终止。其热心公益之精神，良堪钦佩[3]"。

4.4.2 工匠传统

4.4.2.1 墨师

墨师是掌控整座房屋修建的总工程师，之所以被称为"墨师"是因为早期的匠师在设计房屋时并不绘制图纸，而是在"丈杆"画墨确定房屋基本尺寸以及在木料上用墨线标记出榫卯口的大小及位置。负责掌墨的大木匠就被称为"墨师"。墨师的工作贯穿房屋建造的整个过程，从立项开始，墨师就要对用材、用工要有十分准确的估计，不让雇主多花冤枉钱是他们的基本职责。由于木结构房屋的建造属于典型的装配式施工，构件的加工非常重要。一般情况下，一座三间四进的木楼就有数百根大小长短不一的杉木，更要锯凿上千个榫头和卯眼，些许尺寸的误差就会导致房屋无法安装。在没有图纸的情况下掌墨师傅必须对所有构件的尺寸和榫卯位置及大小等细节烂熟于心，以确保加工出来的构件能在安装时严丝合缝。同时，一个出色的墨师还必须具有丰富的力学知识，高定的吴六雄鼓楼就因墨师设计不合理，导致整体歪斜，后请同村墨师吴仕康进行修复方得以回正（图4-99），图中标示出来的部分即为吴

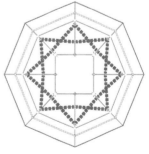

a 六雄鼓楼外观　　　　　　　b 六雄鼓楼内部结构　　　　　c 六雄鼓楼梁枋布置示意

图4-99　三江高定六雄鼓楼
（来源：自绘、自摄）

① 《广西传统民族建筑实录》编委会. 广西传统民族建筑实录[M]. 南宁：广西科学技术出版社，1991：47.

② 覃彩銮等. 壮侗民族建筑文化[M]. 南宁：广西民族出版社，2006：56.

③ 转引自：蔡凌. 侗族聚居区的传统村落与建筑[M]. 北京：中国建筑工业出版社，2007：215.

 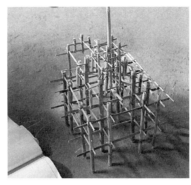

a 韦定锦绘制的林略新戏台草图　b 吴仕康所作风雨桥桥亭模型

图4-100　墨师们的建筑表现方式

（来源：a. 韦定锦提供；b. 自摄）

仕康修复该鼓楼时增加的联系梁。

简单的木楼住居不需要专门绘制图纸，但重要和复杂的公共建筑如鼓楼、戏台等墨师还是需要画出基本的剖面图进行推敲或是简单的墨线透视图甚至竹木模型以便众人能大致知晓建成的效果，如三江林略墨师韦定锦为该村重建的鼓楼和戏台所绘图纸（图4-100a），以及高定墨师吴仕康所做风雨桥模型（图4-100b）。

百越诸族没有自己的文字，墨师的技艺只能是靠自己在实践中的摸索和师徒口授代代相传。在社会分工尚不明确的古代，传统的墨师其实就是掌握一定专业技能的农民，务农是其主业，在村中有建房项目时则充当木匠，报酬也通常是肉蛋谷米等日常用品而非金银。随着社会分工的明确，一部分技艺精湛的墨师也突破村落的界限，成为周边区域的著名工匠，转而走向职业的道路。杨善仁就是三江林溪一带远近闻名的掌墨师傅，其父杨堂富是发起修建程阳桥的头领之一。杨善仁自己也曾参与程阳桥的两次修复工程，老人的五个儿子也都习得父亲真传，均为木匠。四儿子杨似玉更是深得祖传技艺，加之勤奋好学，成为当地的"能人"，香港回归10周年时广西赠送的贺礼"连心桥"即由其主持设计和制作。在非物质文化遗产保护热潮的大环境背景下，杨家被授予"侗族工匠世家"的称号，杨似玉更是被广西博物馆聘为高级技工，还成为国家非物质文化遗产"侗族木构建筑营造技艺"的代表性传承人。

随着广西旅游产业的发展，墨师们走出乡村，足迹遍布大小景区，从事具有民族特色的木楼的修建。值得深思的是，景区内的风雨桥、鼓楼等木构建筑由专业的建筑设计公司出具国家法规认可的图纸，在墨师眼里却不尽合理，通常被束之高阁而仍然以传统的丈杆绘制为基础进行施工建造。

4.4.2.2　丈杆

丈杆也被称为"丈竿"、"香杆"、"篙尺"等，工匠在其上标注待建建筑的相关设计信息，是传统建筑构件加工和安装施工的重要依据。由于木结构体系的不同，我国南方和北方的丈杆制作技艺也有所区别，"南方穿斗式的木构架中，所有构件皆与柱子关系密切，为了避免出现穿斗构件间相互位置的高度误差，通常将整栋建筑的构架全部画在一根篙尺上，篙尺相当于柱子的隐形代表，其上的符号便等于一栋建筑的浓缩设计图，甚至凭一根篙尺便能完成整个营造活动；而北方的抬梁式大木构架，柱子与梁架上的构件相对独立，无法标示在同一根丈杆上，便产生了多根分丈杆的做法[①]。"南方的穿斗式木结构建筑的所有信息，如平面开间、进深、房屋高度、榫卯位置和大小等在丈杆上均有所表达。如潮汕地区的丈杆，"长一丈八尺

---

① 张玉瑜，朱光亚. 福建大木作篙尺技艺抢救性研究[J]. 古建园林技术，2005（03）：3.

六寸（木行尺），称为一丈竿……在丈竿的正反两面上都有刻度，每面的左右两边都有。凡建筑物的面宽、进深以及室内外的高度，包括脊高、檩高、檐高、滴水高等尺寸都标明在丈竿上。一幢建筑物用一条丈竿……当木工师傅确定了丈竿以后，房屋的一切尺寸都在其中了[①]。"

广西地区的传统建筑也是凭借匠师绘制的丈杆建造，汉族聚居地由于已基本不按古法建造房屋，无处寻觅传统匠师，传统的建造工艺亦已失传。百越诸族的干栏建筑则仍然继承古法修建，丈杆的绘制也是不可或缺的重要环节。与前述汉族地区丈杆不同的是，壮侗等族干栏的丈杆的制作相对简单，通常为一片通长与中柱同高的竹条，刮去青皮后用墨标注各主柱与瓜柱高度、梁架穿枋、榫卯的位置等内容，并不包括建筑平面开间和进深等尺寸（图4-101）。绘制丈杆时，墨师从上至下先画柱头的高度和柱头承檩部分的尺寸，然后再标注柱身卯口的位置和大小，纵向的梁口和横向的枋口则使用不同的符号以作区别。虽然丈杆上标注了每一根柱子上的卯口尺寸，但由于木柱截面并非正圆形，在凿开卯口后开口左后两边的宽度并不一致（图4-102），为了给后续的榫头加工提供依据，这两个尺寸会标注在一根小竹签上（图4-103）。每一个卯口都有一根竹签对应，由于每根柱子都有多个卯口，因此竹签会根据不同柱子分捆绑扎而不至于混乱。

鲁班尺（图4-104）也是传统墨师在建房过程中必须借助的工具。一般来说，鲁班尺主要用于门窗尺寸的确定。全尺分为八格，名称依次为"财、病、离、义、官、劫、害、本（吉）"，其中"财、义、官、本（吉）"代表吉星，官门和义门多用于官府和寺观学舍，普通民居则多选择财、本（吉）门二星。根据《鲁班营造正式》的记载，鲁班尺的长度为"一尺四寸四分"，约合46厘米。而流行于三江和龙胜的鲁班尺，虽然标注的内容相似，但尺寸却有不同，三江地区鲁班尺的长度为35厘米，龙胜地区的则为41厘米。其

图4-101 墨师正在绘制丈杆
（来源：自摄）

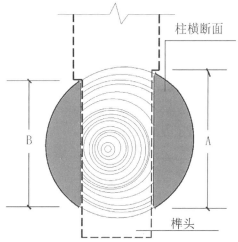

由于木柱横截面并非正圆形，卯口两侧的尺寸A不等于B

图4-102 卯口处的木柱横截面
（来源：自绘）

图4-103 成捆绑扎的竹签
（来源：自摄）

---

① 陆琦. 广东民居[M]. 北京：中国建筑工业出版社，2008：143.

图4-104　流行于桂西一带的鲁班尺正、背面
（来源：自摄）

变异的过程无从知晓，也有可能是不同流派或墨师对鲁班尺的不同理解造成的。有意思的是一些地区也有使用鲁班尺来控制房屋高度、进深和开间等大尺寸，这应该是一种误会和曲解。现在的房主一般都不再相信"压白"的作用，墨师工匠们也担心即便"压白"后房主得病遭灾也会有口难辩，因此鲁班尺的运用已日趋减少。

4.4.3　建造过程与仪式

一座房屋的建造，除了前文所提的选址立项之外，还须经历备料、下料、立架、装修等诸多过程。由于建房造屋代表了农民百姓重要的人生理想和幸福的生活愿望，因此人们对住屋寄托了无限的理想，并将整个建造的过程仪式化，这些仪式表达了对新居顺利建成和平安生活的祈求，也是一种对神灵的信仰和应对灾害的一种防范措施。干栏房屋的建造，主体部分主要分为如下3个步骤：

4.4.3.1　备料

山区人家，一般都有属于自己的林场，种植有适合建房的杉树，所以建房时，材料一般都在自家山场砍伐。如果建房材料不够，还可向房族兄弟借用。在建房的所有构件中，发墨柱和大梁最为重要。"发墨柱"是堂屋左侧的后金柱，一般是东面的那一颗后金柱，由于最靠近神台，又位于东面，所以最为神圣。"发墨柱的墨线要由主家和大木匠当众拉。拉墨线时，将沾满墨的墨线用力拉起来再猛地松开，使墨线在木料上形成线痕。墨线清晰与否，平直与否，关主家和大木匠的运气吉凶……另外，'发墨柱'还起到定位的作用，别的柱子以它为基点，根据设计好的尺寸放线。[1]"发墨柱是主家早就在山林中做好标记的，必须粗大挺直，树体上没有明显的疤痕，在临动工之前由主家亲自上山开采，且"主人操斧砍伐时，要预定大杉树倒向东面[2]。"大梁是住宅明间的主梁，对主家的财运、子息兴旺等有重要的影响，是最后加工的构件，它的地位比发墨柱更重要。砍伐发墨柱和大梁的时候，对采伐和搬运的人也有要求，必须是父母双全的男青年，大梁采伐的时间要一般在上梁当天，以天未亮时最好。

4.4.3.2　下料

建房材料备好后，就需要墨师与木匠进行加工。一般来说，墨师都由本村或邻村请来。工地就位于宅基地旁，随意搭建简易的工棚就可。主家按照"通书"择日开工。开工前主要要请道师在宅基地的中心位置竖立石头，象征"土地龙神"之位，并摆放猪头、鸡鸭、禾把

① 罗德胤等. 西南民居[M]. 北京：清华大学出版社，2010：第253页

② 覃彩銮等. 壮侗民族建筑文化[M]. 南宁：广西民族出版社，2006：第57页

等祭品祭拜土地。部分地区的墨师和木匠在动工前还会在宅基地旁安放"鲁班圣师"的牌位，祈求圣师降临工地，保证建宅顺利。主家一般会为墨师和木匠准备围裙、毛巾、鞋子等而主要的工具都由墨师自备，主要有画线工具墨斗、墨笔，测量工具鲁班尺、五尺尺及自制的小杖尺，各种型号的锯、刨、凿等。

　　木料加工前，墨师先绘制丈杆，丈杆绘制完毕即放在工棚顶部，以方便随时比对尺寸方便加工。加工时先用大木料加工柱、梁等主要构架，再加工枋、串等连接构建。楼板、屏风板、门窗属于装修构件，一般都在起架、安梁后再进行加工。"发墨柱需要择吉日吉时加工，必须由父母双全的木匠加工，加工好后不能落地，任何人不能从上面跨过，所以要在离地一人多高的位置上横着悬挂起来[1]。"

4.4.3.3　立架

　　构架加工完毕之后就可以进行安装，这个过程被称为"立架安梁"。一般来说，到了立架安梁的吉日，全寨的男女老少都会主动到场帮忙，大家一齐用绳索将装配好的榀架拉起直立，同时加上横向的梁枋形成立体的构架，这个过程叫"起架"。"起架"的过程有着顺序上的要求，先立"发墨柱"的那一榀木架，然后是其右边的一榀，再到左边，左右交错（图4-105）。全部柱榀安放到位后，再安装主梁。"当上梁时辰一到，众人就用绳索将披挂着'上梁大吉'红布的梁木吊至架位上，当木工师傅把梁木安稳之时，

图4-105　穿斗木楼的"起架"
（来源：自摄）

鞭炮齐鸣，众人齐声欢呼庆贺。这时主家就把备好的糍粑和粽子递给梁上的师傅，接到糍粑的师傅又将糍粑和粽子往下抛，梁下一男一女用衣襟或裙接住，其他人则争抢从梁上抛下的粽子，意味着上梁大吉，生活美满，居住平安[2]。"起架、安梁需要两天的时间，是整个造房过程中需要人手最多，也是场面最热闹的环节。

　　立架结束之后，干栏的主体部分就告完工，这时，主家一般要招待各地的亲戚朋友、帮工吃饭。主家也正好趁此机答谢亲戚朋友乡里乡亲平日里对自己的帮忙。而对于参加宴席的人来说，这正好是暂时从平淡的日出而作、日落而息的乡村生活中跳脱出来的一个机会联络感情、结交朋友的社交场所。

4.5　本章小结

　　干栏楼居是广西百越文化区的主要传统建筑类型。由于汉族取得优先耕种平原地带肥沃土地的权利，广西百越诸民族的聚落，大部分都分布在山岭或是邻近山区的河流溪峒边。根据不同的山形水势，百越民族的干栏聚落分为高山型、丘陵河岸型和平地田园型几种。百越诸族的聚落，以血缘宗族为纽带构成基本单元，以地缘关系为网络连接，散布在山岭河网之间；聚落内部，居住建筑通过鼓楼、风雨桥、凉亭等公共建筑和聚落内部的道路系统组织起

---

① 罗德胤等. 西南民居[M]. 北京：清华大学出版社，2010：254.

② 覃彩銮等. 壮侗民族建筑文化[M]. 南宁：广西民族出版社，2006：58.

来，在空间形态上呈现半集中的散布状态；得益于朴实原始的自然生态观念的调节，百越诸族的聚落的生态系统得以达到稳定而平衡，呈现一种完全融入自然的形态。

干栏式建筑的基本功能构成元素可被分为三部分：以火塘、堂屋和卧室为主的生活起居空间；位于架空层和阁楼的生活辅助空间；联系上下的楼梯、廊道的交通空间。不同的民族由于生活习惯的区别和受汉文化影响深度的不同，各构成要素之间的组合关系不尽相同。侗族干栏山面设门的入口方式、开敞的亦廊亦厅的前廊空间、独立的火塘间、偶数的房屋开间等显示其百越原生干栏的特点；壮居则体现出较强烈的汉文化影响：宅门均设在檐面，居室也有较明确的明间意向，同时堂屋在室内空间布局中也占有支配性地位；广西苗瑶二族的干栏，其平面型制并无区别于其他民族的明显特点，而是呈现出相邻民族的建筑特色。汉文化对广西百越民族干栏建筑的演化影响较深：楼梯与入口由山面转向檐面、前堂后室向一明两暗过渡、单一主体发展为院落围合以及居住层由楼面转为地面等等都体现着文化传播对建筑型制造成的影响。

干栏建筑的结构体系大致历经"巢居"、"栅居"的发展过程而至"整体框架"的阶段发展成熟。现存广西百越民族的干栏建筑基本上都采用穿斗式的整体框架结构，根据下部框架结构承托屋面檩条方式有所不同，穿斗结构可分为柱头承托檩条和叉手斜梁承檩两种类型。随着木材资源的减少和汉族夯土以及砖技术的推广和影响，硬山搁檩或砌体承托屋面重量也成为干栏建筑结构的新类型。同时，平面功能的要求及其变更对干栏构架有着较大的影响，如"加柱"、"减柱"、构架体系顺应楼梯位置的变化都是其具体的体现。

墨师、丈杆等工匠传统和选址、立项、备料、加工、立架等营建过程和仪式，是广西百越传统干栏存在于建筑之外的非物质文化部分，传统干栏建筑文化通过它们得以继承和流传。

第5章

广西汉文化区传统乡土建筑

5.1 聚落及总体空间形态

5.1.1 聚落类型分析

传统聚落的类型，按照所处地形地貌，可分为平地型、丘陵型、高山型或滨水型等；按照聚落形成的因素，则有原始定居型、移民型、开发型等类型；按照聚落的功能又可分为商业型、农耕型、军事型几种。本文倾向于从社会结构的视角对聚落进行分析，因为聚落实际上是人类群体社会关系物化的反映，以社会结构关系来分析聚落，有利于加深对聚落构成要素的理解，认识血缘、地缘群体等社会组织与聚落形态的对应关系。从社会结构的角度，传统聚落可被分为血缘型、地缘型和业缘型三种。

广西的汉族，均在不同时期由外地迁入。入桂的汉人组成成分较为复杂，其入桂原因如第5章所述有因流放迁徙的囚犯和任职或谪贬的官员等政治型移民，有从事手工业或商业经营的商业型移民，有为了防守军事要地和镇压农民起义的军事型移民，更多的是因中原人多地少而到广西进行农业开垦的农耕型移民。汉人进入广西后，或按照其原有血缘关系繁衍生息，或多个宗族互相扶持，或在交通及人口密集之处从事农耕或商业经营，形成新的社会聚居结构，构成多种类型的聚落。按照这些聚落形成的社会原因和功能，可被分为农耕型、商业型和军事型三种。

5.1.1.1 农耕型聚落

长期以来农业都是我国的支柱和基础产业，农业是提供最基本的生活资料的生产部门，农业生产的状况直接关系到国家的兴衰存亡。统治者认为，发展工商业不如经营土地使生活有保障，并且还会加剧农业劳动力的流失，削弱王朝的统治基础。因此"重农抑商"、以农为本、限制工商业的发展是中国历代封建王朝最基本的经济指导思想。从商鞅变法规定的奖励耕战，到汉文帝的重农措施，直到清初恢复经济的调整，都是重农抑商政策的体现。同时，"重义轻利"、"耕读传家"的儒家观念在某种意义上来说也成为汉民族传统文化的精髓。因此，农耕型聚落是汉族传统聚落的主要类型，在广西传统汉族聚落中也占据绝大部分。

农耕型的聚落，聚落居民大多以血缘关系组建起来，即以宗族为中心将属于本宗族的各个

图5-1 灌阳月岭村鸟瞰
（来源：月岭村唐氏族谱）

成员集聚在一起。以宗族为单位的农耕型聚落，宗族组织有很强的凝聚力，聚落结构展现出明显的内聚性特点，资源利用、生产消费均能自给自足，聚落无须依靠外部力量就能相对独立地生存与发展。"甘其食，美其服，安其居，乐其俗，邻国相望，鸡犬之声相闻，民至老死不相往来"，即是这一特点的写照。同时，汉族尊崇儒家礼制，血缘关系的亲疏远近，往往决定聚落成员在家族中的地位，礼制规范聚落成员的行为，体现聚落成员的社会关系，使农耕型聚落具有突出的秩序性和礼俗性的特点。另一方面，农耕型聚落由于宗族组织严整的结构作用而体现出较强的稳定性，聚落的形态历经千百年没有太大的改变，其扩展生长的方式也具有一致性。

单一宗族的农耕型聚落，较为典型的有灌阳的月岭村（图5-1）。据该村《唐氏家谱》记载，该宗族始祖唐氏绍夫公于南宋理宗淳祐四年（公元1244年）为避兵祸从湖南永州零陵县湾复村迁入灌阳，繁衍至今已至28代3000多人。该村现存民居以"翠德堂"、"宏远堂"、"继美堂"、"多福堂"、"文明堂"、"锡嘏堂"六大堂为主，占据整个村落的180余户。此六大堂院是该村第14代后裔唐虞琼兼并了其他同族的土地后为其六个儿子于道光年间修建，失去土地的同宗亲属便成为其佃农或长工，700多年以来该村繁衍至470余户而无一杂姓。灵川江头村（图5-2），据其《周氏宗谱》以及桂林图书馆周姓乡试履历档案的记载，始祖周秀望是周敦颐的第14代后裔，于明朝洪武戊申年（1368年），从湖南道州宦游粤西进入广西桂林灵川。该村现有180余户800多人，90%以上居民为周姓。

在某些交通发达、人口异动频繁的地区，原有以血缘关系维系的宗族关系被逐渐打破，不同姓氏人群加入原有聚落，或是不同族姓的人群共同迁往同一地点，形成地缘型的农耕聚落。如钦州灵山大芦村（图5-3），其劳氏先祖在宋朝由南海辗转迁至大芦定居造村，经过以劳姓为主的先民们的开发，到清朝中期发展成由15个姓氏居民杂处的大村落。桂林灵川长岗岭村（图

5-4)，先祖莫、刘、陈氏因南宋末年元兵攻占华北，从山东青州向南迁居灵川灵田。明代，莫、刘二姓迁居长岗岭，陈姓亦随后迁入。莫、刘、陈三姓"耕商耕读、世代联姻，和睦相处"，共同经营长岗岭。村庄发达数百年，至今村中尚保留清朝早期修建的陈家大院9进，莫家老大院11进，莫家新大院10进，另有五福堂公厅、莫氏宗祠、卫守府官厅、"大夫第"、"别驾第"等湘赣式府第古宅。

图5-2 灵川江头村鸟瞰
（来源：自摄）

5.1.1.2 商业型聚落

农耕型的血缘聚落和地缘聚落在中国传统聚落社会中一直占据主导地位，但随着社会经济不断发展，尤其受到早期资本主义萌芽的冲击，在人口密集、交通繁忙、商品经济发达的地区，共同从事某种或某些职业及相关行业的人群聚集在一起，构成利益密切关联的业缘群体，形成商业型的聚落。与传统的农耕型聚落相比，商业型聚落表现出外向型的特征。

图5-3 灵山大芦村鸟瞰
（来源：自摄）

商业型的聚落，大多因经济发展、所处地交通便利而生。宋以前，汉族人在广西的聚居地点多在桂东北，"自三国至元代的大部分时间里汉人聚居的规模和密度都在桂东南之上[①]"，广西与外界交通联系方向则主要是湘赣两省，由漓江珠江水路经灵渠转为湘江长江水路。明清时期，湘米南运，粤盐北输等经济活动高度发展，灵渠因其狭窄无法完全满足连绵不断的商货运输，灵渠周边的陆路商道迅速发

图5-4 灵川长岗岭村鸟瞰
（来源：自摄）

展，水运和陆运的交接点形成阳朔兴坪、灵川大圩、兴安界首等集镇而陆运的歇脚点则形成长岗岭、榜上、熊村等古村。

灵川大圩，东有潮田新河，与福利的马河相接；西连相思河，可至永福；北面的漓江贯串着桂林、兴安、阳朔、平乐、梧州，可上达湖南，下至广州，是古代水路交通枢纽。该镇始建

---

① 钟文典编. 广西近代圩镇研究[M]. 桂林：广西师范大学出版社，1998：371.

于北宋初年，中兴于明清，鼎盛于民国时期，南来北往的客商均汇聚于此，文化交融频繁。在沿漓江平行带状发展的主街上分布有江西会馆、湖南会馆和清真寺（图5-5），显示出商业型聚落突出的外向型特征。熊村（图5-6）距大圩8公里，是湘桂古商道陆路交通上的节点。村中主要道路由南至北中间高而两边低，沿街民居毗邻而建，前店后坊，是典型的商业型街屋。

两宋时期，政治经济重心南移，汉族移民给广西带来先进的技术和生产工具，促使了广西经济的繁荣发展。明以后，随着全国统一市场的形成，特别是广东商品经济辐射源的形成，西江水路的巨大经济优势体现出来，成为广西与外界最主要的通道，大批粤商沿西江河道进入广西，促进了广西沿江商业聚落的发展，桂中和桂西南一些原有的城镇也得以迅速成长。鹿寨中渡镇、桂平江口镇、苍梧戎圩、贺州八步、靖西旧州等集镇均在这一时期得以发展成熟。

另外，从现存一些实例的分析可以看出，交通便利并非商业型聚落形成的必要因素，如昭平黄姚镇（图5-7）。黄姚的原住民为壮、瑶二族，明清以来莫、古、劳、吴、林、梁、

a 灵川大圩镇卫星地图

图例

道路

公共空间

b 灵川大圩镇空间分析示意图

图5-5　灵川大圩镇

（来源：a.google卫星地图　b.雷翔.《广西民居》[M].南宁：广西民族出版社，2005：210）

图5-6　灵川熊村鸟瞰
（来源：自摄）

图5-7　昭平黄姚镇鸟瞰
（来源：雷翔.《广西民居》[M].南宁：广西民族出版社，2005：210）

黄、叶等八姓从广东先后迁来，逐渐成为黄姚的大姓，改变了黄姚居民的"土、客结构"。黄姚位于昭平县东北角，境内三条河流均不能通航，也不是古代陆路交通的必经之地，缺乏商业贸易发展的重要条件。从自然条件看，黄姚为喀斯特地貌，地少土质差，也并不适宜农业的发展。但由于地处钟山、贺州市、平罗、昭平四县的交界地带，历史上方圆30公里之内没有固定集镇，而这一地区广大的乡村需要一个货物集散的中心。善于经商的广东移民迁入后，推动了黄姚商业的发展，使黄姚逐步成为该地理单元内的物资交易中心，从而使黄姚从村社变成繁荣的市镇。

5.1.1.3 军事型聚落

汉人进入广西即由军事而起。秦军为进军岭南费时五年开凿灵渠，为确保工程安全而派重兵在兴安大溶江三角洲掘壕筑城驻守，这就是广西有史料记载的第一座城镇，后人称之为"秦城"。如今尚存马家渡、七里圩、太和堡等城垣遗址。根据遗址分析，该城分为内城和外城两部分，外城埂高，厚均约1米。秦城所处地势平坦，两边高山绵亘，四面江流环绕，地理位置十分险要，非常适于宿营屯兵。

从秦开始在岭南设置桂林、南海、象郡三个军政要塞，实施对广西地区的统治后，汉人陆续入桂。因与百越苗瑶等土著风俗习惯大异且多有土地经济方面纠纷而摩擦不断，少数民族反抗汉族统治的武装抗争频繁。为防守和镇压农民起义，军事型和军政型聚落广泛分布于广西各地。如实行卫所制的明代，在少数民族起义最为频繁的桂中地区——柳州、来宾、迁江、贵县、象州、宾州等设置多处卫所。主政广西8年的明朝右副都御史杨芳，为安定广西各要塞而编撰《殿粤要纂》，书中具体记录和描绘了当时广西11府、48州、53县、14司的地形关隘、民族分布、兵力布置、军饷供给、交通联络等（图5-8），以期"一册在手，不越盈尺而内境向背虚实皆知"。

军事型的集镇，其中的一部分失去军事意义后便被遗弃，今不可考。另外一些则由于其地处交通要道或人员密集地区，逐渐演变发展成为商业型或农耕型聚落。如北海合浦永安村，明朝初期，倭寇常侵扰我国东南沿海地区，为防倭寇，明政府在沿海建造27个防寇卫所，合浦永安城是其中之一。永安地处丘陵山地，原始森林密布，南面临海，是雷、琼海道的咽喉。明万历四年（公元1576年），为了方便观察敌情，在永安城十字街建造大士阁。大士阁坐落在永安村中央，采用抬梁与穿斗混合式结构，为全国重点文物保护单位。其余军事遗构仅余部分城墙。失去防御意义后，驻守的军士后代将永安发展成为渔业农耕的自然村落。兴安榜上村，原名莲花村，先祖陈俊于明朝洪武八年（公元1376年）随靖江王平息桂林周边战乱护驾至桂林，为保灵渠水运动脉安全，陈俊受命屯兵驻守漠川，扎营湘桂古道上的莲花村，由于古道交通繁华，该村村民亦耕亦商。现在的榜上村地处漠川乡中心，村民多不务农而以经商为主。

5.1.2 聚落空间意向

汉族聚落精神空间的形成是以礼制为前提的。礼制是聚落精神空间形

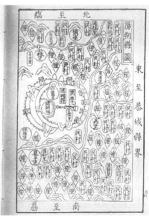

图5-8 《殿粤要纂》所载阳朔城防图

（来源：(明)杨芳.《殿粤要纂》[M].南宁：广西民族出版社，1993：58-59）

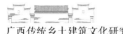

成的基础，其礼制理论长期左右着中国人的社会行为。以秩序化的集体为本，要求每一个人都严格遵守封建等级的社会规范和道德约束，礼制界线不可僭越。成为稳定传统社会的无形法则，也成为左右中国和广西汉族传统聚居空间形成的基础；风水理念作为古人一种追求理想的生存与发展环境的朴素的生态观，在很大程度上成为汉族聚落的规划指导思想；重农抑商、耕读传家的思想则给传统聚落带来浓厚的田园山水与耕读生活相结合的文化意向。

5.1.2.1 聚落宗法意向

广西的汉族聚落，血缘宗族关系是其形成的内在核心因素。对内，宗族以儒教礼制规范聚落空间，显示出较强的等级和秩序。对外方面，血缘的排他性使得外来血统人员难以介入，同时，为了保护族民和族产，聚落空间显示出防御性的特征。

1. 等级和秩序

单一宗祖聚落的始祖，通常为一个家庭，经过数代传衍，人数增多，血缘关系也日趋复杂，于是族众之间便分出支派。这种血缘上派系的划分，人们称为大、小宗之分或房分之分，有的派系是大宗派系，或者叫长房派系，有的是小宗派系或者叫二房、三房……派系。以此延续下去，房分之下又可有子房分，成了支族或分族。同样的，这些支族、房分的派系内部也有宗族的权力分布系统。

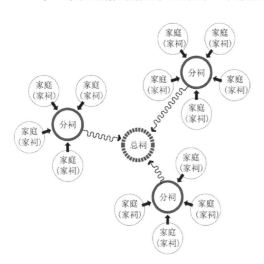

图5-9 汉族聚落的等级层次
（来源：自绘）

反映在聚落内部空间构成上，聚落中各支派形成相对独立的组团，围绕着宗祠这个聚落结构的中心，各支派在组团的内部也围绕着各自的支祠。再次一级，小家庭的住房也围绕着本房或本支的祠堂建造。于是，整个聚落就形成多层次的簇状群体（图5-9）。每个簇群都有自己的中心——祠堂。祠堂有多种，按照其所属宗族在聚落中的层级，通常有总祠（统宗祠）、总支祠、分支祠甚至家祠之分。一般来说，聚落规模越大，家族分支越多，人口越旺，宗祠的数量也就越多，村庄中的宗祠空间结构也就越复杂。祠堂不仅成为组团结构的中心，也是凝结本族居民社会、心理的中心，在村民们的心目中有着崇高和威严的形象，是村庄里最神圣的地方，也是最能表现宗族权力的空间。

广西的汉族传统宗族聚落，因各聚落建村时间长短、聚落发展用地规模大小以及聚落人员组成成分不同，形成单一中心和多中心两种模式。

金秀龙屯屯是单一中心的典型广府式聚落（图5-10），该村现存49座古宅，均坐西北朝向东南，以修建于明末清初的"春台梁公祠"为

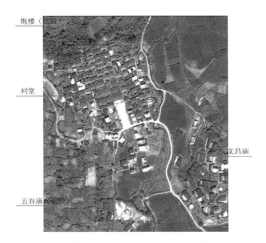

图5-10 金秀龙屯屯总平面示意图
（来源：依据google卫星地图整理绘制）

中心左右对称布局。整个村落背靠后龙山，村前左右各有一个山包，遵照"左祖右社"的原则，左侧的山包上建有文昌庙，

右侧原有五谷庙，现已毁。村后的后龙山上原来也有一个炮楼。灵山苏村的刘家大院（图5-11），始建于清初康熙年间，主要由7座广府式宅院组成。宗祠位于左边第一座，由左到右顺次排列下来分别为长房司马第、二房大夫第、二房尹第、四房二尹第、五房贡院楼，三房司训第由于主人没有取得功名，位于大夫第后，如图。湘赣式的聚落，没有祠堂一定要位于前排的要求，如兴安水源头村的秦家大院（图5-12），祠堂就位于大院正中心。

多中心的布局，即聚落围绕不同层级的宗祠或支祠布置。如玉林高山村，整个村落主要有牟、陈、李等三大姓，其中以牟姓最多，占据整个村落人口的90%。村中现有祠堂12座，牟姓祠堂有8座，其中牟绍德祠、牟思成祠、牟敦叙祠和牟著存祠为兄弟平级关系。牟绍德子孙众多，牟致齐祠、牟盛江祠、牟华章祠以及牟光烈祠均为其支祠（图5-13）。其余陈姓有源实、远扬、乐善等三个祠堂，李姓则只有一个李垂宪祠。

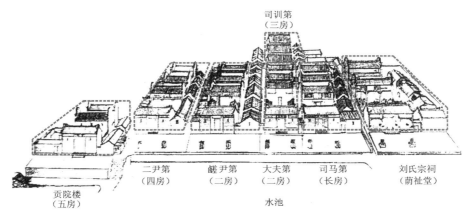

图5-11　灵山苏村刘家大院空间布局示意图
（来源：根据刘氏族谱整理绘制）

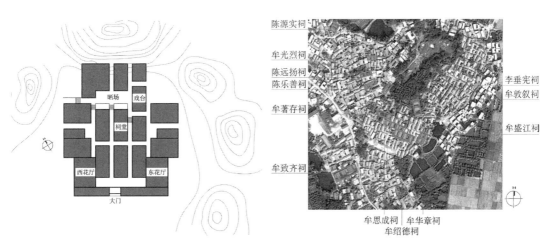

图5-12　兴安水源头秦家大院总平面示意图
（来源：自绘）

图5-13　玉林高山村总平面示意图
（来源：依据google卫星地图整理绘制）

图5-14 灌阳月岭村总平面示意图
（来源：自绘）

灌阳月岭村是湘赣式的多中心聚落，前文已有介绍，该村的六大堂："翠德堂"、"宏远堂"、"继美堂"、"多福堂"、"文明堂"、"锡嘏堂"为第14代唐虞琼为六个儿子所建，其祠堂则位于"多福堂"后的后龙山脚下，是该村现存4座祠堂中最大者。绍夫公祠为该村总祠，位于进入村门后的主干道东侧，其余两座祠堂亦和唐虞琼祠一样，为支祠（图5-14）。

2. 封闭与防御

汉族聚落血缘性聚居地特点，导致其内敛与封闭，防御意识作为一种心理积淀以"潜意识"的形式左右着汉族聚落形态与空间布局。"住防合一"早已成为汉族传统聚落的一个主要特征。特别是汉族移民由中原而进入岭南地区，人烟稀少，生存环境相对恶劣，为了抵御猛兽和匪盗的袭击，聚落的防御性就显得尤为重要。因此，早期广西汉族聚落的防御性体现在针对自然界和盗匪以及原生的土著居民方面。到了清中期和后期，由于广东与广西之间的不平等商品交换和广东人口大量地向广西迁移，引起了广西社会矛盾的深化，特别是由于人口增加而显得耕地不足，人地矛盾突出。晚入广西的客家人与土著和广府等"土人"在土地、水利、风水等问题上产生纠纷，导致土客械斗。与此同时，在广东土客械斗中战败的数以十万计的客家人出于避祸的需要，或被清政府强行遣送成批向广西迁移，进一步加深广西的人地矛盾，加剧了广西境内的土客之争。因此，广西汉族聚落的防御性在后期主要体现在针对不同民系和族系之间。

在空间格局上看，聚落的防御是全方位和多层次的。我国古代以平面作战为主，聚落御敌之建构层次也依此规律大体呈水平向展开由外向内分为四级：护城河（壕沟）——寨墙——街巷——住户单元。护城河是第一道防线，由于其宽度通常仅为4～5米，且普遍不深，因此其防御作用有限。起到防御作用的是紧邻护城河修建的第二道防线——寨墙，寨墙一般由厚实的石材或卵石、夯土及青砖修葺，客家围堡的夯土围墙以泥土、石灰拌以糯米浆混合，可厚达1米，十分坚固（图5-15）。在寨墙大门处，有些村落会修建瓮城（图5-16）以加

图5-15 客家围城城墙
（来源：自摄）

图5-16 玉林硃砂峒围垅屋瓮城
（来源：自摄）

强重点区域的防守。街巷是防御的第三层次。基于对礼制秩序的强调，聚落的道路系统往往呈规则的如"日"、"田"、"王"形或鱼骨状几何形骨架，端正方整、泾渭分明体现出理性精神，结合街巷中丁字路口的处理、尽端小巷的安排等造成丰富多变的景观与迷离莫测的气氛，客观上形成"迷路系统"。同时，基于对"里坊制度"的承袭，门楼、过街楼、坊门的设置也加强了街巷的防御性。住户单元是最后的防御阵地。在民居中户门的防御性则最为关键，如广府民居的大门一般采用趟拢门和厚重的实木平开门组合成双重保护构造，这应该是同时适应于湿热地区气候和防御性的要求。大部分的汉族民居，对外则尽量不开窗，或仅在两侧山墙上设置高窗，窗洞口面积较小，以减小被攻击的可能。最后，在聚落防御的宏观控制上，炮楼起到重要作用。广西汉族聚居的村寨一般都设有一个至数个炮楼，在高耸的炮楼上可鸟瞰全局，有些炮楼竟有5层二十余米高。炮楼之间可通过围墙上的马道相连（图5-17），以保证战时互相联系。

在"土客械斗"中客家人以其团结悍勇闻名，客家聚落则以防御性成为重要建筑特点。北海合浦曲樟的客家围城（图5-18），分为新、旧围两部分，内部均为典型的客家堂横屋，在外修建坚固的夯土围墙和四角的炮楼，防御特征突出。阳朔朗梓村的覃家大院（图5-19），由一座两进祠堂、一座三进宅院及横屋组成，坐东南朝西北，位于山坡上。周围小河流经，与沿河修建的寨墙、寨门形成第一道防线。前院围墙高大而厚重，与朝向东北的闸门和朝向西北的院门形成瓮城和第二道防线。祠堂、宅院的大门以及层层叠叠的横屋坊门则构成第三道防线。分别位于东北角和西南角的炮楼消灭了观察死角，统帅整个大院的防御格局。

在汉族的传统社会中，聚落依据血缘和地缘得以存在，而血缘是稳定的力量，地缘不过是血缘的投影。宗族与血缘是聚族而居的汉族传统村落维系人际关系的纽带。广西汉族聚落空间格局的对内秩序性和对外防御性的特点，实际上是宗族与礼制的要求在不同方面的反映和体现。

5.1.2.2 聚落风水意向

风水是中国传统文化中的特有现象，是建立在中国传统的阴阳和气论思想的基础上的一套研究环境和地景的理论与方法。风水，作为一种客观存在，本体作为一种规划思想，对中国古代村落选址和布局产生了深刻而普遍的影响，是左右中国古代聚落格局的主要力量之一。

现代学者认为风水是中国传统"天人合一"的朴素生态思想在聚落规划中的反映。刘沛林在《风水·中国人的环境观》一书中这样写道："风水是一门独特的中国文化景观……其实质是追求理想的生存与发展环境。风水中的吉凶观实际上反映了古代中国人的一种环境观。"他认为，人类唯有选择合适的自然环境，才有利于自身的生存与发展。风水把人看作是自然界中的一分子，把大地本身视为有获得、有灵性的有机体，各部分之间彼此关联、相互协调，是一个复杂的有机共同体。这种观点，既是风水思想核心，也是东方传统哲学的精华。

讲求风水有赖于一个可供选择的自然环境。一般来讲，凡是有山有水的地方，风水便

图5-17 合浦曲樟围城马道
（来源：自摄）

图5-18 合浦曲樟客家围城
（来源：自摄）

a 阳朔朗梓村覃家大院鸟瞰   b 从河边看朗梓覃家大院

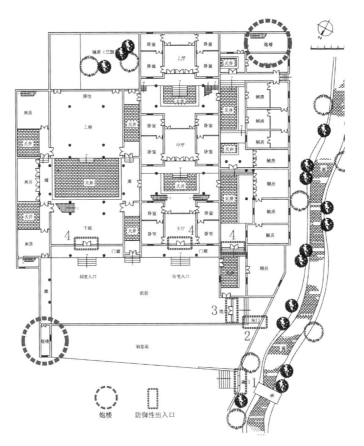

c 阳朔朗梓村覃家大院平面图及防御性分析

（注：图中1～4为防御性出口层级）

图5-19　阳朔朗梓村覃家大院

（来源：自摄、自绘）

广为流行。华南地区，特别是岭南地区，多为丘陵地貌，水网也较为密集，山清水秀的自然风貌为风水的流行提供了特别有利的地理条件，受风水观念的影响也更为广泛。因此，地处岭南的广西，大多数汉族聚落都是按照风水的原则来修建。在聚落的营造过程中，风水的作用主要体现在聚落的选址、建筑布局和环境的改造三个方面。

1. 聚落选址

从选址来说，有山有水是必要的风水条件。而"背山面水"则是风水的基本要求，广西汉族民居村落大都遵循这一基本格局。村落在山水的环抱之下，形成一个良好的生活环境。所谓背山，也就是风水中的龙脉，为一村之依托，也是村落的希望所在。左右护山为"青龙"和"白虎"，称前方近处为"朱雀"，远处之山为朝、拱之山，称中间平地为"明堂"，为村基所在。明堂之前有蜿蜒之流水或池塘，这种由山势围合而成的空间利于"藏风纳气"，成为一个有山、有水、有田、有土、有良好自然景观的独立生活地理单元。桂林灌阳的月岭村，位于灌阳县和全州县之间，坐落于都庞岭西北角，都庞岭的余脉猫儿山、白虎山、磨头山、佛盖山由西至东呈向内环抱状，成为被村民称为"后龙山"的靠山和"龙脉"，村落即坐落在"后龙山"的怀抱中（图5-14）。村落西北面的岩头山向前突出，是该村的"青龙"，东北面的峒背山和马山稍内收，则为"白虎"。灌江在距离该村500米的西面，一条支流从村前蜿蜒流过，形成村落中心的池塘。该村始祖定居于斯时，因村后山石如犀牛横卧，抬头望月，而将该村命名为望月岑（后更名为月岭），村民更将月岭的风水山形结合村名而称其为"犀牛望月"。

客家人向来重视"天人感应"。在聚落选址时强调以山作为居室后部的依托之物，有山靠山，无山靠岗，或借远山作居室背衬，以"上应苍天、下合大地"而达到吉祥的目的，广西的客家聚落无不满足这一风水要求。

2. 建筑布局

风水理念对建筑布局的影响，体现在房屋朝向、方位、出入口、道路和排水系统等因素的安排上，而尤以建筑和大门的朝向为主要考虑对象。月岭村的"六大堂"，虽都以共同的"后龙山"为龙脉和靠山，但每组堂院的朝向却不一定相同，分别以面对岩头山、峒背山和马山而向，自然形成向内围合的格局（图5-14）。建筑朝向的选择，在风水"理气派"影响广泛的客家和广府民系的聚落中表现得较为突出。如客家民居，"常利用天干地支、八卦和五行相生相克的风水学说将自然环境中的山峦分为二十四个不同的朝向，在不同的年份，所建的房屋的位置和朝向都有不同的讲究，并一定要按照所规定的方位建造①"。贺州八步的江氏客家祖屋，建筑主体的坐向与后靠山轴线一致为坐东北而朝西南，大门朝向却更为偏向南面，与建筑朝向略呈20度交角。院门则完全坐北朝南（图5-20a）。广府式也十分讲究建筑大门的朝向，为了避开大门前方的"煞气"，开门方向经常与住屋朝向不同。如平乐平西村的民宅，其大门朝向大多与建筑朝向不一致，有些甚至与院墙形成45度角（图5-20b），对日常生活应该有较大影响。

建筑的朝山，因其形状不同，被村民赋予各种如"招财进宝""升官出仕"等吉祥含义，建筑的朝向也就可以以主人不同的需求而加以选择。如阳朔龙潭村，覃氏始祖建村时选择了有"招财进宝"象征的元宝形朝山，而忽略了状如大拇指，意味着"升官出仕"的朝山（图5-21），至今仍被一些村民所诟病。

3. 环境营造

在对村落环境的营造中，常常通过人工处理，增设某些象征性的要素或符号，如池塘、塔、亭、庙或大树等，以弥补自然条件的不足，从而获得完形心理效应。例如客家聚落前的

① 陆琦. 广东民居[M]. 北京：中国建筑工业出版社，2008：46.

a 贺州江氏祖屋大门　　　　　b 平乐平西村民居大门

图5-20　为避开"煞气"房屋大门侧开
（来源：自摄）

图5-21　阳朔龙潭村"拇指山"
（来源：自摄）

图5-22　长岗岭村水口园
（来源：自摄）

半月池，就是为了满足客家人"天人合一"、"天圆地方"的风水理念。

　　水口是村落环境风水营造的重点部位。所谓水口，就是在村落聚居地处，河流溪水流进或流出的地方，一般所指的水口均为出水之地。风水说认为，水流即是财富，来水和去水之处应予以加锁镇留。因此，常在水口处小者建亭、桥、塔、榭、阁，大者则筑水口园（图5-22），加之有水口林掩映与衬托，曲折往返，意蕴深邃。另外，也有对自然山形作调整修改者。月岭村民于清嘉庆十三年在村东北岣背山上修建八角文塔，号称"催官塔"。据村中老者描述，该塔修建之前村中大户经商致富但未有出官入仕者，经风水大师勘核，指点村民在该处修建此塔，之后月岭村在外当官任仕者300多人。这一说法自然有其牵强附会之处，但塔的修建确实丰富了村落的景观，成为该村的地域性标志。

　　风水是客观感性的经验和主观唯心的意念相混杂、朴素的哲理与对超自然的迷惑相交织的结果。在经济不发达的农耕时代，人们的科学水平和认知世界的能力都非常低，自然界中的"科学本质"相对于迷信来说更难让百姓发现和理解，人们希望以迷信来弥补心中的缺失，强化生存的信念。同时风水也成为人们趋吉避凶，希望子孙兴旺发达的精神寄托。

5.1.2.3　聚落文化意向

汉族人多注重教育，并以"读书入仕"、"光耀门楣"为其终极目标，"耕读文化"成为农村聚落的典型特征。南迁于岭南和广西地区的汉族，较多是读书门第出身的中原士族，南迁后仍讲究以读书为本，使南方的耕读文化走向成熟。特别是宋代科举之风盛行，读书蔚然成风，以期通过发愤读书而入仕为官。汉族村落借风水创设兴文运，激发文化意象的环境景观并将田园山水与耕读生活相结合，达到寄情山水、亲近自然、致力读书、通达义理的境界。

耕读文化，在较早接触汉族文化的桂北地区较为突出。桂林灵川江头村，周氏始祖周秀望于明朝洪武年间从湖南道州宦游粤西进入广西桂林，明清以来，大兴科举教育，办义学、设私塾、教导子弟。自此后周姓擢显升达，科第联翩。出现"父子进士""父子庶吉士""父子翰林"的奇迹。"据初步统计，当时江头村周姓共出秀才200人，举人31人，进士8人，庶吉士7人，出仕为官者200多人，可谓科举家族。"[①]富川秀水村建于唐开元年间，始祖毛衷，是唐开元年间进士和广西贺州刺史。该村建有鳌山石窟寺书院、山上书院、对寨山书院和江东书院等四所私塾书院，曾培养出一个宋代状元和二十六个进士，成为远近闻名的"状元村"。教育的兴盛给村落带来浓厚的文化氛围，村中传世百余年的楹联更体现着族人治家、治学和为人处世的理念，也成为建筑的绝佳装饰。

汉族村落构景，沿用传统的"八景"手法，广西的汉族村落中也常常见到。月岭古村，其"月岭八景"是指：双狮戏球、双井秋月、古井旋螺、犀牛望月、寿仙骑鹤、佛盖归樵、锦塔凌云、沙江晚渡、竹岩月桥。纵观村落八景，每一景为一幅意境画，其文化内涵高雅而又朴实。

5.1.3　聚落公共建筑

5.1.3.1　祠堂与书塾

祠堂与书塾，是汉族聚落最为重要的公共建筑，在布局中，通常延续"左祖右社"的古制，布置在村落的左侧，反映了汉族祖先崇拜的思想观念。同时祠堂和私塾也是汉族聚落中宣扬教化思想的重要场所，祠堂"承前"而书塾"启后"，"承前启后、继往开来"。

1. 祠堂

宗族祠堂是汉族聚落的一个重要的社会与历史现象。受制于封建礼制，直至唐宋时期，祠堂仍只是"家祠"而非"宗祠"。明嘉靖十五年（1536年）礼部尚书夏言上《令臣民得祭始祖立家庙疏》，曰："臣民不得祭其始祖、先祖，而庙制亦未有定制，天下之为孝子慈孙者，尚有未尽申之情……乞诏天下臣民冬至日得祭始祖……乞诏天下臣工立家庙"。夏疏突破了朱熹在《家礼》中制定的祠堂规制，作了民间祭祖礼制改革，才有了"联宗立庙"的习俗。

民间宗祠的解禁，改变了汉族聚落的面貌和总体格局，以宗祠、支祠为核心的聚落形态成为汉族村落最为突出的特征之一。祠堂则成为各姓氏奉祀其祖先神位、举行重大仪式、处理宗族事务、执行族规家法教育本族子弟的重要场所。

---

① 马丽云. 桂林江头村科举家族兴盛原因初探[J]. 传承，2009（11）：158.

祠堂一般位于聚落的最前列或中心。前者多见于珠三角梳式布局的广府村落,祠堂建在全村的最前列,面对半月形水塘,其余居住民居的前檐口均不得超出祠堂,高度也必须比祠堂低,以体现宗祠在整个村落中的地位。广西的广府式聚落也有此类布局者。如金秀龙屯屯,是较为典型的广府梳式布局村落,该村宗祠位于原古村第一排的正中心,面对村前广场,是全村最高大的建筑物,其余突出祠堂的民房据村中长辈描述均为礼制弱化的封建社会末期修建。湘赣式村落的祠堂,也是聚落的中心,但规制和布局没有广府那么讲究,现存桂北的湘赣式村落中,祠堂的位置居于村前、村中和村后山的都有,如月岭村的总祠位于村口,大房、五房的支祠分布在主要干道两旁,而四房支祠则位于整个村落的后山上。当然月岭村经过数百年的发展,很难用现存的状态去评判原始的宗祠分布情况。兴安水源头的秦家大院村落体系则较为清晰,其宗祠位于聚落的正中央,前后均为居住民房,很明显没有广府式祠堂必需位列前排的要求,且祠堂规模和内部屋架及装修与一般民宅无异。广西客家的堂横式聚落,是祠宅合一的模式,祠堂一般位于中轴线上多进厅堂的最后一进,进深最大、高度也最高,统率整个建筑群。在客家的围堡式聚落中,常由多组堂横屋组成,祠堂则布置在中轴线正中的第一座内。

祠堂一般为中轴对称布局,沿中轴线方向由天井和院落组织两进或三进大厅。入口第一进为门厅,中进为"享堂",也叫大堂、正厅等,是宗族长老们的议事之地和族人聚会、祭祖之处,后进为"寝堂",奉祀祖先神位,非族中重要人物不得入内。宗祠由大门至最后一进,地面逐渐升高,既增加了宗祠的威仪,明确了空间的等级,又将不同功能的空间简单且灵活地加以分隔,形成连续的视觉界面。广府式的祠堂,大门前均有高大的凹门廊,在主体建筑两旁一般对称性地附设有厢房,以供奉祖宗神位以外的其他崇拜对象,这一点与广西湘赣建筑文化区的祠堂殊为不同。

爱莲家祠(图5-23),是灵川江头村周氏的宗祠,也是典型的湘赣式聚落的祠堂。

该祠始建于光绪八年,以爱莲为名而建,其目的是用先祖周敦颐名文《爱莲说》之意,宗祠的柱、梁、枋均着黑色,象征淤泥;四壁、楼面、窗棂着以红色,象征莲花。今保存三进,大门楼、兴宗门、文渊楼。其中,文渊楼分为上、下两层,下层为寝堂,上层则是周氏子弟和附近生员读书的书塾。梅溪公祠(图5-24)也是湘赣式祠堂中较大的一座,是全州梅塘村纪念赵氏始祖的宗祠。该祠建于清嘉庆二年,坐西朝东而面向梅池,三进两天井构成,较有特点的是前天井以雨搭为中心,分为两小天井,小天井依靠当地得天独厚的地理条件,为两口天然水井。寝堂前的天井两旁有较长的廊道,已经具有庭院的特征。

恭城豸游村的周氏宗祠(图5-25),则为广府式的祠堂。整个祠堂长32米、宽14米、高5米多,前有宽敞的前院与高大的照壁,主体建筑为两进大厅中间夹以天井,通过天井两侧雨廊的月门可通往两边的厢房和厨房。寝堂上空以穿隆式的藻井作重点装饰。

玉林高山村的绍德公祠,是整个村落数个宗祠中最大的一座,共有4进厅堂,第三进为享堂。最后一进则为观音堂,按照该村的习俗,新婚夫妇结婚时都要在观音堂的左右耳房中居住一段时间,以便"观音送子"。

灵山大芦村的劳克中公祠是整个村落唯一的一座祠堂,建于村口,享堂与中厅之间设有拜亭,是广西广府式祠堂中较为少有的实例。

2. 书塾

书塾为家族聘请老师管教族中学童的场所。汉族多重视教育,书塾的建设也就显得十分

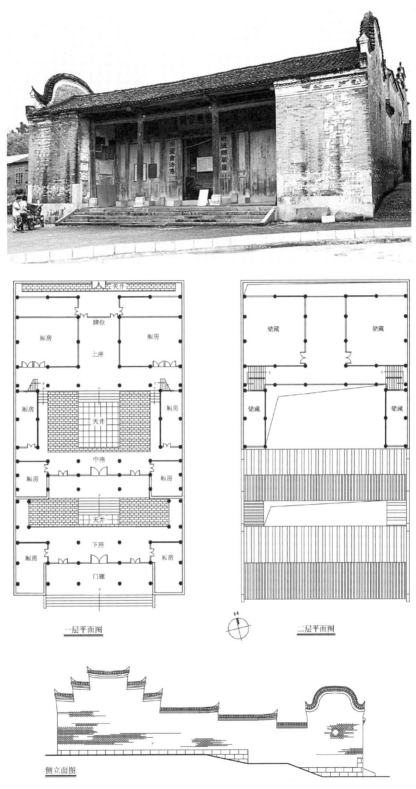

图5-23　灵川江头村爱莲家祠
（来源：自摄、自绘）

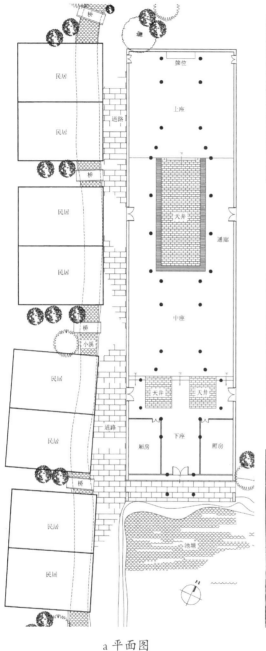

b 梅溪公祠鸟瞰

c 风水塘前的梅溪公祠

d 祠堂内的院落

a 平面图

图5-24　全州梅溪公祠

（来源：自摄、自绘）

重要，如前文所述之"秀水状元村"就建有四大书塾。按照书塾的位置，可被分为与宗祠合建和独立建造两种。

　　江头村爱莲家祠（图5-23）是祠塾合一的代表，集敬祖修身为一体。清乾隆时期，朝廷对南方宗族势力的膨胀有所顾忌，认为"合族祠易于缔结地缘关系，发展为民间组织，朝廷

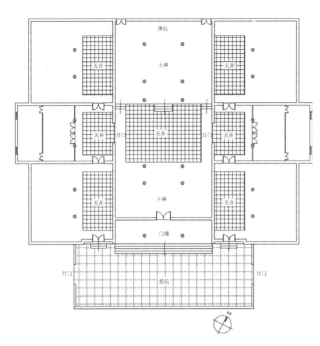

图5-25 恭城豸游村周氏宗祠
（来源：自绘）

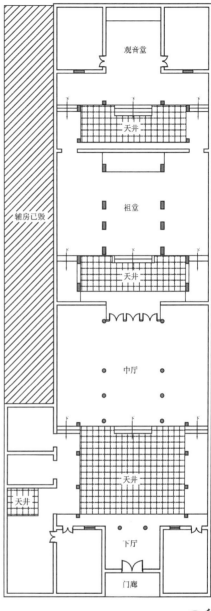

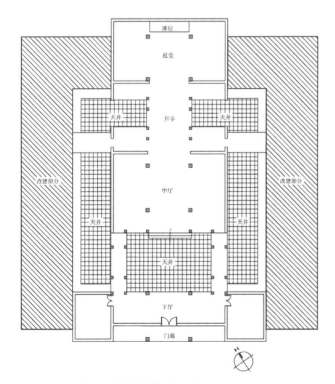

图5-27 灵山大芦村劳克中公祠
（来源：自绘）

图5-26 玉林高山村牟绍德祠
（来源：自摄、自绘）

例当有禁①。"而限制宗族势力扩展的手段之一
就是限制宗祠的建设，为了应付这一情况，许
多宗族分支就将建祠堂改为修书塾，这就更加
促进祠塾合一的发展。如月岭村的大书房，位
于整个月岭村后，现余存大门和最后一进大厅
（图5-28），实则为该村的四房支祠。

5.1.3.2 牌坊与门楼

大部分的广西汉族聚落，都有入口的门
楼，起到防御和标志族群的作用。牌坊也多
位于村口，和门楼一起形成聚落空间的第一
层次。

根据牌坊的建造意图，大可归纳为下面几
类：恩赐忠烈的功德坊、旌表节妇孝子的节孝
坊、表彰先贤的功名科第坊以及为百岁人瑞赐建
的百岁坊等。牌坊的普遍意义在于它的旌表功
能，还有它的入口标志作用。郭谦在《湘赣民
系民居及建筑文化研究》中总结："由于村落结
构与'家'结构的同构现象，家结构型制中的
'门、堂'之制，在村落上的反映就是村口牌坊
为门，而村落群体为'堂'。牌坊形象也常反映
在各建筑入口处，这也反映了这种同构现象。"

月岭村的节孝坊，与步月亭、文昌阁一起
构成入村的第一道空间序列（图5-29）。节孝
坊为该村仕宦的唐景涛奉旨为养母史氏竖立，
清道光帝为这该牌坊亲书"孝义可风，坚贞足
式"八字，取其前四个字命名为"孝义可风"
牌坊。牌坊高10.2米，长13.6米，跨度11米，为
四柱三间四楼式仿木结构。该坊造型庄重，设
计精美，榫卯相接，错落参差，栉风沐雨，浑
然一体。钟山玉坡村的"恩荣石牌坊"（图
5-30）则建于清乾隆十七年（1752年），是该
村廖世德应考中举荣任河南省光山县知事时，
以纪念先祖廖肃在明万历丁酉年考取进士仕宦
而建，同时也纪念自己考中举人，以此光耀门
庭，激励后人努力读书。

门楼则是村寨真正的门户所在，具有防御

---

① 转引自：陆琦编著. 广东民居 [M]. 北京：中国
建筑工业出版社，2008：61.

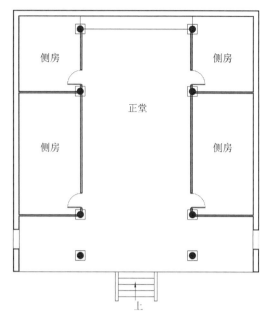

图5-28 灌阳月岭村大书房平面
（来源：广西大学建筑学2003级月岭村测绘资料，
未出版）

图5-29 灌阳月岭村入口空间
（来源：自摄）

图5-30 钟山玉坡村恩荣牌坊
（来源：自摄）

图5-31 荔浦银龙寨寨门

（来源：自摄）

图5-32 富川福溪村门楼

（来源：自摄）

和体现村寨形象的双重作用，也是体现村民归属感的关口。村民们的婚丧嫁娶等重大事件，游村之时都必须通过门楼才算真正完成。规模较大的村落，一般都会在东南西北各面设置门楼，通常以南面或东面的门楼为主（图5-31）。村内各个里坊也会有相应的坊门，如富川福溪村，除了主门楼外，不同姓氏的宗族都有属于自己的门楼（图5-32）。

5.2 广西湘赣式传统建筑

5.2.1 平面形制

5.2.1.1 基本平面类型

从平面上说，"间"是我国传统民居的基本单位。一间不敷使用，双开间又中柱当心，不符合传统审美心理也不好用。为了进一步分清主次，就形成了"一明两暗"三开间的基本类型，民间也有"一、二不上数，最小三起始"的说法。另外，在封建等级制度甚严的古代，统治者们针对宅第制度有严格的规定，如明代，"洪武二十六年定制庶民庐舍不过三间五架，不许用斗栱饰彩色。三十年复申禁饰，不许造九五间数，房屋虽至一二十所，随其物力，但不许过三间。正统十二年令稍变通之，庶民房屋架多而间少者，不在禁限[1]。"受制于等级限制，"一明两暗"三开间的平面形制，成为广大乡村最为基本的居住模式。单纯的"一明两暗"三开间很难满足聚族而居的要求，因此，在"一明两暗"基础上，通过合院或天井作为中介，进行纵横的组合，连接成一个复杂的平面整体以容纳所有族系成员。出于对气候的适应，合院多用于北方而天井则流行于南方。

湘赣式民居，是典型的南方天井式民居。余英在《中国东南系建筑区系类型研究》中总结了湘赣式民居的平面类型（图5-33）。郭谦在其著述中也将湘赣式民居的基本型分为"三合天井型"的"天井堂庑"、"天井堂厢"和"四合天井型"以及"中庭型"等。

根据我们在广西湘赣民系的主要分布区域桂东北的调研结果，广西的湘赣式民居绝少有"中庭型"与"天井堂庑"型，"天井堂厢"和"四合天井"是最为常见的平面类型，大型的宅院也主要以这种类型组合而成。根据一进建筑中天井的个数，我们将广西湘赣式民居的基

---

① 郭谦. 湘赣民系民居建筑与文化研究[D]. 广州：华南理工大学学位论文，2002：95.

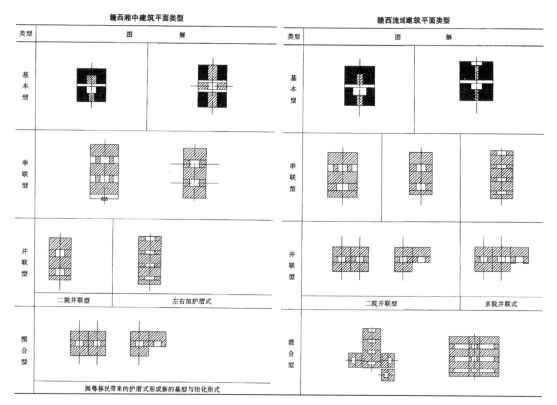

图5-33　湘赣式建筑平面类型总结

（来源：余英.《中国东南系建筑区系类型研究》[M].北京：中国建筑工业出版社，2001：229-230）

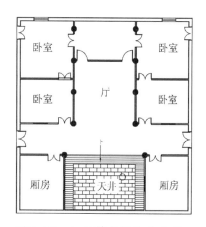

图5-34　全州锦堂村陆为志宅

（来源：自绘）

本平面分为一进一天井和一进双天井两种。

1.　一进一天井型

桂林全州锦堂村的陆为志宅（图5-34）即是这种一进一天井型在广大桂东北农村的代表。围绕天井布置了正堂、厢房和正房等五个房间。在正堂后设有后堂，开门通向后正房。为了加大后堂和后正房的进深，后墙向后方平移，与后檐柱之间形成60厘米左右的距离，在屋面坡度相同的情况下，屋后的檐口较低，这样就形成"前高后低"的传统格局。该宅大门两座，分设于天井后正堂轩廊的左右两侧，分别通向外部巷道。另有小门两座，开在左右两个后正房上。这样就形成该区域典型的"四门一天井"格局。由于大门没有开在正面，天井空间完整，面向正堂的天井照壁成为装饰的重点。在调研中发现，厨房的设置似乎不是湘赣式民居平面功能考虑的重点，对于其位置的安排也没有特别的讲究，厢房、正房、后堂都可以进行炊事活动。由于兄弟分居，陆为志宅中有两个厨房，分别位于左右正房。厕所在宅内也没有设置，与牲畜圈一起布置在不远的池塘边。

灌阳月岭村吉美堂133号宅（图5-35），主入口则位于前方正中，门厅和天井之间有装饰

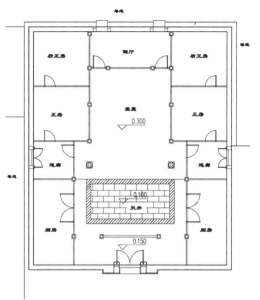

图5-35　灌阳月岭村吉美堂133号宅
（来源：广西大学建筑学2003级月岭村测绘资料，未出版）

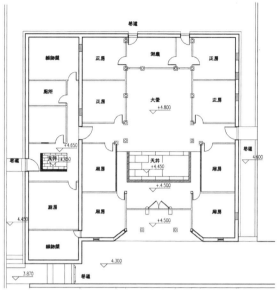

图5-36　灌阳月岭村多福堂199号宅
（来源：广西大学建筑学2003级月岭村测绘资料，未出版）

精美的屏门，以防视线直接穿透。厢房和正堂等围绕天井布局，正堂的左右两边同样有侧门向屋外巷道开启，所不同的是正堂前的轩廊被隔开，在侧门入口处形成两个道廊，这样的空间区划将侧门和正房的出入口隐藏起来，同时也将有限的空间划分出更多的层次。

月岭村多福堂199号宅（图5-36），厨房、厕所和杂物房等附属建筑保存较好，可以看出古时的使用状态。其入口的八字形门廊颇具特色。

2. 一进双（三）天井型

同样以天井和堂屋作为空间组织的中心，与广西的广府式民居相比，广西的湘赣式民居普遍重视后堂与后正房的设置，这是这两种民居在平面布局上较大的一个区别。后堂和后正房是住户内眷起居活动和操持家务的主要空间，但一进一天井的模式很难解决后堂和后正房的采光问题，同时也对住宅内部通风不利，所以有些民居在一进一天井的基础上将后墙继续往后平移，在后堂贴近后墙处增设一窄长的天井，以改善后堂采光通风条件，同时建筑后檐的雨水也落入自家天井，满足"肥水不流外人田"的心理。这样，就形成了一进双天井的模式。

江头村的43号宅（图5-37），在天井前后设有两座建筑，分别由正堂、倒堂、厢廊、上正屋、下正屋、后堂和后正屋构

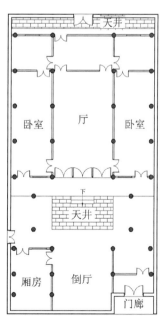

图5-37　灵川江头村43号宅
（来源：自绘）

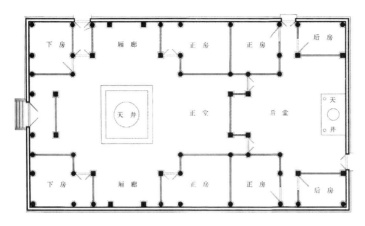

图5-38 江西婺源许村张来顺宅
（来源：黄浩编著.《江西民居》[M]. 北京：中国建筑工业出版社，2008：63）

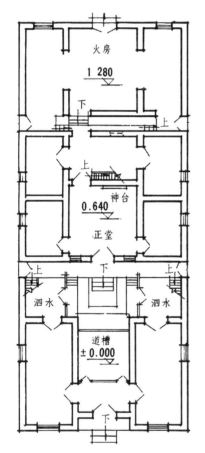

图5-39 恭城朗山村周宅
（来源：《广西传统民族建筑实录》[M]. 南宁：广西科学技术出版社，1991）

成。为了留出宽敞的倒堂，大门在正面的左侧方向开启并内凹，形成广府式的门廊。正中天井的两侧没有设置厢房而代以厢廊，倒堂未设大门，直接面向天井敞开，这都使得天井周围的空间开阔而富于变化。正堂大门采用"六扇门"的格局，满足进深较大的正堂的采光要求。正中天井的右侧开侧门通向村内巷道。正堂后设后堂与后正房，面向狭长的后天井采光，在后天井的正中设有一后门与街巷相通。

广西湘赣式民居的后堂及后天井系统的规模比江西民居（图5-38）小，通常只有左右两间后房和进深三步架约2.5米的后堂，天井则狭窄通长，两旁不设厢房。由于规模较小，兄弟分家后居住空间更显局促，在调研中发现大部分的后天井上空被封闭，隔断为房间使用。

恭城朗山村是瑶族聚居村，但民居建筑基本汉化，具有湘赣式民居的特点。该村的民宅，均为"四合天井型"的模式（图5-39），门屋的一座较深而天井空间显窄。与汉族地区不同的是，将厨房和杂物房独立出来，设置在后天井的后方。

后天井由于进深很浅，也被称为半天井。半天井并非都位于后堂，如全州香花村蒋光景宅（图5-40）。该宅为"四合天井型"，两个大门也为相对侧开，上下两座建筑围绕天井布置，总共有13个房间。在下座倒厅后有一通长的半天井，为满足下房的采光通风之用，这一实例较为特殊，概为主人有特别要求导致，这也说明传统民居并非墨守成规，工匠在实际操作中多有自己的构思创造。无论位于建筑的前或后，半天井确实都起到中央主天井采光和通风的必要补充作用。

如将半天井同时设于建筑前后，则会产生一进三天井的情况。位于湘桂古商道上的灵川熊村18号宅（图5-41），原主人为医生。整个建筑的上下两座分插在二个天井中间，下座应为主人接待病人和会客的场所，因此面向商街在前天井正中开大门，前天井在此除了采光通风的作用外还能隔绝繁华街道的噪音，对稳定患者情绪和增添客厅情趣亦有帮助。

剖面图

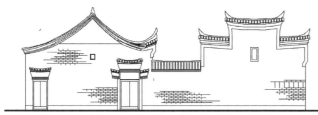

侧立面图

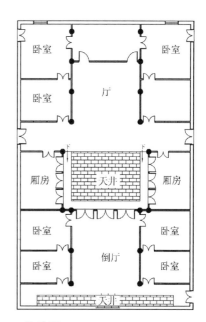

平面图

图5-40　全州香花村蒋光景宅
（来源：自绘）

上座则为家人日常起居的空间，同样设置半天井。这样，由中央的主天井统帅，前后两个半天井各司其职，内外功能分区明确。

5.2.1.2　基本平面的组合

1. 纵横多进式组合

一进一天井和一进一双天井的基本单元进行纵向的复制和排列组合，就能构成多进的平面，满足较大规模家庭聚居的要求。如兴安水源头村秦家大院茂兴堂（图5-42），为两进加一座门屋构成，最后一进的后堂和后天井均较宽。同一大院的爱日堂规模则较小，仅为两进且无门屋和后天井。

全州锡爵村的民居则采用另外一种方式拼接。如53号宅（图5-43），三进建筑横向拼接，左右两进将轴线旋转90度而朝向中心一进，中心一进不对外开门，从旁边两进出入，门楼按"以左为尊"的原则设在左边一进，是建筑群体的总出入口。旁边两进朝向中心拱卫且中间一进独设后天井，这都凸现原居住在中心一进主人的尊崇，但明显牺牲了左右两进建筑物的朝向。该村的69号宅（图5-44）则纵横两种叠加方式都有使用。纵向叠加后，前一进的后正房会被后一进的厢房遮挡而无法采光，因此后一进的厢房通常面宽较窄或干脆取消而代之以厢廊。在69号宅中我们看到另一种作法，就是在前一进的后正房处隔出一个小天井，同时也可通过这一天井方便和右边侧进的联系。

灵川长岗岭村莫府大院（图5-45），在三进建筑纵向叠加形成

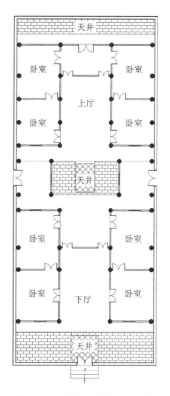

图5-41　灵川熊村18号宅
（来源：自绘）

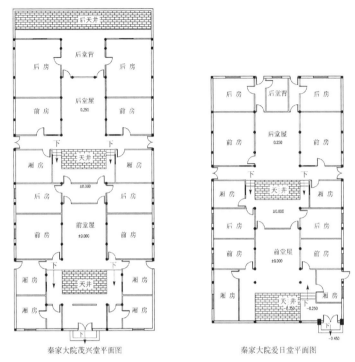

秦家大院茂兴堂平面图　　　　　秦家大院爱日堂平面图

图5-42　兴安水源头村秦家大院民居

（来源：自绘）

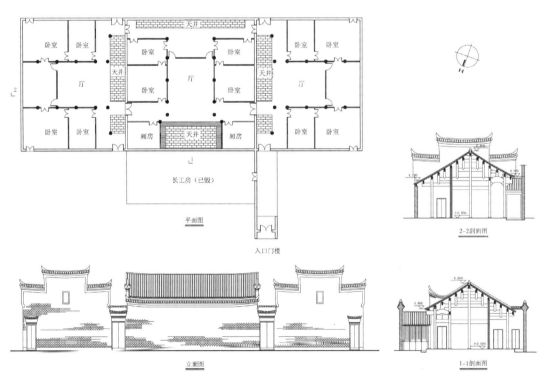

图5-43　全州锡爵村53号宅

（来源：自绘）

图5-44　全州锡爵村69号宅

（来源：自绘）

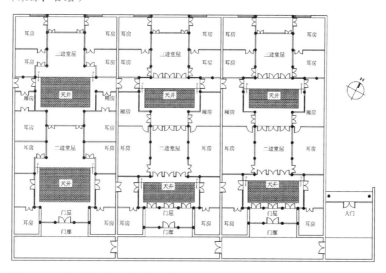

图5-45　灵川长岗岭村莫府大院

（来源：自绘）

一个单元的基础上，再横向三单元组合，构成大家族聚居的平面空间。相邻的两个单元在前后天井都设门相通，山墙亦共用分享。灵川江头村的民居组合方式（图5-46）亦属此种类型，但开放性更强，特别是厢房普遍被取消，天井被直接串联起来，有如街巷。建筑群之间的横向联系比强调中轴层次的纵向联系明显得多，体现出江头村更加注重小单位家庭建设的特点。

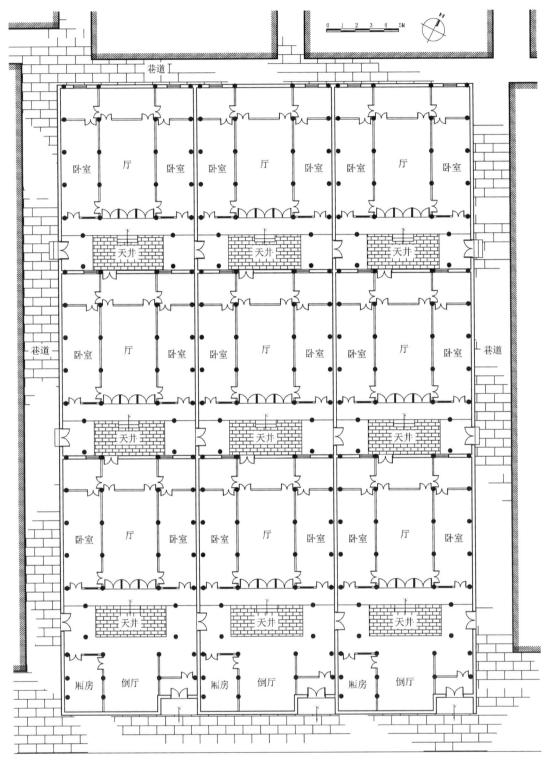

图5-46 灵川江头村民居组合

（来源：自绘）

2. 护厝式组合

单纯数进建筑纵横向的组合，满足主要房间的居住要求，但厨房、杂物房、牲畜圈养及长工房等仍无法在"进"屋中安排，"横"屋则应运而生。横屋亦被称为"护厝"、"护屋"、"排屋"，是纵向组合的连排式长条形房屋，也是日常生活居住系统的辅助性建筑，位于核心建筑的两侧呈左右烘托之势。据余英的研究，"这种模式的护屋，一方面可能是西周岐山凤雏遗址中'厢房'形式的变体，另一方面也可能是东南土著排屋民居的影响[1]。"这一影响在闽粤地区由甚，而江西的"护厝"模式则是受到明末清初闽粤移民的影响[2]，同时，护屋模式多分布在山区和移民通道尽端"边缘区"[3]。广西的汉族民居，特别是大中型的府第，无论广府式或湘赣式，普遍带有"护厝"。

阳朔龙潭村53号宅（图5-47），由前后两进组成，每一进都在东西两面设置了辅房，西面的辅房为典型的横屋模式，通过"厝巷"与主体联系。两进建筑均朝西开大门，在横屋处隔出一间做门斗，形成双重大门的格局，空间层次丰富，也更好地将主体建筑与附属建筑隔开。

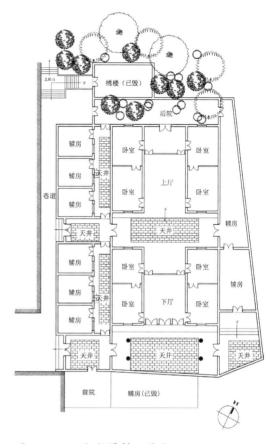

图5-47 阳朔龙潭村53号宅
（来源：自绘）

灵川长岗岭村的卫守副府（图5-48a），主体建筑为四进，位于中央，左侧为横屋，右侧为花厅（已毁）。中央的核心部分宽15米，深达50米。通过高大的九级台阶到达第一进门屋，门屋的明间被柱分为三间，使得整个建筑看起来有5间的感觉。第二进的堂屋最为宽大，其天井也比其余天井大一倍有余，堂屋前的轩廊立有四根粗大檐柱，并采用抬梁式屋架，这都显示出该进堂屋的豪华和重要性，应是主人的主要待客之所。第三、四进是起居生活和拜祭祖先的场所，设有后天井。左侧的横屋与主体之间隔以"厝巷"式的纵向天井，并设有直通屋外晒场的大门。横屋与主体建筑的天井均可相通，方便联系。同村的别驾第（图5-48b）则除了纵向的横屋外还设有后横屋。

5.2.2 建筑构架

5.2.2.1 屋架承重方式

木结构承重是我国乃至东方建筑的主要结构体系，通常认为中国古代木结构存在有三大

---

① 余英. 中国东南系建筑区系类型研究[M]. 北京：中国建筑工业出版社，2001：294.

② 余英. 中国东南系建筑区系类型研究[M]. 北京：中国建筑工业出版社，2001：220.

③ 余英. 中国东南系建筑区系类型研究[M]. 北京：中国建筑工业出版社，2001：257.

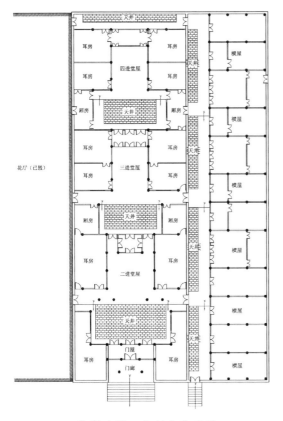

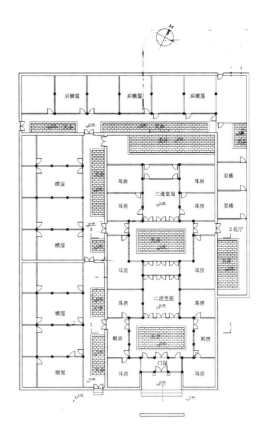

a 长岗岭村卫守副府平面图　　　　　　b 长岗岭村别驾第平面图

图5-48　灵川长岗岭村民居

（来源：自绘）

结构体系——抬梁、穿斗与井干。井干式多用于森林盛产木材地区，为用原木相叠成墙、成屋盖；抬梁式则是在屋基上立柱，柱上支梁，梁上置短柱，其上再置梁，梁的两端承檩条；穿斗式是由柱距较密、柱径较细的落地柱与短柱直接承托檩条，柱间不施梁而用若干穿枋联系，并以柱头承托檩条。抬梁式的梁主要起到承重的作用，因此宽厚肥大，而穿斗式的梁枋，其主要的结构作用是联系穿斗排架内部和各组排架之间，从而使整个木构架形成空间框架体系，因而较窄。北方多使用抬梁而南方流行穿斗。据朱光亚的研究，汉代时期，穿斗也曾多见于北方，抬梁、穿斗这种南北分界是从宋代开始，"当中原文化成为正统文化和主流文化的代表时，北方的抬梁式也就极大地影响了南方穿斗，尤其是公共建筑……这种南北建筑在明清时期以后有其地理分界。其北部边界，大致可以从苏北经淮北、河南中部、南部，到陕南与四川、甘肃的秦岭山系与白龙江流域。其南部大约在淮河至长江，白龙江下游和汉水一带[1]。"

　　广西的湘赣式建筑，特别是民居，多用穿斗结构。为保证檐柱、中柱、金柱和诸瓜柱之间连接的整体性，每一榀梁架基本都有4层穿枋联系，保证每根柱了有两个以上的连接点（图

---

①　朱光亚. 中国古代建筑区划与谱系研究初探[A]. 陆元鼎，潘安.《中国传统民居营造与技术》[C]. 广州：华南理工大学出版社，2002：9.

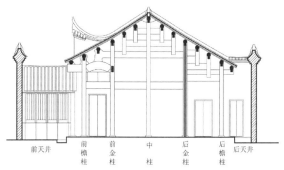

图5-49 广西湘赣式民居典型剖面
（来源：自绘）

图5-50 广西湘赣式民居明间梁架
（来源：自摄）

图5-51 檩条细节
（来源：自摄）

图5-52 屋檐出挑做法
（来源：自摄）

5-49），其中第一层穿枋串联所有落地柱而十分重要，高者可达60厘米，由2～3块方木拼接而成。同时，瓜柱一般都会骑入下层穿枋10厘米以上的距离，以确保其连接的稳定性（图5-50）。由于明间跨度较大，因此檩条往往分为两层来做（图5-51），脊檩两侧有起到稳定和装饰作用的脊机。各榀屋架间以梁联系，檐柱之间走檐梁处于外层，属于房屋整体的圈梁，部分高大重要的厅堂则在前后金柱间再以关口月梁串接，同时在接近屋顶处也设有中柱之间的联系梁。一些直接面向天井而不设门的厅堂，为保证空间的高大，仅设关口梁而不设檐梁。

南方多雨且木质屋架和装修最忌雨水，面向天井的挑檐能解决防潮飘雨的问题。挑檐的出檐结构一般都是由联系金柱和檐柱的穿枋出挑（图5-52），由于前金柱和檐柱之间往往是厅堂前廊，所以这一区域成为装饰的重点部位，穿枋通常被做成较高的月梁状，而挑手由于与其连为一体尺度也较大。有时为了扩宽厅堂前的空间，檐柱与金柱并非垂直对位，他们之间很难以穿枋联系，但为了出挑屋檐，此穿枋依然存在，生根在关口梁的短柱上（图5-53），当然，这样的处理在结构受力上并不合理。为了加强出挑的稳定性，会使用檐撑和雀替等，施以透雕或浮雕，十分精美。

民居内重要的厅堂和祠堂等公共建筑，由于需要较大的空间，穿斗结构落地柱较多而无法满足要求，因此在明间减去两侧的中柱，形成类似抬梁的结构形式（图5-54）。这样穿斗用于山面防风，而抬梁用于明间以扩宽空间视野。减去中柱后的明间大梁为三条，最下面一条

图5-53　檐柱与金柱不对位
（来源：自摄）

图5-54　祠堂中厅的抬梁结构
（来源：自摄）

a 卫守副府官厅梁架

b 卫守副府官厅前檐柱

图5-55　灵川长岗岭卫守副府
（来源：自摄）

最为粗大，通常被做成月梁形式，插入前后金柱，上面的两条以被雕琢成各种样式的驼墩承托，檩条也架在驼墩之上。檐柱和金柱之间的构架则仍然以传统穿斗方式组合。长岗岭村的卫守副府，二进明间为官厅，开间达到6.4米，为了保证其整体刚度，在明间内加设两榀七架梁，其前端直接搭在关口梁上，后端则支撑在勇柱上（图5-48a，图5-55a）。这两榀梁架是室内空间的焦点，处理得十分讲究：大梁均由栌斗承托，檩条则搁在梁上向两侧伸出的插栱上，造型大气而不繁复。有意思的是为了不使过于高大的空间失去尺度感，两根前檐柱被分为四根（图5-55b），这样官厅的前贴看起来就像是五开间，但檐柱因此很难与主体柱网对位，给结构处理带来麻烦。这应该是为了避免逾制又要显示豪门气派不得已而为之的权宜之计。

5.2.2.2　梁架步架分析

如果说"间"是中国传统建筑平面宽度的基本单位，"架"则是木结构建筑在进深和高度上的基础模数。"一架"就是房屋进深方向相邻檩条间的距离。因此，建筑的等级和规模通过"间"和"架"就可以予以描述和控制。如明代就规定一二品官厅堂五间九架，下至九品官厅堂三间七架，庶民庐舍则不逾三间五架。但"架"数过少会导致房屋进深不够，受檩条用材限制每一架的深度又不能无限增加，这就导致居住要求和朝廷规定之间的矛盾。明正统十二年（1447年）对民居规制稍作变通，架数可以加多，但间数仍不能改变。

对于穿斗式木构架来说，檩条均以柱头承托，因此一榀梁架中柱的数量就决定了架数的多寡。为了增加架数，民间通行的做法是在原有一榀梁架的五柱中间各插入一根不落地的瓜柱，这样五架就成为九架。但人口住房的增加导致房屋柱、梁、檩条等用材日趋变小，檩条间距自然缩短。如明代记录民间匠师业务知识和民居常用形制、尺度和用料的书籍《鲁班经匠家镜》所载梁架，每一步架的深度基本都为4.6尺，即147厘米，而目前所存留的大量清代民居，其步架深度仅为明代的一半。因此，原有设置瓜柱的做法仅能解决用材变小带来的矛盾。为继续扩大居室规模，则会加设前后大金柱等落地柱（图5-56a），并在后部附加数架，形成"五架拖一格"、"七架拖两格"等屋架类型。而正堂前每一榀梁架的落地柱仍为五柱，江西的湘赣式民居多用此种做法，如铜鼓带溪乡港下大夫第（图5-56b）。

广西地区的湘赣式民居，每一榀梁架落地柱的数量多为四至五根，前檐柱与前金柱间距为两架或三架深，1.5米至2.1米不等，其余柱间距多为三架2米至2.4米，即每个落地柱间设有两个瓜柱，每架的深度为0.7米至0.8米。如全州蒋光景宅（图5-57），正堂每榀梁架四柱落地，为节省木材略去前檐柱而将厢房檐柱靠近前廊者升高支撑前屋檐，前廊被分为两步架，其余柱间均为三步架，最后一步架的檩条搁在后墙上，形成"十二拖一"的屋架类型。后拖一至数格是广西湘赣式民居的普遍做法，不仅能加大房屋使用面积，还能使房屋整体形成前高后低、前浅后深的空间格局。《鲁班营造正式》载："五架屋后添两架者，次正按古格乃佳也。今时人唤做前浅后深之说乃生生笑隐上吉也。如造正五架者必是地基如此①。"意思是说后添两架前浅后深的梁架为佳，正五架的做法是由于地基深度受限不得已而为之。大户人家的宅院，每榀梁架均有五柱完整落地，而前廊处稍浅为一步架。如月岭村多福堂（图5-58），大部分梁架都为"十一拖二"或"十一拖三"的格局。长岗岭村卫守副府的梁架格局也是类似做法。

广西湘赣式民居这种在柱间插入两瓜柱形成三步架的做法在汉族民居里比较少见，与江西、湖南的湘赣式民居也殊为不同。江西民居落地柱间一般只插有一瓜，每步架

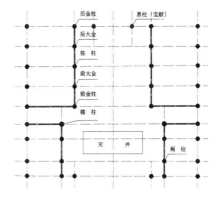

a 江西民居柱网示意

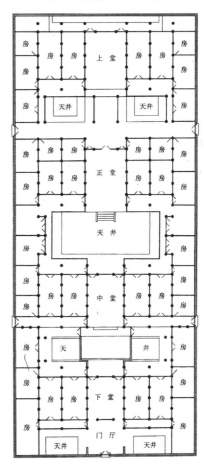

b 江西铜鼓带溪乡港下大夫第

图5-56 江西民居柱网布局

（来源：黄浩编著.《江西民居》[M].北京：中国建筑工业出版社，2008）

① 陈耀东. 鲁班经匠家镜研究[M]. 北京：中国建筑工业出版社，2010：41.

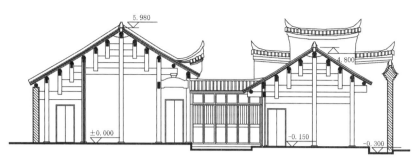

图5-57 全州蒋光景宅剖面

（来源：自绘）

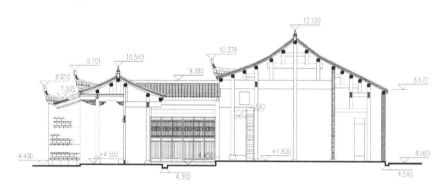

图5-58 灌阳月岭村典型梁架做法

（来源：广西大学建筑学2003级月岭村测绘资料，未出版）

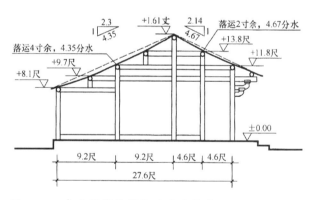

图5-59 鲁班经所载梁架尺寸及做法

（来源：陈耀东.《鲁班经匠家镜研究》[M].北京：中国建筑工业出版社，2010：40）

的深度也为0.7米左右，因此其柱间距较窄，约为1.5米左右。因其柱较多且密，一进房屋的进深与广西的基本相同，所以民居的格局也能大致一样。江西民居的柱间距和《鲁班经匠家镜》中所载明代时一步架的深度一致（图5-59），概因继承古法而来；广西的湘赣式民居通过扩大柱间距而争取房屋进深，坚持一榀梁架五柱的做法，可能是对"三间五架"这一规制概念的偷换，也有可能是受到周边少数民族穿斗做法的影响，其中转化和演变的原因及过程值得继续深入研究。

5.2.3 造型及装饰

不同地区或民系的建筑，受到不同地域自然环境和人文文化的影响，都具有各自的特色。这些特点通常从平面形制、建筑构架和造型装饰几个方面都有所体现。平面形制是人们历经千年积累下来的生活经验在建筑文化上的核心体现，建筑构架则代表不同地区发展的经济水平和建筑技艺，这两者在各自建筑文化区域的核心区，其特点都较为鲜明，但广西处于多种建筑文化交汇地区，文化的交融使得这些特征模糊化。而造型和装饰作为建筑文化外化的表现，通常代表着不同人群的审美心理特征，也成为不同民系建筑文化最易识别的部分。

5.2.3.1 造型特点

广西的湘赣式民居，从平面上看基本都是矩形。内部的木结构构架被作为维护结构的砖砌外墙所包裹，出于防御性和防火的要求外墙多封闭，且天井式民居大多不需要对外开窗，因此大面积的墙身成为外部造型的主要部分。从建筑单体上来看，其天际线就是以马头墙或人字山墙以及瓦檐作为收束，墙体则大部分不抹灰，露出清砖，基底勒脚则采用石材或卵石砌成。建筑的高度基本以一二层为主而差别不大。聚落就以这样具有高度统一性的单体所组成，为了顺应地形和具体功能变化的要求，统一中又蕴含无穷的变化。由于墙体是造型最主要组成的部分，山墙和墙上的入口就成为外部造型的主要元素。

1. 山墙

民居外墙坚实而单调，唯一可发生变化的就是山墙部位。广西湘赣式民居的山墙主要有两种形式，马头墙和人字墙。

山墙因其防火作用突出屋面，而成为封火山墙。经过阶梯式和艺术化的处理，因其形状酷似马头，就成为民间俗称的马头墙。马头墙因房屋进深不同可分为三阶梯（三滴水）、五阶梯（五滴水），但每次起山其高宽比基本都为2∶1，和屋面四分半水至五分水的坡度相一致。马头墙基本都在砖砌墙体上砌筑，在两层或三层顺砖叠涩上覆盖小青瓦做屋檐，再在屋檐的灰埂上竖叠青瓦作为收束压顶。马头檐角有高挑的起翘（图5-60），成为马头墙和整个民居中最为精彩的部位之一，潇洒利落，写意而传神。大户人家多重视马头墙檐角槲头的装饰，题材多以吉祥的花草纹样和辟邪的图腾。马头墙檐下大都画有黑白墙头布画，或绘于白灰粉的底边上，或干脆白描于灰砖墙上，成为灰瓦檐口和墙面的过渡装饰带，清新淡雅。广西湘赣式民居马头墙的造型由北至南有较为明显的变化。北部靠近湖南的区域，如全州、兴安、灌阳等地区，马头墙有从中间向两旁明显的升起，呈半弧形，除了马头部分向外叠涩出挑外，墙身也由上而下向内呈弧线收束，马头处的起翘也多高耸，整体看起来轻巧空灵，举势欲飞。在临近广府地区的阳朔、恭城等地，马头墙的造型就平实很多，仅在靠近马头的部分略有起翘，两相比较而略显笨拙。在建筑群体的组合中，马头墙在不同高度穿插搭配，变化万千，使得本来稍显封闭呆板的建筑组团和整个聚落都富有生气而活泼起来。

人字山墙高出屋面不多，没有马头

图5-60 广西湘赣式民居的马头墙

（来源：自摄）

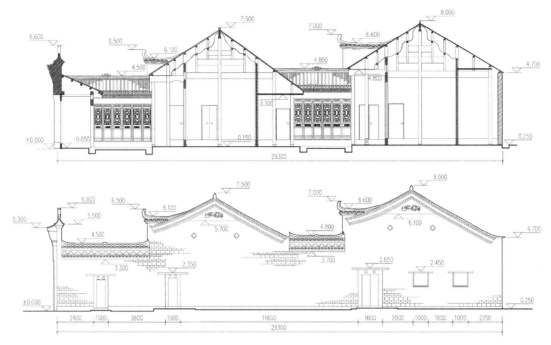

图5-61 灌阳月岭唐景涛故居剖面及立面（单位：mm）
（来源：广西大学建筑学2003级月岭村测绘资料，未出版）

图5-62 马头墙与人字山墙的组合
（来源：自摄）

墙的防火作用。因其基本与屋面侧架轮廓重合，忠实反映了广西湘赣式民居屋架前高后低的特点（图5-61），为了强化这一特点，人字山墙在面向屋宇朝向的一面起山翘起，其做法和装饰都类似于马头墙，越往北这一做法就越夸张。和马头墙的对称式构图不一样，有选择的单面翘起凸显了建筑的前后和朝向之分。人字山墙的上段多有抹灰并饰以山花。

马头墙和人字山墙互相组合，更显变化之美，有时还能借此判断出建筑内部的秩序，如全州等地的传统湘赣式宅院，马头墙通常位于前一座的山墙处，人字山墙由于其单边起山翘起，用在后一座才能与马头墙相呼应，形成和谐的构图关系（图5-62）。

2. 入口

入口是体现主人地位和品位的部位，甚至关乎整座宅院的风水运程，因此成为重点设计和装饰的区域。入口可被分解为影壁、门楼、门罩、门斗或门廊等。

影壁，也称照壁，古称萧墙，是传统建筑中用于遮挡视线的墙壁，多位于户门外，与大门相对，如长岗岭村别驾第的影壁（图5-63）。同时，大户宅院或建筑群的入口一般都设有门

图5-63 从长岗岭村别驾第内院看影壁
（来源：自摄）

图5-65 全州锡爵村门楼和建筑群入口
（来源：自摄）

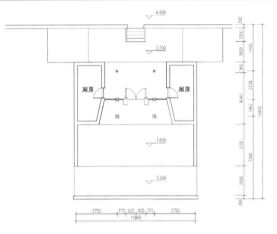

图5-64 灌阳月岭多福堂门楼（单位：mm）
（来源：自摄、广西大学建筑学2003级月岭村测绘资料，
未出版）

楼。月岭村多福堂的门楼（图5-64），门前有影壁，正面5开间，两旁还设有门卫厢房，厢房朝内的墙向外倾斜呈八字形。全州锡爵村，村内大宅也多设有门楼（图5-65），门楼山墙有马头墙式也有类似于广府镬耳的"猫弓背"。

影壁和门楼并非所有湘赣式民居都有，但大门门头的门罩则是每户都需装饰的重点。简单的门罩在大门门仪的上方用青砖叠涩外挑几层线脚，间或进行少许装饰，然后在其顶上覆以瓦檐。正门处的门罩多用三重檐（图5-66），而侧门或小门则仅用单重（图5-67）。门

图5-66 三重檐门罩
（来源：自摄）

图5-67　单重檐门罩
（来源：自摄）

图5-68　门罩上的砖斗栱叠涩出檐
（来源：自摄）

图5-69　木制挑檐门罩
（来源：自摄）

图5-70　江头村民居入口凹门斗
（来源：自摄）

图5-71　月岭村民居八字形门斗
（来源：自摄）

罩的正中则留出书写宅名的位置。复杂一些的门罩其叠涩的层次更多，且为了突现特点，叠涩的做法也多有不同，如（图5-68），为模仿斗栱模式，或用叠砖侧砌呈蜂窝状。讲究的住家也有使用木质梁枋出挑形成门罩披檐的，如（图5-69），披檐雕梁刻枋，檐角起翘甚高。

　　为了突出大门和增加入口空间层次，内凹门斗在民居中的使用普遍，如江头村的民宅（图5-70）。类似月岭村民居的八字形门斗（图5-71）也较常见。如果将门斗扩大，在中间增设两颗柱子，就形成门廊。一些开间较大，为了解决住房采光和通风问题，会使用门廊，或是高宅大院祠堂等，把门廊做得豪华隆重，成为一个显摆和识别的空间。

　　5.2.3.2　装饰装修

　　虽然广西湘赣式民居外部为砖砌墙体，但内部的结构和装修仍然以木为主，因此其内部装饰的重点也围绕木质部分展开。如木构架的承重体系，虽然是结构的支撑部分，但经过装饰后就成为建筑内表现空间艺术气质的重要界面。一些纯粹装饰的构件，与结构构件结合后，甚至难以分清装饰和结构的区别。木构架装饰的重点在堂屋正面和天井内界面的露明构架上。

　　如堂屋前的轩廊，面积不大而又正面对天井，所以无论大小户人家都会在此处进行装饰处理，其目标多为月梁、月梁正中和檐柱顶部承托檩条的驼墩、角背以及梁柱交接处的雀替

图5-72 月梁及檐口挑梁、雀替
（来源：自摄）

图5-73 檐口挑手
（来源：自摄）

图5-74 月梁装饰细节
（来源：自摄）

图5-75 明间大梁构架
（来源：自摄）

图5-76 驼墩细节
（来源：自摄）

图5-77 吊顶采光口
（来源：自摄）

等（图5-72）。大户人家的中厅明间部分以及祠堂的正堂等处，抬梁结构的斗栱和挑檐部分的挑手木、檐撑（图5-73~图5-76）等自然也是不能忽略的部位。

讲究的人家会对屋架进行吊顶处理，除了起到美化作用外，也可增加屋顶隔热的效果。如月岭村唐景涛故居，两进的堂屋都有吊顶，顺着屋顶坡度呈波浪造型（图5-61）。长岗岭卫守副府横屋也有吊顶的处理，但为了不影响室内的采光，在屋顶安装明瓦的部位，吊顶顺其采光方向留出漏斗形的通道（图5-77）。

面向天井的两厢格扇、槛窗以及堂屋的大门和屏门等也是民居的重点内装修部位，其花纹丰富，多为龟背锦、金钱眼、拐子龙、斜万字、正四方和正搭斜交菱花等。上中部的绦环板多采用如跳龙门、鱼得水、中三元、勾手万字、岁岁平安、万象更新等吉祥喜庆传统纹样。另外，估计是出于同时满足通风和视线遮挡的要求，有些大宅在上下正房和厢房的槛窗外另加一段窗护栏的装修（图5-78）。除了木质的装修，其余突出显眼的部位如天井照壁、柱础等也成为装饰的重点（图5-79）。

图5-78 木雕窗花及护栏
（来源：自摄）

图5-79 天井照壁的灰塑装饰
（来源：自摄）

5.3　广西广府式传统建筑

5.3.1　平面形制

5.3.1.1　街屋——骑楼

街屋即集市、城镇地区位于街道两旁商住两用的民宅。无论何种民系的建筑，都有街屋的存在。但广府人善于经商，广西的大小集镇都有他们的身影，因此广府式的街屋，特别是民国时期骑楼类型的街屋对广西城镇民居的形态起到了决定性的影响，值得进行详细的探讨。

1. 街屋

广府地区街屋和骑楼的原形应该是竹筒屋。竹筒屋大多为单开间民居，在广东地区则被称为"直头屋"。其平面特点在于每户面宽较窄，常为4米左右，进深则视地形长短而定，通常短则7～8米，长则12～20米。平面布局犹如一节节的竹子，故称为"竹筒屋"。关于广东"竹筒屋"的形成，陆琦先生认为，"粤中地区人多地少，地价昂贵，尤其城镇居民住宅用地只能向纵深发展。同时，当地气候炎热潮湿，竹筒屋的通风、采光、排水、交通可以依靠开敞的厅堂和天井、廊道得到解决[1]。"

广西乡村基本没有竹筒屋，城镇里则屡见不鲜。如龙州中山村的旧街，位于左江旁，交通便利使其在清朝成为周边居民互市的集镇。整条街道分为三段被规划呈鱼形，鱼头朝向江面（图5-80）。街屋围绕着两个梭形广场布置，因此每间街屋的正面较窄而背面稍宽呈扇形，这种用地划分的方式除了为了形成"鱼"这一形态外，风水里"内阔外狭者名为蟹穴屋，则丰衣足食"的说法应对其有较大影响。该村街屋均有20～30米深，因此设有一到两个天井，前店而后宅，有些为前店后坊，居住则在阁楼解决。

2. 骑楼

古代的街屋多为一层，普遍不高，而城镇的发展导致用地紧张，为了提高容积率，老式的街屋必须进行改造，缩小开间加高层数是必要的手段。骑楼应运而生。《辞海》中对骑楼的解释为："南方多雨炎热地区临街楼房的一种建筑形式。将下层部分做成柱廊或人行道，用以避雨、遮阳、通行，楼层部分跨建在人行道上，故称：骑楼"。关于骑楼的起源，有学者认为是西方敞廊式商业建筑与中国传统檐廊建筑的结合[2]。另有人认为骑楼"在十九世纪初东南亚英属殖民地，如新加坡、槟城、香港等华人地区即已酝酿发展，并借由殖民地统治的影响以及海外华侨的力量同时传入我国[3]。"不管何种说法，骑楼这种特殊的

a 卫星地图　　　　　b 鸟瞰

图5-80　龙州上金乡鲤鱼街
（来源：googlearthe.com，自摄）

---

① 陆琦编著. 广东民居 [M]. 北京：中国建筑工业出版社，2008：67.

② 谢漩、骆建云. 北海市旧街区骑楼式建筑空间形态特征[J]. 建筑学报，1996，11：43.

③ 林冲. 骑楼型街屋的发展与形态的研究[J]. 新建筑，2002，02：81.

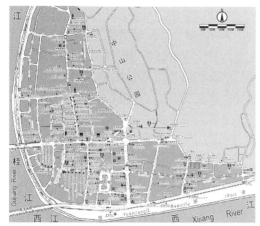

图5-81 梧州骑楼街区总图
（来源：梧州骑楼城宣传资料）

图5-82 旧时梧州骑楼街水患
（来源：www.baidu.com）

街屋以其适应南方气候要求、节省用地并满足商住功能的优点在广东流行开来。

粤商入桂，将骑楼带入广西。从清末至民国，以骑楼为特征的集镇沿西江河道遍布桂南沿海、桂东、桂东南等经济发达地区。原有老式街屋或拆或改，都以骑楼模式建设。如清代的贵港市，城厢民宅多为砖木结构的一层低矮房屋，1936年拆建城市街道，新建的住宅均为前店后宅或下店上宅的两层骑楼；平南县城民居清以前多为泥砖茅屋和砖瓦房。民国后期，中心街道两旁已多为2～3层砖瓦木结构骑楼式的店铺和公馆。政府对骑楼的造型风格也多有要求，"1944年，北流县规定临街建房的模式统一为罗马式骑楼[①]"。南宁下楞村南临左江，清末民初时期前来经商的广东商人在该村修建骑楼，当地居民都纷纷仿建，平面开间一般4～5米，进深则在20～50米，靠江的骑楼一直延伸到江边自家小码头。

梧州靠近广东，受骑楼的影响自然强烈，至今仍保留22条骑楼街道（图5-81）。与广西其他地区相比，梧州的骑楼高大，多为3～4层，10～24米高，由于商业发达，底层均为店铺。骑楼的背后的内街是住宅入口处，因而成为居民交往的"公共大厅"，梧州骑楼商住分流、分区合理，颇具现代设计理念。另外，梧州地处三江汇流之处，直到2003年防洪堤修建以前都是一座对洪水不设防的城市，使得骑楼街年年屡遭洪灾。因此骑楼的二层多设置"水门"，骑楼柱外则安装有用于系船舶缆绳的铁环。当洪水浸街时，楼上的水门成为骑楼出口，居民解开系在铁环上的缆绳，依然可以划艇逃生或购买生活必须（图5-82）。

5.3.1.2 三间两廊

与湘赣式民居的"三合天井式"一样，"三间两廊"也由"一明两暗"加以天井和两侧的厢房构成，在广府地区，这样的"三合天井式"民居被称为"三间两廊"。所谓三间，即明间的厅堂和两侧次间的居室，两侧厢房为廊，一般右廊开门与街道相通，为门房，左廊则多用作厨房。三间两廊的模式在粤中农村广为流行，是广府式民居建筑的基本形制。粤中地区由于人口密度较大，且封建社会后期广府地区较早接纳了西方资本主义的商品经济意识，大家

---

① 滕兰花. 近代广西骑楼的地理分布及其原因探析[J]. 中国地方志，2008，10：50.

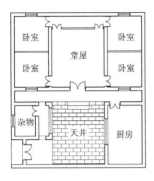

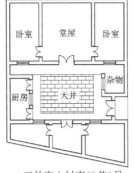

玉林高山村牟廷典故居　　　玉林高山村青云巷1号

图5-83　玉林高山村广府式三间两廊
（来源：自绘）

庭普遍解体，儿子成年即分家，核心家庭成为社会的基层细胞①。因此，粤中地区的三间两廊多居住单个家庭，其单元规模比湘赣式民居的三合天井要小，有些地区天井的深度甚至只有一米左右，更像是堂屋里采光用的天窗，正堂当然也就无需对天井设门。粤中地区的三间两廊通常只有四间房，而湘赣民居的三合天井一般都有六到七间居室，适合三代同堂。

广西的广府式民居，聚落的结构也多不像梳式布局那么严整，空间的发散性也表现得相当明显。大多数聚落不再采用梳式布局，而是采取了更为适应自然环境的布置方式。因而，与粤中典型聚落相比，广西广府民系聚落的布局更为自由，空间的处理和组织也更加灵活。作为聚落基本单位的三间两廊，其规模也显得较大。如玉林高山村民居（图5-83），再如金秀龙屯屯92号宅（图5-84），为两兄弟联宅。前后两进三间两廊均侧面朝东开门，与大门隔天井相对的是厨房。正堂前有较深的凹入式门斗，这样两侧的卧室得以朝门斗开窗采光。由于进深较大，两侧间得以分为四个房间，据该村长者介绍，东南角的一间为长子专用，老人则多住在靠近神台的左右两间。

三间两廊在天井前加建前屋，就构成四合天井式，这样的模式更加适合农具、杂物较多的农村地区。如同是龙屯屯的40号宅（图5-85），在天井前设置有门屋，大门开在正中，两侧除了厢房外还有两间杂物房。

在四合天井的基础上横向添加辅助性房屋，则能满足更多加工、储藏和居住等方面的功能需求。如大芦村某宅（图5-86），在主体四合天井东、南两侧安排了辅房和两个天井，宅院的前后门都开在辅房上，避免了对核心居住区域的干扰。玉林庞村的156号宅（图5-87）则在主体西侧增建四间辅房和小院，仪式性的主入口仍然开在主体轴线的正中。值得一提的是该宅为了改善正房的采光条件，在厢房处隔出空间加设了两个小天井，一方面解决了正房的采光问题，同时也丰富了居室的空间层次。

5.3.1.3　大型宅院府第

1. 多开间式

三间两廊式的平面布局虽然广为流传，但满足不了富商巨贾和大户人家的需要，因此在清末礼制松弛、禁令松懈之后，多开间平面的民居多了起来。开间的增加势必带来采光和通风的问题。一种办法是加宽天井，但这样处理会使得空间狭长而

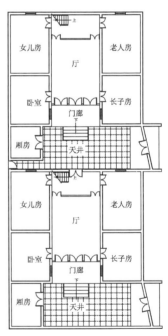

图5-84　金秀龙屯屯92号宅
（来源：自绘）

① 潘莹，施瑛. 湘赣民系、广府民系传统聚落形态比较研究[J].《南方建筑》，2008（05）：28.

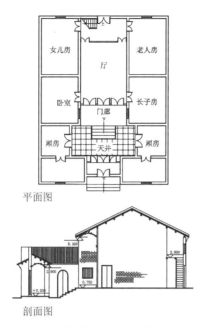

平面图

剖面图

图5-85　金秀龙屯屯40号宅
（来源：自绘）

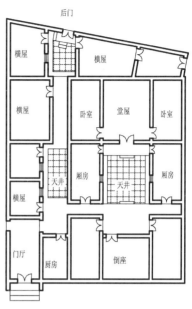

图5-86　灵山大芦村某宅
（来源：自绘）

尺度不尽如人意，所以更多的是增加采光天井的个数来改善居住条件。

　　如玉林庞村的163号宅（图5-88），虽然开间数增加到五间，但仍然沿用上文提到的方式，在卧室前加设天井，整个宅院的天井数达到了九个之多。同村的147号宅（图5-89）为三进七开间，前两进为门厅、客厅、佣人和客人的卧室，后进为家人起居场所，整座宅院宽度达到28米，是所见广西汉族民居中开间数最多者。如果仅采用在卧室前加设天井这一种手法则会显得过于单调，因此中间的两个主天井被扩至三间宽度，局部居室前的小天井也被合二为一形成中型天井。

　　大芦村的桂香堂（图5-90），主体为三进五开间模式，东西两侧设有横屋。中厅前

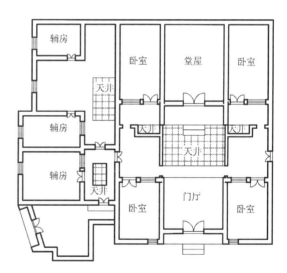

图5-87　兴业庞村156号宅
（来源：广西大学建筑学2000级庞村测绘资料，未出版）

空间开阔，天井周围还围以柱廊以凸显隆重豪华的气氛。后进前的天井则被对称的厢房分为三个，厢房中间被通道分开以联系左右。该宅入口位于一侧，既留出了使用面积又使得宅院内部空间变得丰富生动。

2. 多进护厝式

　　正如余英所述，带护屋的大宅第模式多分布在山区和移民通道尽端"边缘区"，广西的广

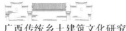

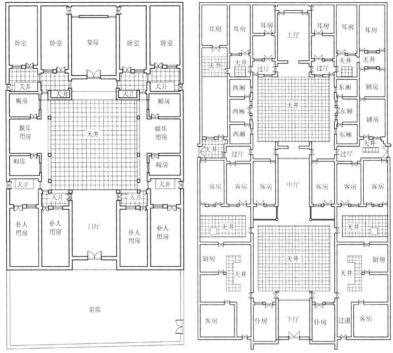

图5-88　兴业庞村163号宅

（来源：广西大学建筑学2000级庞村测绘资料，未出版）

图5-89　兴业庞村147号宅

（来源：广西大学建筑学2000级庞村测绘资料，未出版）

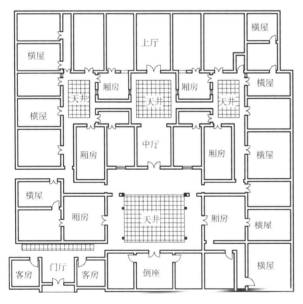

图5-90　灵山大芦村桂香堂

（来源：广西大学建筑学1998级大芦村村测绘资料，未出版）

府式府第多设有横屋。

　　贺州是广西客家聚居较密集的地区，该区域的广府式民居也多受到客家居住模式的影响。如桂岭镇的陶家大院（图5-91，图5-92），该院由东西两侧长达70米的横屋夹着两组主体建筑组成。全院由南至北分为三部分，南部为宽阔的前院，东面横屋上开口形成整个内院的大门；中部是三进堂屋，中厅和上厅的进深很大，气氛森严（图5-92），中轴线上除了上厅的厢房外没有开门者，日常居住和其他的使用房间都朝两侧的厝巷开门，因此堂屋的空间显得十分纯净，疑似为祭祀的祠堂；北部为后院，中轴线上是主人的住屋，原为五层，现已毁。

　　金秀龙屯屯的梁书科宅（图5-93），也是设有横屋的三进宅第，所不同的是

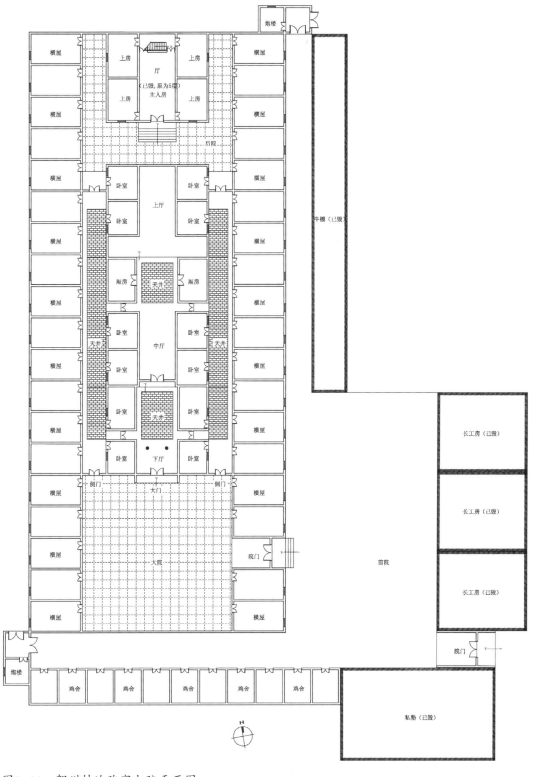

图5-91 贺州桂岭陶家大院平面图
（来源：自绘）

a 陶家大院外院

b 陶家大院内院

图5-92　贺州桂岭陶家大院
（来源：自摄）

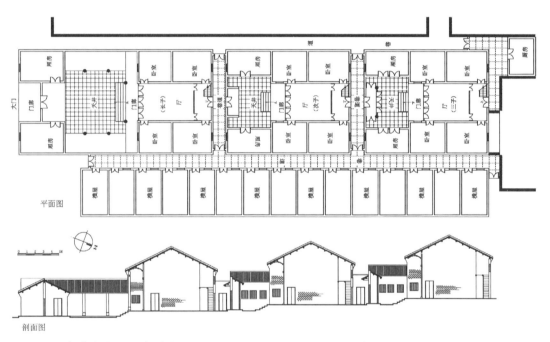

平面图

剖面图

图5-93　金秀龙屯屯梁书科宅
（来源：自绘）

分属三兄弟的主体三进建筑并非紧贴相连，而是通过每两进之间的巷道相连，这使得每进宅第都拥有前后大门和门廊等建筑空间，显示出封建社会后期大家族趋向解体而更加重视单个家庭的完整性。

钦州灵山苏村的刘氏古建筑群始建于清初康熙年间，主要由祠堂、司马第、大夫第、尹第、司训第、二尹第和贡元第等七座广府式宅院组成，司马第（图5-94）为四进加东横屋的模式。第一进大厅为门厅，二进厅是客厅，由于未设厢房，它们之间的天井达到二开间宽度，也可称为前院。中天井和后天井的尺度均较小，与前天井形成鲜明对比，加之建筑层数达到三层，主体外墙材料大量使用花岗岩饰面，墙体厚重敦实而门窗洞口皆小，显得空间氛围十分冷峻森严，感觉不到融洽和谐的生活气氛。

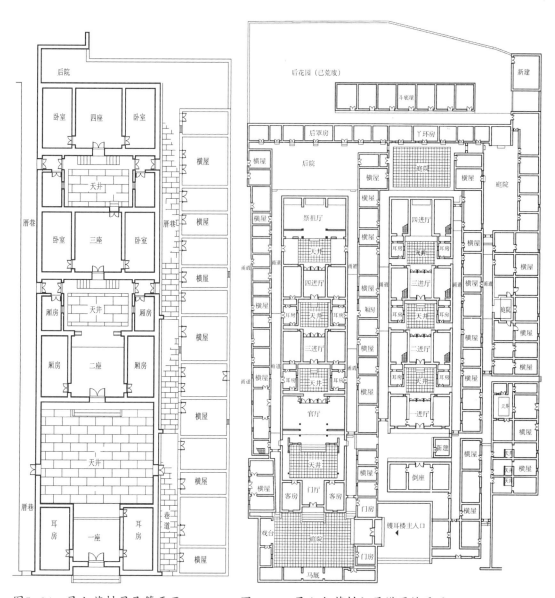

图5-94 灵山苏村司马第平面
（来源：广西大学建筑学2001级苏村测绘
资料，未出版）

图5-95 灵山大芦村祖屋镬耳楼平面
（来源：广西大学建筑学1998级大芦村村测绘资料，未出版）

大芦村的宅院则基本上都由进厅加横屋构成，祖屋镬耳楼（图5-95）就十分典型。其平面的主体由两座五进宅邸间插四排纵向横屋和一排后横屋构成，并由此形成贯穿南北的五条主巷道。西侧的一座为待客、处理公务、祭祖和长子居住的场所，东面的一座则为次子以下和内眷起居生活之处，被中间的横屋分开，实现内外功能分区。整座宅院南面中部内凹，形成主入口门楼的前院，门楼侧向朝东开启，山墙为镬耳式，该宅院的名称亦由此而来。进入门楼就是西侧一座的前庭院，被戏台、马厩、门房等附属建筑围合。第二进为官厅，与宽敞的前天井之间未设门隔断，大气而豪华。第三、四进即所谓内宅是长子、嫡孙的居室，和耳

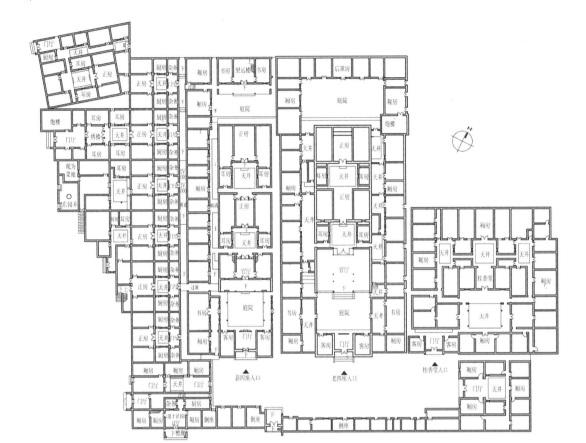

图5-96　灵山大芦村东园别墅平面

（来源：广西大学建筑学1998级大芦村测绘资料，未出版）

房一起被设计成套间式，内房是少爷卧室，耳房则是配房丫头的住处，中间的过渡空间是洗澡房。第五进为祭祖厅，被隔成三部分，居中设置大芦村劳氏始祖劳经的神主牌位，两侧的依男左女右，按辈分分级按放其列祖列宗的神主牌。东边的一座主要用于生活起居，第二、三、四进基本上是西侧主屋内宅的翻版，次子以下兄弟按长幼之序居住，因此房间稍多，而空间尺度相对也显得平易近人。

　　大型家族聚居的院落，为满足主人、家属、管家、仆役的居住和储藏、杂物、炊事诸项功能的需要，上述的所有平面模式都得以运用，如大芦村的东园别墅（图5-96），由劳氏第八代孙劳自荣建于榕树塘东侧，围墙内的主体建筑是单侧横屋的老四座、双侧横屋的新四座、双横屋五开间的桂香堂构成，周边围以三间两廊和四合天井式的辅房，形成占地面积7500平方米的大庄园。

5.3.1.4　广府式民居的"干栏化"

　　相对于其他民系，广府人是汉族诸民系当中较早迁入岭南者，在广府民系的形成过程中，融合了较多的百越土著文化。广府式建筑传入广西，在一些地区也吸取了本土干栏独特的地形与气候适应性的优点，演化为一种广西地区独特的"干栏式广府建筑"。

　　贺州钟山县龙道村的清代住宅就是混杂了干栏楼居特点的广府式民居。贺州位于桂东，

图5-97　钟山龙道村广府民居
（来源：自摄）

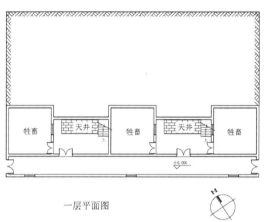

一层平面图

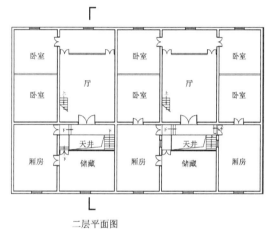

二层平面图

图5-98　钟山龙道村典型民居单体
（来源：自绘）

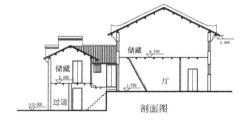

剖面图

与广东相邻，贺江则是粤人入桂的重要通道之一，因此贺州地区受汉文化特别是广府文化的影响较为强烈。龙道村由陶姓先祖初建于元朝中叶（又有说为宋朝），现存建筑多为清末所建。该村从聚落布局、房屋形制和建筑装饰风格来看属于广府样式（图5-97）。由于村落沿坡发展，干栏式的竖向分区布局被运用到三间两廊中，以适应地形的变化。图5-98为该村单体建筑的典型实例，为两户并联的五开间两天井布局。入口位于地势较低的一层，东西两侧为这一两户联宅的总大门，户门向南，面向公共走道开启。进入户门后是尺度较小的天井，天井的左右两侧由实墙封隔为畜棚。堂屋和卧室及厨房位于二层，高处一层1.7米左右，经由天井左侧的石砌台阶与入口连接。一层过道上空也被利用起来作为柴草和粮食的储藏间，因此从二层平面来看属于四合天井式的布局。图5-99是三座单体组合的实测。

图5-99 钟山龙道村民居组合

（来源：自绘）

柳州融安大良镇西村的民居（图5-100）也颇具干栏特色。西村的陈姓先祖在清代由广东三水迁来。与同属汉族村落的龙道村不同，该村地势平坦，并不具备必须建造干栏建筑的地形条件，或许是为了充分利用空间，牲畜被圈养在第一层的后半部分，由于层高较低，畜圈的地面下沉30厘米左右（图5-101）。第一层的前半部分仍为堂屋和卧室，第二层则布置储藏和临时卧室等功能。从严格意义上来说，该村民宅只能称为部分干栏，另外，从单体的空间组合和形制特点来说也不属于典型合院或天井式的围合，应该是干栏楼居和天井地居中间的

图5-100　融安大良镇西村民居
（来源：自摄）

图5-101　西村民居的半干栏模式
（来源：自摄）

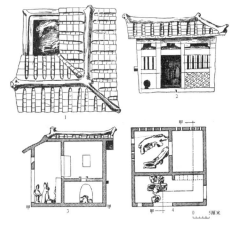

图5-102　广州汉墓曲尺陶屋
（来源：曹劲.《先秦两汉岭南建筑研究》[M].
北京：科学出版社，2009：231）

一种过渡形态。这一实例与广州出土的汉代陶屋（图5-102）颇有相似之处，该曲尺型陶屋前部为通高的起居工作空间，后部分为两层，下层较矮，有洞口通向侧院，应该是畜圈，上层较高，并有洞口通向下层畜圈，疑为卧室（一说为厕所，但从尺度比例来看厕所不该占用这么大的空间，且在卧室设置洞口小便仍为广西边远山区干栏建筑所沿用）。与西村的住宅一样，该陶屋应为楼居与地居之间的一种过渡形态，所不同的是，西村的民宅是由地居转向半楼居。

5.3.2　建筑构架

5.3.2.1　插梁式

我国地域宽广，木结构的建筑体系虽然被大略分为北抬梁，南穿斗，但各地匠师传承不同，发展进化各异，所造成木结构技术的各种形制不是用抬梁和穿斗就能予以廓清的。孙大章先生根据南方大型民居厅堂和宗祠等重要建筑的梁架结构特点，提出"插梁式"这一结合了穿斗抬梁两种特点的梁架形式。"插梁式构架的结构特点即承重梁的梁端插入柱身,与抬梁式的承重梁顶在柱头上不同,与穿斗架的檩条顶在柱头上、柱间无承重梁、仅有拉接用的穿枋的形式也不同。具体讲,是组成屋面的每一根檩条下皆有一柱(前后檐柱及中柱或瓜柱),每一瓜柱骑在(或压在)下面的梁上,而梁端插入临近两端的瓜柱柱身。顺次类推,最外端两瓜柱骑在最下端的大梁上,大梁两端插入前后檐柱柱身……插梁架兼有抬梁与穿斗的特点:它以梁承重传递应力,是抬梁的原则;而檩条直接压在柱头上,瓜柱骑在下部梁上,又有穿斗的特色。但它又没有通长的穿枋,其施工方法也与抬梁相似,是分件现场组装而成[1]。"

广府式建筑在祠堂和民居中重要的厅堂等处,为了扩宽空间,将明间两扇梁架的中柱或中柱以及前后金柱减去,大梁插入前后金柱或前后檐柱中,上部以矮瓜柱撑托屋面檩条,即形成"插梁式"的结构。一般来说,由于同时减去中柱和前后金柱,梁的跨度太大,结构的整体性也受到影响。因此一般都只是减去中柱,空间也已足够宽敞。这一做法与前文所述湘赣式建筑中大空间的梁架做法类似,只是湘赣式的民居,一般都以驼墩承托檩条,驼墩也是直接搁置在下部的大梁上,从构件的组合方式来看更加倾向于抬梁式结构;广府式则基本都以矮瓜柱承托檩条,瓜柱和梁之间形成穿插的关系,更加具有穿斗结构的特点(图5-103、图5-104)。钟山龙道村祠堂门厅的插梁式做法颇有特色(图5-105),由于屋面檩条间距较密,除了由瓜柱承托外,每一层的梁头也悬挑出来支承檩条。

图5-103　湘赣式建筑插梁做法
(来源:自摄)

5.3.2.2　硬山搁檩

在南方传统民居中,穿斗式木结构承重和砌体承重、硬山搁檩是使用得最为广泛的两种结构体系。木结构承重,一直以来都是我国传统建筑的主要结构类型。生活在南方山区的少数民族,善于植树且林木成材较快,干栏建筑又是由木构巢居一脉相承而来,沿用木结构作为屋宇结构形式是十分自然的事情。反而是中原汉族,虽然夯土、砖石建构技术分别在商代和汉代就已经发展成熟,却

a　广府式建筑插梁做法1　　　　　　b　广府式建筑插梁做法2

图5-104
(来源:自摄)

① 孙大章. 中国民居研究. [M]. 北京:中国建筑工业出版社,2004:307-308.

图5-105 龙道村祠堂插梁做法
（来源：自摄）

图5-106 百色粤东会馆墙身画
（来源：自摄）

只在城墙、桥梁、陵墓、佛塔中得到较广泛的应用。在房屋结构中，木结构则是当仁不让的主角，夯土与砖石基本只能作为围护结构出现。有学者对此现象分析后认为，木结构由于具有便于积累储备材料、易于施工、易于扩建、能适应山区地形等四个特点，符合我国封建社会自给自足的自然经济特点，且"对农民、手工业工人的经济条件而言有着比较广泛的适应性。"因而得以长盛不衰[1]。同时，这也应该与建筑技术的传承和长久以来养成的审美习惯有关。随着斗栱结构的完善，我国木结构技术在唐代就已达到顶峰，并在《木经》、《营造法式》、《鲁班经》、《工程做法》等典籍中被模式化地固定下来，大小建筑在其中都能找到对应做法而无须多做它想。而一旦与之相应的装饰与造型做法、审美趣味甚至生活方式都已经成为约定俗成的习惯，就更加不易改变。

a 兴业庞村宗祠梁架

b 大芦村镬耳楼祖堂梁架

图5-107 砖墙与穿斗混合结构
（来源：自摄）

　　由于木结构承重体系占据的绝对优势，砌体承重、硬山搁檩的结构体系，虽然在技术上早已发展成熟，但在很长的一段时期内并未得到推广，特别是官式建筑，依然以木结构体系作为"体面"、"正统"的代表。与木结构承重体系相比，砌体承重结构体系具有突出的防火、防潮和防腐蚀的优点。在木材不易取得的地区就更加具有优势。广府人视野开阔、易于接受新事物，随着明代以后制砖技术的大发展，砖墙承重、硬山搁檩就成为广府民居最为常用的结构形式，并与之配套发展出砖雕和墙身画（图5-106）等高水准的装饰艺术。虽然建筑的主体结构都采用砖墙承重，在一些需要大空间的场合，仍然使用木结构（图5-104）或半砖墙半穿斗的混合结构（图5-107）。

① 中国科学院自然科学史研究所主编. 中国古代建筑技术史[M]. 北京：科学出版社，1985：57.

5.3.3 造型及装饰

5.3.3.1 造型特点

与湘赣民系的建筑一样，广府建筑的造型要素同样为清水砖的山墙和门楼门廊等，但镬耳山墙的独特造型以及广泛使用凹入的门斗、门廊使得单体建筑的形象更像是主体部分被墙体"夹"在其中而非湘赣式建筑墙体"包围"主体建筑的形态。同时，广府式建筑的屋顶脊饰通常都做得十分夸张醒目和通透，因此建筑整体的风格显得更为轻巧。

1. 山墙与屋脊

广西广府式建筑的山墙，最为常见的是镬耳和人字两种。镬耳墙是一种穹形的山墙，因貌似"镬"这一古时大锅的耳朵而名之。镬耳山墙多都用青砖、石柱、石板砌成，墙顶的屋檐从山面至顶端用两排筒瓦压顶并以灰塑封固，外壁则多有花鸟图案。因其造型特殊，已成为广府式民居的符号。同时，镬耳又被赋予官帽两耳的象征，具有"独占鳌头"之意，非出官入仕的人家不得使用。大芦村的镬耳楼就是劳氏族人在其第四代祖劳弦官至六品后所建。较具代表性的镬耳山墙则是灵川苏村刘氏古屋的镬耳楼群（图5-108）。人字山墙为大多数广西广府民居所常用，其造型特点是山墙封檐处的灰埂越往屋脊处就越高，以对正中的脊式形成拱卫之势，因而坡度就比屋檐的坡度陡，从侧面看就像指向天空的白色箭头（图5-109）。

广府式建筑的屋脊装饰手法十分丰富，有平脊、龙舟脊、燕尾脊、卷草脊、漏花脊、博古脊等，以瓦、灰、陶、琉璃等材料制成。如百色粤东会馆的屋脊，几乎无脊不饰，次要部位如山墙头和非中心部位的屋脊使用较朴素的博古脊，而正中几进屋脊和天井庑廊处的檐口则使用琉璃等材质以花草鸟兽和人物故事等题材予以重点装饰（图5-110）：一进正脊最高处达2米多，顶饰鳌鱼吞脊、双龙遨游戏珠；下层饰灰塑浮雕，灰塑分布三进三路九座房屋顶脊，分别用灰塑山水花草、奇珍异兽、吉祥图画组成下层脊饰。三进大殿正脊一米多高，上下分层，上层饰琉璃雕刻，琉璃雕刻长幅画面取材于历史故事和古代剧舞台人物造型，人物塑造线条流畅，神态各异栩栩如生（图5-111）。

2. 门斗和门廊

适应于南方多雨和光照较多的气候特点，广府民居一般都设有凹门斗和门廊，门框两侧的墙面则用方形石板琢成浮雕图案。特别是大户人家的门屋和祠堂、会馆等重要建筑的入口，

图5-108　苏村刘氏镬耳楼群
（来源：自摄）

图5-109　横县旱桥李萼楼庄园
（来源：www.baidu.com）

图5-110 百色粤东会馆脊饰
（来源：自摄）

图5-111 粤东会馆脊饰细节
（来源：自摄）

图5-112 广府建筑宽阔的前门廊
（来源：自摄）

图5-113 广府建筑门廊内的装饰
（来源：自摄）

特别重视门廊的用材和装修。为了防雨，广府建筑的门廊柱一般都是石柱，且为方形（图5-113），这一点和湘赣式民居仍使用圆木柱作檐柱不同。门廊柱和两侧的墙体以及廊柱之间以木质或石质梁枋联系，这些梁枋和门廊屋檐下的封檐板就成为重点装饰的对象（图5-114）。

5.3.3.2 装饰装修

1. 墙身画

与广西湘赣式建筑相比较，广府式建筑多重视硬山搁檩的屋架支承方式，因此室内的砖墙面较多，也就给墙身画留出了很多的创作空间。墙身画模仿国画中工笔画的作画方法，力求线条流畅，色彩协调。由于抗腐蚀性较差，故多用于非露天部位，如檐下、外廊门框、窗框、窗楣、门楣、室内墙面等（图5-114、图5-115），不同的装饰部位其题材也多有不同。粤东、粤中地区，墙身画主要位于外檐下，内檐较少[①]。广西地区的广府建筑，内、外檐下均流行饰以墙身画，画高一般为30～60厘米，沿着坡檐或檩条下的墙楣起起伏伏，内外连通在一起，形成围绕建筑墙顶的一条彩带。由于檐下的墙身画很长，所以通常被分为数段画幅，每

---

① 陆琦编著. 广东民居[M]. 北京：中国建筑工业出版社，2008：239.

图5-114　屋脊下的彩画
（来源：自摄）

图5-115　门头彩画
（来源：自摄）

图5-116　门廊内檐下彩画
（来源：自摄）

图5-117　砖雕灰塑檐口
（来源：自摄）

图5-118　砖雕窗棂
（来源：自摄）

一段就是一个独立的画面，其题材多为历史人物、神话故事或山水风景（图5-116）。

2. 木雕

与湘赣式建筑一样，木雕的主要装饰部位是梁架、梁托、斗栱、雀替、檐条等木架结构构件和天井处的栏板、华板、门窗扇、栏杆等围护界面。在雕法上则讲究屋架等高远之处常用通雕或镂空雕法，外观表现简朴粗犷，适合于远视，而门窗，屏罩等雕饰则用浅浮雕，工艺精致，则适合于近观。其题材也多为山川名胜、风土民情、民间传说、历史故事、四时花果和鸟兽虫鱼等，大多富有浓厚的伦理色彩和吉祥瑞庆的内容，具有一定的社会含义。

3. 砖雕

明清时期砖业大发展，出现了高质量的雕凿用砖。而以雕砖装饰门庭不受法制限制，没有逾制之嫌，故得以迅速发展（图5-117、图5-118）。

4. 石雕

石材耐风化，坚实耐磨，防潮防火。牌坊、门框、外柱、抱鼓石、柱础等多用石作。其中以柱础的样式最具广府特点（图5-119～图5-121）。

图5-119 石雕　　　　　　　　　图5-120 石柱础1　　　　　图5-121 石柱础2

（来源：自摄）

5.4 广西客家式传统建筑

5.4.1 平面形制

根据余英等人的观点，"客家民居建筑的平面布局方式大致有两种模式：一、在闽南、粤东普遍的'护厝式'基础上，将祖堂后部以半圆形的排屋围合起来形成围垅屋；二、以排屋围合成方形、圆形或异形内院，内院中通常为'三合'或'四合'型祖堂系统……实际上，从布局模式上来看……客家民居的基本核心单元仍然是'三合天井型'和'四合中庭型'两种模式[①]。"广西的客家建筑，较少见到"三合天井型"，大部分都是"四合中庭型"的堂横屋模式，其余的如围垅屋、围堡式均是在堂横屋模式的基础上发展起来。

5.4.1.1 堂横屋

特殊的聚居模式和强烈的家族观念使客家人形成"大公小私"的生存哲学，"明堂暗屋"的建房理念深入客家人心，因此非常重视厅堂的建设。中轴线上的厅堂分别被称作"祖堂（上厅）"、"中堂（官厅）"、"下堂（下厅、轿厅）"，为家族共有的厅堂，开敞明快，面积很大。两侧横屋为以住屋为主体的生活居住部分，除了"从厝厅"、"花厅"等厅堂其余房间均为卧室或杂物房，并被平均分配到各户。这样，堂屋和横屋就形成以祠堂为主体的礼制厅堂和以横屋为主体的居住生活两套性质不同的空间系统。客家民居前一般都设有禾坪与半月池，作为农耕为主且聚居密度较高的客家人，禾坪起到晒谷打场和集散人流的作用。半月池则提供消防和日常用水，且形似于书院前的泮池，寄托了客家人"耕读传家"的理想。

堂横屋是广西客家建筑最为常见的类型，也是其他类型客家建筑的基本组成单位。最小规模的堂横屋为两堂两横，两堂式的布局，门堂与祖堂遥相呼应，空间变化不大，两旁横屋的居住空间的私密性也不是很强，但整体空间的内聚合向心性得到强调。

在两堂两横的基础上纵向增加堂屋或横向加设横屋就会形成两堂四横、三堂六横等类型。柳州凉水屯的刘氏围屋则为三堂两横（图5-122）。大门前有柱廊，形成凹门廊，门厅左右两侧设耳房面向门廊开窗采光。中厅为三开间开敞式布局，两侧的房间很深，被称为"长房"，是主人的卧室。正中的屏门没有采用通常的平开，而是类似于中悬方式上下旋转开启，这样

---

① 余英. 中国东南系建筑区系类型研究[M]. 北京：中国建筑工业出版社，2001：231.

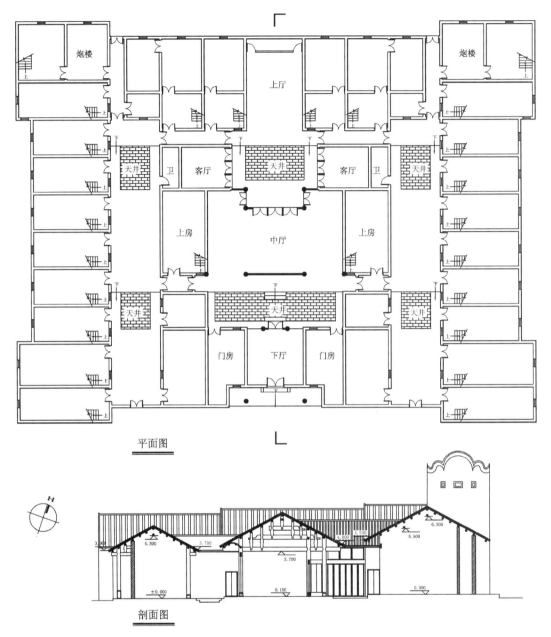

图5-122 柳州凉水屯刘氏围屋
（来源：自绘）

打开时还可以成为谷物的晒台。第三进为祖堂，客厅则位于祖堂前方的天井两侧。横屋对称设在两侧，每一排横屋的最后一进都有高起的炮楼。

贺州莲塘镇江氏围屋（图5-123），是广西现存堂横屋中保存得最好的。建于清乾隆末年的江氏围屋为四堂六横，总面宽达到87米。主屋前设宽阔的半圆形禾坪，满足客家农耕为主的生产要求。禾坪被两米高的围墙包围起来，在其南北两侧设有院门，其中南侧的一个为主门。四进堂屋被三个天井相隔，形成四暗三明的主空间序列，从入口的门厅开始，每进堂

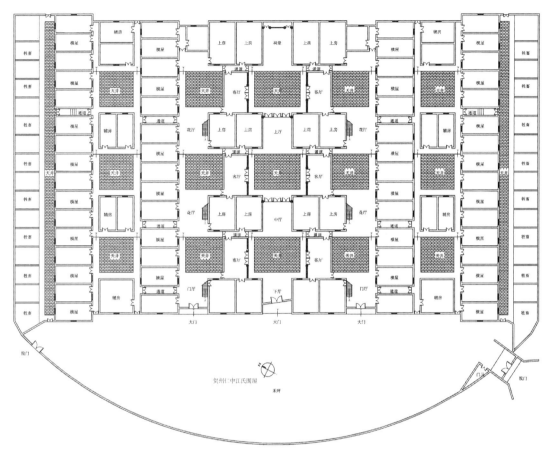

图5-123　贺州莲塘江氏围屋平面
（来源：自绘）

屋都抬高一级踏步约10厘米，堂屋的层高又相应递增1米，因此到祖堂一进，其屋脊的檩条高度已达到将近9米，加上进深比其他厅堂多出1米，祖堂地位的重要性在这一空间序列的烘托下得以充分体现。两侧的横屋则通过三条横向次轴线上的通道与堂屋相连，由于客家的横屋是主要的生活起居空间，因此其空间比其他汉族建筑的横屋空间来的宽敞舒适，"厝巷"空间扩大后形成三个天井和面向天井开敞的大厅，通透明亮，生活气氛浓厚。主次轴线上的厅堂、天井空间层次丰富又互相渗透，连廊纵横交错，余味无穷。主体部分的四堂四横均为两层，最外围的两条横屋高一层，是牲畜圈养之处。玉林博白是广西客家人分布较多的地区，其乡间建筑也多为堂横屋式，如博白的白面山堂，是所见堂横屋规模最大者，达到四堂八横（图5-124）。但论及历史性、艺术性和保存度，则无出江氏围屋其右者。

图5-124　博白白面山堂
（来源：自绘）

5.4.1.2　围垅屋

围垅屋是在堂横屋的基础上在后半部增加半圆形的杂物屋和"化胎"形成，有学者认为围垅屋的这种平面布局与中原地区原始村屋的圆形布局有关[①]。余英则认为，围垅屋的围垅与流行与东南地区的"椅子坟"后弧形防水的坟圈的功能相似，原为排水沟和卵石砌筑的墙垄以阻挡山坡上排下的雨水，后发展成为半圆形的连排围屋[②]。围垅屋以自后半部向前呈缓坡式降低的半圆形围屋包裹中部方形的堂横屋，再与前方的半月池形成"天圆地方"的图式，体现客家人对天人合一、阴阳调和的风水理念的追求。

广西现存的围垅屋较少，典型的有玉林朱砂垌和金玉庄两处，如图5-125。朱砂垌围垅屋位于玉林市玉州区内，由祖籍广东梅州黄正昌建于清乾隆时期，黄正昌乾隆、嘉庆、道光三朝为官，官至五品，死后道光赐"奉直大夫"，故该宅亦称为"大夫第"。朱砂垌围垅屋坐东北向西南，背靠山坡，依势而建，围屋门前正对风胫岭的园岭，是为朝山，左有高庙岭龙形高起，右有陈屋背狮岭围护。整个围屋占地182000多平方米，以祠堂为中心呈三堂十横布局，两道围拢由西南向东北依地势高起，祠堂后部的正中隆起为化胎。西南面为与建筑主体同宽，直径100米的巨大半月池。该围垅屋防御性的特点十分突出，仅设有南北两个出入口，且都设有瓮城。以最外围横屋围墙构成的城墙厚将近1米，高6米，墙体上遍布枪眼。沿着马蹄形的围墙均匀分布7座炮楼，名曰"七星伴月"。南部围墙外由于地势较低，设有护城河。围内各巷设有栅门，户户楼上楼下相通，巷巷相连，全寨相通。内沿城墙搭盖瓦房，用于防止强盗等搭梯攻城，能防能守。为防围困，围内还曾置设多处粮仓，左右两边大巷内亦各有防困水井一口。金玉庄距朱砂垌3公里左右，是由分家出去的黄氏同族人模仿朱砂垌所建。

5.4.1.3　围堡

围堡式的客家围屋，中间部分仍为基本的堂横式布局，四周或三边围以附属用房和围墙，角部设置炮楼，防御性较强。潘安在《客家聚居建筑研究》中总结了客家建筑的防卫体系的外墙抵御、内部组织结构和生活供给系统三个层次：外墙抵御手段的重点在于大门的防卫措施、墙体构造、火力的组织配合及檐口的处理等；内部组织结构则为房间使用功能的布局及临时交通枢纽的运转；生活供给系统则解决了水源、食物和污物排除几个问题[③]。围堡式的围屋由于其更为重视防御，因此这三个层次的防卫体系体现得较为鲜明。

北海曲樟的围堡（图5-17、图5-18），由陈氏十五代祖陈瑞甫从福建迁至合浦县曲樟乡而建，由"老城"、"新城"两部分构成。"老城"建于清光绪八年（1883年），"新城"建于光绪廿一年（1896年），总面积6000多平方米。"老城"为两堂两横，"新城"为两堂四横。两座围堡四周均围以厚实围墙，在堂屋前留出禾坪晒场。围墙高7米、厚近1米，由石灰、黄泥、河沙、食用红糖（2：2：1：0.1）夯打而成，枪炮眼口星罗棋布于围墙之上。城垣的四大转角处及城门上面都设有炮楼，炮楼多数都高出围墙一层，堡体落地。内墙半腰筑有跑马道，将整座城墙、四角的炮楼及门楼紧密联系相连起来。大门处则设有板门、闸门、便门、栅栏门等3道5层，连环防卫。

昭平樟木林的城堡式围屋（图5-126），当地人称为"石城围"、"石城寨"、田洋围屋、田

① 陆琦编著. 广东民居[M]. 北京：中国建筑工业出版社，2008：162.

② 余英. 中国东南系建筑区系类型研究[M]. 北京：中国建筑工业出版社，2001：304.

③ 潘安. 客家聚居建筑研究[D]. 广州：华南理工大学学位论文，1994：224.

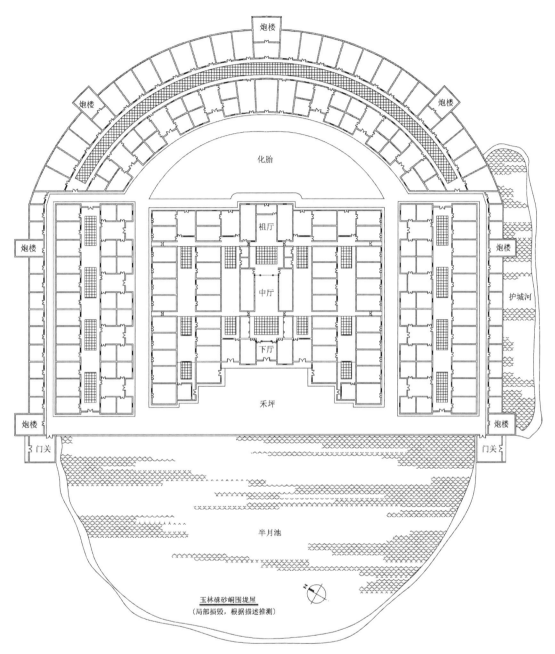

图5-125 玉林硃砂峒围垅屋
（来源：自绘）

洋寨等。围屋始建者为叶纪华、叶纪珍兄弟在清嘉庆年间自广东揭西迁至广西樟木林。至道光年间，以广东先祖居宅的构造建造了这座围堡。该围堡坐东向西，背靠海拔800米以上的连绵群山，总长90多米，宽60多米，占地面积5500多平方米，如图5-127。由于该围屋部分损毁，该平面图为结合村民描述绘制，力图反映原貌。

围屋的主体部分是两排共九座两堂两横的堂横屋，每一座基本都是"上五下五"的布局。

图5-126 昭平樟木林"石城围"鸟瞰
（来源：自摄）

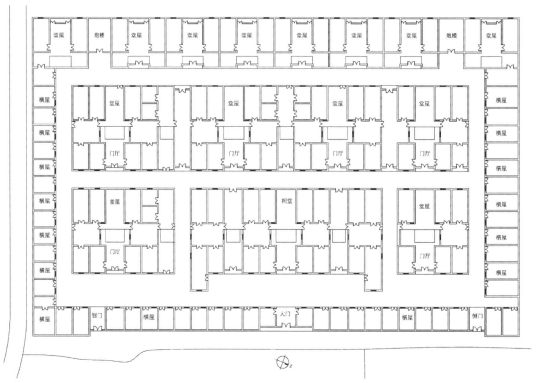

图5-127 昭平樟木林"石城围"平面
（来源：自绘）

其中第一排面对大门正中的一座为祠堂。四面由围墙、辅房包围，东面的一排的基本单元为"三合天井"式，其余南、北、西面均为排屋。西面中轴对称设置三个入口，正中者为大门。后部东面原有两个炮楼，现已毁。外围墙上的窗户为后开，原来为完全封闭，设有枪眼。整座围屋以中轴线为界，左边划分给兄长叶纪华及其族系，右边划分给弟弟叶纪珍及其族系。从现存的状况来看，左边的面积稍大房屋也较多，右边的局部房间则使用了青砖砌筑，装修也更为讲究，印证了村民"纪华公多子、纪珍公多财"的说法。围屋前有较大的禾坪，但无明显水系。据当地老人介绍，屋前原有名为马河的小河，但由于河流改道，现距离围屋已有一里。

客家人的聚居模式对周边其他汉人有较大影响，如贺州桂岭的于氏"四方营"（图5-128）就是模仿客家的围堡所建。"四方营"建于清末，南北朝向，总面宽约50米，深40米，主体为

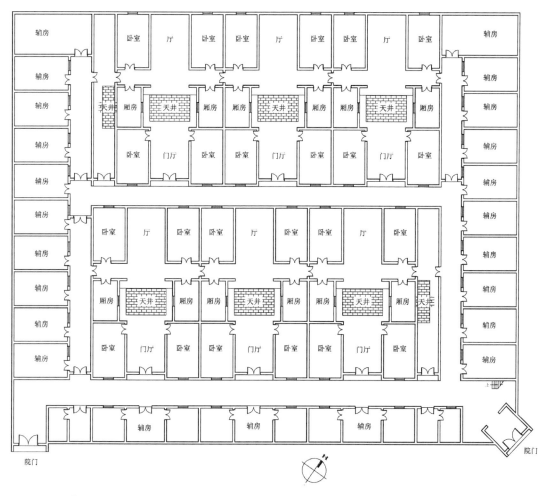

图5-128　贺州桂岭于氏"四方营"平面
（来源：自绘，局部损毁，根据描述补全）

六座"四合天井"式的堂横屋分前后两排布局，东、西、南面由辅房围墙围合。南面两角设置门楼，东侧为主门楼，略转一角度朝向屋前水池。围屋边上曾建有瞭望防御之用的炮楼，现已毁。宗祠亦为私塾，紧贴围墙，位于围屋外。

5.4.2　结构体系

广西的客家传统建筑，与湘赣式和广府式的传统汉族建筑相比，在建筑承重结构体系上，最大的特点就是客家式的传统建筑基本都以夯土或砌体实墙作为承重结构，起承重作用的木结构只是屋面檩条、部分联系梁和承托屋檐出挑的木挑手。广府式建筑亦以砌体实墙作为主要的承重结构体系，但在需要开敞空间的官厅、祠堂等处，木穿斗或插梁结构仍然有着重要的运用。就现存的实例分析，广西客家建筑并不重视祠堂和客厅空间的开敞程度，基本都只占据明间这单一开间的宽度，明间两侧墙体都为实墙（图5-129）。一些地区为了突显中厅，两侧实墙做通透处理，但承重结构仍为砖砌体，如玉林朱砂峒围垅屋祠堂的中厅（图5-130）。柳州凉水屯刘氏围屋的中厅是调研所见客家传统建筑中唯一采用木结构承重的实例，估计是受到广府式建

图5-129　土坯墙承重的客家民居
（来源：自摄）

图5-130　朱砂垌中厅的通透处理
（来源：自摄）

图5-131　柳州刘氏围屋中厅梁架带有明显广府特点
（来源：自摄）

筑的影响，其做法带有较为明显的插梁式特点（图5-131）。

以生土作为主要的承重和围护材料，是客家传统建筑结构体系的最大特点。生土是被人们最早使用的建筑材料。中原早期人类挖洞穴居，就是一种初期的土工建筑。人们从穴居搬到地面上来建造房屋，仍然用土作为主要的建筑材料。历代的统治阶级可以占有木材与砖石等较为贵重的建筑材料建造亭台楼阁和各种宫殿，在民间，居住在乡村的广大劳动人民就地取材，以土为建筑材料，土工技术也得以发展。客家人多居住山区农耕为生，经济条件并不优越，取土造屋是最为经济简便的营造方式，他们继承和发展了中原汉人的土工造屋技术。

客家建筑对生土的处理和利用分为夯土和土坯砖两种方式。夯土又称为版筑，民间俗称"干打垒"，是通过在模板之间填加黏土夯筑的建筑方法。其所用材料主要有两种，一种是素土，即黏土或砂质黏土；另一种则是掺和了碎石、砂和石屑，甚至红糖、糯米浆的土。后者更为坚固，通常用在客家围屋的外围墙、墙身基脚部分。夯土版筑最先用于宫城土台和城墙的修筑，"……夯土城墙的起源，可以郑州商代城墙为代表，是目前所知我国早期最大的一项夯土城垣。全部城垣是用黄土分层分堵夯筑的，施工时用夯杵捣固土层而成[①]。"用于客家围屋，"具体施工程序是：墙脚砌好后支模板——'墙筛'，然后插入长竹筋，再将拌好的黏土倒满墙筛，夯实成三分之一的高度，再放入较短的竹筋作为墙骨，如此分三次夯完一筛。夯土墙体脱模后，将墙体内外两面修平拍实……当墙体砌筑到一定高度是，便可进行第四道工序——'献架'。所谓'献架'，即为在墙体上挖好搁置楼板或木梁的小槽，由木工竖木柱、架木梁。因为土楼的外墙很结实，有足够的承载能力，所以大梁一端通常都是直接支承在外墙上的。大梁架好后，再架次梁铺楼板……如此反复，直至完成墙体砌筑的全部过程[②]。"

夯土版筑坚固有余但灵活性不足，如将黏土事

① 中国科学院自然科学史研究所主编. 中国古代建筑技术史[M]. 北京：科学出版社，1985：44.

② 潘安. 客家聚居建筑研究[D]. 广州：华南理工大学学位论文，1994：244.

先预制成小块的土坯，施工时就可运用自如。"目前所知最早的土坯在河南永城龙山文化晚期遗址中。在历史上，土坯和夯土版筑的方法同时向前发展。在奴隶社会，土坯的运用更加广泛。西周时期，已经运用了大块土坯（据周原发掘资料），长47厘米，宽17厘米，厚为7.5厘米。不过那时只将土坯运用在砌筑台阶和整齐的边线部位。由土打墙到砌筑土坯墙，是一项巨大的技术进步，也是建筑材料的一大革新，它为砖的出现作了准备[①]。"土坯依然是位于广西山区的客家民居最常使用的建筑材料（图5-132）。为了避免雨水对土坯墙体的侵蚀，客家传统建筑的屋面外挑，形成悬山的造型。

图5-132 广西山区的客家土坯民居
（来源：自摄）

作为实墙承重的结构体系，火砖也是客家传统建筑常用的砌体材料。由于建造成本较高，火砖通常用于结构上的重要部位和有防潮要求的位置如墙体交接的转角处以及墙基等。同时由于砖墙细腻美观，重要场所如祠堂、厅堂等处的墙体也多用砖砌体砌筑，如图。夯土、土坯、火砖这三种材料，根据其不同的物理性能和经济要求，被合理地安排在客家传统建筑中（图5-133）。

图5-133 客家民居常用的墙体材料
（来源：自摄）

5.4.3 造型及装饰

5.4.3.1 造型特点

由于特殊的院落——天井的群体组合方式和向平面方向发展的特点，中国传统汉族建筑的组群，往往很难通过外部特征进行总体描述，古画中的大宅院必以鸟瞰作为表达方式，在文字描述时也多以内部空间为重。有别于汉族其他民系，客家传统建筑以其特殊的村落聚居单位为单一完整形态（如图3-29），其防御性、整体性、秩序性、宗法性通过建筑群体的组合关系和构图规律得到突出体现。

堂横式的围屋，以堂屋为轴严整对称，堂屋高大而横屋低矮，堂屋的三层式屋檐和横屋的山墙面也形成强烈对比，间插在堂、横屋之间的大门又强调了这一构图的韵律关系。同时，两旁的横屋突出堂屋往前伸，烘托拱卫着中部。因此从正面来看其构图的秩序感和中轴对称的威严感十分强烈（图5-134）。坐落在山下的建筑往后抬高，从侧面看来屋宇参差有致，形成层层抬高的院落式楼体。在建筑后方加以围坨的围坨屋，其前低后高的特征就更为明显，在后山的映衬下，状如"太师椅"稳坐山麓前。围堡式的客家建筑在外部则基本判断不出内部的结构，高耸的炮楼、厚实的围墙和密布的枪眼给人以森严冷峻的感觉（如图5-17）。

---

① 中国科学院自然科学史研究所主编. 中国古代建筑技术史[M]. 北京：科学出版社，1985：44.

图5-134　玉林朱砂峒围垅屋
（来源：自摄）

图5-135　砖叠涩出挑腰檐
（来源：自摄）

5.4.3.2　装饰装修

与其他地区的客家建筑一样，广西的客家民居也多用泥砖和夯土作为墙体的主要承重砌体，只是在重点的墙身转角或祠堂等处才使用青砖和石材。因此屋檐造型多为悬山式，即便使用耐雨水的青砖，这一习惯也未有改变。为了使山墙部位不至于太单调，有时会在中部出挑两匹砖，饰以横向的花纹（图5-135），或同时为加强防雨而增加一重屋檐，形成类似歇山的效果（图5-136）。类似于广府镬耳墙和湘赣马头墙那样造型强烈的山墙在广西的客家建筑中少见，所见者则均为三分式的水式山墙（图5-137）。屋脊一般都是传统建筑中重点装饰之处，简朴的客家人却不重视，通常都是砌以灰梗压瓦了事，即便予以装饰，也通常都是受到相邻民系建筑风格的影响，如玉林朱砂峒围屋的下堂屋脊就采用广府式的龙舟脊（图5-138）。

图5-136　为山墙挡雨设置的披檐
（来源：自摄）

图5-137　柳州隆盛围垅屋的水式山墙
（来源：自摄）

　　室内的装修，也呈现出较为朴素的特点，仅仅只是在重点部位略加提点。如面向天井的屋檐部分，湘赣和广府民系的传统建筑，一般会在屋檐下的封檐板部位绕天井一圈都予以重点装饰。客家建筑则不同，其至会省略封檐板，仅在屋檐交汇的四个阴角处施以少量装饰（图5-139）。门窗等木装修部位通常也较为朴素，一般都为直棂窗，富裕人家也只会在中厅、祠堂等处的门窗予以重点考虑（图5-140）。与其他民系不同的，客家人会着重于屋面梁（大梁与联系梁）的装饰，

图5-138 朱砂峒围垅屋的广府式龙舟脊
（来源：自摄）

描绘八卦卦位或题写"百子千孙"等字样（图5-141、图5-142），以祈福和保佑平安，这和客家人格外重视风水有关。

图5-139 天井屋檐阴角处的装饰
（来源：自摄）

图5-140 面向天井界面为主要的装饰部位
（来源：自摄）

图5-141 屋脊主梁处的装饰1
（来源：自摄）

图5-142 屋脊主梁处的八卦卦位
（来源：自摄）

5.5　本章小结

广西的汉族，均在不同时期由外地迁入。进入广西后按照所从事的职业，形成新的社会聚居结构，构成农耕型、商业型和军事型等不同类型的聚落。血缘宗族关系是汉族聚落形成的内在核心因素。对内，宗族以儒教礼制规范聚落空间，显示出较强的等级和秩序。对外，血缘的排他性使得外来血统人员难以介入，聚落空间呈现出防御性的特征；风水观念作为一种规划思想，对汉族聚落的选址、建筑布局和环境改造产生了深刻而普遍的影响，是左右汉族聚落格局的主要力量之一；"耕读传家"，汉族传统聚落将田园山水与耕读生活相结合，创造出一种亲近自然、致力读书、通达义理的聚落文化意向。祠堂、书塾、牌坊、门楼等是汉族传统聚落中重要的公共建筑，是构成聚落等级秩序和空间序列不可或缺的元素。

广西的湘赣式建筑分布于与湖南交界的桂东北地区。湘赣民系对广西的开发较早，所居住的区域均为广西文化经济较为发达的地区，其建筑在这些地区的存留量相对汉族其他民系建筑的存留更多。现存较具代表性的湘赣民系村落有全州梅塘村、全州沛田村、兴安水源头村、灌阳月岭村、灵川长岗岭村、熊村等。广西的湘赣式民居，"天井堂厢"和"四合天井"是最为常见的平面类型。其基本平面构成可进一步分为"一进一天井"和"一进双天井"两种，基本单元进行纵向的复制和排列组合，再加以"护厝"，就能构成多进的平面，满足较大规模家庭聚居的要求。广西的湘赣式建筑，多用穿斗结构，对大空间有要求的建筑，在明间减去穿斗结构的中柱，形成类似抬梁的结构形式。穿斗构架一般在落地柱间插入两瓜柱形成三步架的做法，这在汉族民居里比较少见，与江西、湖南的湘赣式民居也殊为不同。变化丰富的马头墙是湘赣式建筑区别于其他民系的显著特点。

广西的广府式建筑主要分布于梧州、玉林、钦州、贺州等桂东南地区，南宁、柳州、来宾亦受广府建筑文化影响较深。广府建筑文化也顺着西江流域深入桂林、百色等地区。其建筑特点与粤中地区也有较大差异。从聚落布局来看，很少有像粤中地区那样严整规矩的梳式布局。建筑单体仍以"三间两廊"为主，但规模较粤中地区为大。为了满足富商巨贾和大户人家的需要，"多开间式"与"多进护厝式"等大宅院也成为流传至今的广西广府建筑的主要类型，如灵山的大芦村、苏村和玉林的庞村等。骑楼式的街屋也随着善于经商的广府人广泛分布于梧州、贺州、南宁、百色等商业重镇和其他沿江墟镇。广府人较早与"越人"接触，在一些地区吸取了本土干栏独特的地形与气候适应性的优点，演化为一种广西地区独特的"干栏式广府建筑"。建筑结构和构架方面，硬山搁檩和插梁式是广府建筑的主要特点。镬耳山墙和墙身画也是其独特的造型和装饰手法。

广西的客家式建筑主要分布于玉林的博白县和陆川县以及贺州八步区和柳州柳江、来宾武宣等地区，在桂东汉族聚居地区，客家建筑也常见于山区。贺州莲塘镇江氏围屋、玉林朱砂垌和金玉庄的围垅屋、北海曲樟的围堡、昭平樟木林的城堡式围屋等是广西客家建筑的代表。堂横屋是广西客家建筑最为常见的类型，也是其他类型客家建筑的基本组成单位。最小规模的堂横屋为两堂两横，最大者可达到四堂八横；围垅屋则是在堂横屋的基础上在后半部增加半圆形的杂物屋和"化胎"形成，与前方的半月池形成"天圆地方"的图式，体现客家人对天人合一、阴阳调和的风水理念的追求；围堡式的围屋则以其防御性为主要特点。客家传统建筑在建筑承重结构体系上，基本都以夯土或砌体实墙作为承重结构，较少看到穿斗结构的实例。在建筑造型上，客家传统建筑以其特殊的村落聚居单位为单一完整形态，其防御性、整体性、秩序性、宗法性通过建筑群体的组合关系和构图规律得到突出体现。

第6章
广西传统乡土建筑文化的保护与继承

6.1 广西传统乡土建筑的价值

6.1.1 文化生态价值

正如物种的多样性是自然生态繁荣的力量和活力所在，人类的文化生态平衡也需要多元文化的支撑才能显得丰富多彩。从文化发生的角度看，任何一种文化都是和一定的自然、社会环境相对应而具有独特性，从而丰富了人类的文化生态系统。但在全球化的影响下，以西方为楷模的现代工业文明席卷全球，普适性的人工物质环境割断了文化与其居住地的自然环境之间的密切联系，破坏了全球文化的多样性，全球的文化生态正面临着失衡的危险。对于广西这样的欠发达地区，文化的失衡将造成文化生态系统的严重破坏，失去文化上的独立性，影响其文化的可持续性发展，并最终阻碍政治、经济等社会整体的可持续性发展，最终也将影响全国乃至全球文化的可持续性发展。有鉴于此，联合国教科文组织在第17次全会制定的《文化遗产及自然遗产保护的国际建议》中指出："在生活条件迅速变化的社会中，能保持与自然和祖辈留下来的历史遗迹亲密接触，才是适合于人类生活的环境，这种环境的保护，是人类均衡发展不可缺少的因素……"

广西传统乡土建筑，根植于丰富多彩的自然地理环境，在多民族、民系文化融合的人文生态背景下，形成壮、侗、苗、瑶等土著少数民族干栏建筑文化和独具广西特色的湘赣、广府、客家等汉族地居建筑文化。广西传统乡土建筑文化，既是广西地域文化物质化的表现，也是广西文化生态系统重要的组成部分，更是我国地域建筑基因与物种库中不可或缺的成员，对广西乃至全国文化生态的平衡发展有着重要价值。

6.1.2 历史人文价值

传统乡土建筑文化，作为人类文化的重要组成部分，记载了特定地域民众长久以来的生活信息。通过它可以寻找传统思想、文化和制度留下的痕迹，也能了解不同地域人们在历史上的迁徙足迹、发展历程、政治、经济制度和宗教信仰等。广西百越干栏建筑，类型丰富，形制多样，通过对其从萌芽、发展、演变的过程的研究了解，可以揭示广西原生土著民族的社会历史发展及其面貌。广西汉族地居建筑，也可从其进入广西、融入广西，并和本土建筑

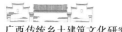

结合的历程，了解汉人南迁、中原文化南传并和百越土著文化融合的历史过程。一些历史事件发生场所，如百色粤东会馆（百色起义指挥部）和历史人物的居住地（如刘永福故居、冯子材故居、李宗仁故居等）更因其承载的重要历史信息而具有特别的历史价值。

特别是经济发展日新月异的今天，在快速城市化和城镇化的背后，隐藏着人文内涵缺失的现象。造成这一现象发生的原因主要有两点：一是缺少先天的人文资源。由于历史原因，新兴和年轻的城市和地区并没有积累起丰富的、具有鲜明特色的人文传统，尽管这些地区可能会采取措施加强人文方面的建设，试图提升其人文品位，但人文内涵是在长期的历史发展中积淀而成，并非后天在短期内所能完全弥补。二是忽视人文建设。有些城市和地区并不缺乏悠久的历史和灿烂的文化，但在经济建设过程中片面追求物质财富的增长，未能有效保护和开发已有的人文资源，使得地域性人文气息逐渐流失。而人文内涵的缺失，反映了城市化发展中物质与精神的失衡，不利于社会的全面发展。传统建筑文化，以物化的形式展示其所蕴含的人文精神，且这种物化的形式很容易为人的视觉所感知，因而它在表现城市的人文环境时更具优势。在这一方面，传统建筑文化的历史人文价值就显得尤为珍贵。

6.1.3 技术价值

传统乡土建筑文化，是在人们长期适应自然界、改造自然界的过程中形成的，无论是聚落的群体组合、选址观念和布局思想还是单体的平面形制、结构构架、造型与装饰等，都凝结了先人的无穷智慧与技术经验。这些技术经验与营造思想对目前的建筑创作仍具有现实意义，其中最值得借鉴的是生态营建思想与地域生态技术。

6.1.3.1 聚落营建的生态思想

每一个聚落就是一个生态系统，当系统内部各个构成要素——人口、牲畜、田地、树林、水源等发挥各自功能并相互影响、适应且物质和能量的输入输出达到动态平衡时，就形成和谐平衡的聚落生态系统。科学技术并不发达的古人，享受着自然界恩赐的同时也受制于自然，在长期的生产活动中形成归顺自然、师法自然的生存经验，也是他们在建村立寨时所必须遵循的生态法则，并通过村规民约对聚落自然资源进行管理，以实现聚落生态系统的平衡。

水、土地、植物等自然资源之间存在着紧密的联系。聚落中的水源除了降雨的地表径流之外，山区内众多的森林和次生林用根系将大量的水储存在土壤之中，构成了巨大的天然绿色水库。同时正是由于水源林的存在，滑坡泥石流等自然灾害减少，耕地资源才得以保存。人们意识到水源林的重要性，对于聚落背后及两侧的山岭植被禁止砍伐，对于山中柴薪的砍伐也是采用轮伐的方法，舍近取远以让自然植被得以恢复。在人口增多，资源不能满足使用需要而将要打破生态平衡时，新的聚落被建立，以确保每一聚落的自然资源都处在合理的使用范围之内。汉族聚落的风水理念则更是在这种"天人合一"的朴素生态思想基础上形成。风水把人看作是自然界中的一分子，把大地本身视为有获得、有灵性的有机体，各部分之间彼此关联、相互协调，是一个复杂的有机共同体。得益于这种原始而朴实的自然生态观念的调节，聚落生态系统达到平衡状态。

6.1.3.2 房屋建造的生态技术

传统乡土建筑的建造，"就地取材、因材施建"是基本的原则。这既是传统乡土建筑适应于特定经济条件和自然条件的要求，也是其生态特色得以体现的重要原因。广西地区具有得天独厚的自然环境和气候条件，植被丰茂，四季温暖。给生活于此的人们提供了丰富多样的建筑材料。并以竹、木、土、石、草等天然材料和砖、瓦等人工材料最为主要。根据不同材料的特点和性能，人们创造出丰富多彩的建造技术与之相适应。

图6-1 那坡达文屯木骨泥外墙
（来源：自摄）

广西多产竹，竹子生长迅速因而成为十分易于获得的建筑材料，同时由于其耐久性不强，建造房屋时多不用于承重结构，而是多用作屋面覆盖材料和围护结构的墙筋。木材是最为常用的建筑材料，穿斗木结构技术成为南方广为运用的建筑结构构架体系。泥土也在广大农村营建房屋时所常见，同时泥土由于具有良好的热工性能，以木条、竹条和草为茎，组合成木骨和竹骨泥墙，常用于围护结构的建造。那坡地区的干栏外墙，先将木条斜向交叉绑扎为网状墙体，然后再其中填塞伴有谷壳、牛粪的泥土（图6-1）；龙州地区的泥制外墙则必须依赖一种名为"龙须草"的植物，采集来的龙须草晒干后混入泥中，掺入1/3的沙石，使用人、畜力搅拌呈均匀的糊状，再用耙齿将混合物捋顺、勾出，挂在木墙板上，抹平后即告完工（图6-2）。砖和瓦的运用则随着生产技术的发展和经济水平的提高得到推广，并创造出空斗砌筑和"金包银"等适应于不同气候、经济条件的构造技术。另外，卵石和石灰石也是相应材料盛产区域建造房屋所常用。

图6-2 龙州地区草筋泥外墙
（来源：自摄）

广西的传统乡土建筑，就是由这些丰富多彩的地方建筑材料，在不同营造理念指引和技术支撑下组合起来，形成多种多样的建筑类型。虽然不同类型的建筑其平面形制、空间构成、造型风格都不尽相同，但都适应于广西地区的气候特点。干栏式楼居，或随坡就势或择水而居，山谷风与河谷风增强了干栏民居的通风散热效果；底层架空既避免了对地表的破坏，也适应了广西地区潮湿多雨的气候条件，有利楼面通风和便于防洪排涝；通透开敞的平面空间有利于组织良好的通风，增加人体舒适感；围护结构和屋顶由木板等轻质材料构成，轻薄通透，有利于室内的通风换气；屋檐出挑深远，排水顺畅，也提供了较大面积的遮阳面。

天井式地居，集中式的聚落布局是节约土地、宗族礼制关系的需要，同时也由于密集的遮阳使整个聚落的下垫面避免阳光的直接曝晒，且集中式的布局减少了外墙面积，有利于保持室内小气候的稳定；狭窄的街巷有利于建筑之间的相互遮阳，从而形成凉爽的户外负压空间，为居民提供舒适的交流环境和气流形成的动力；以天井为中心的开敞式布局和空间组合形成有效的通风系统，天井空间大小不一，更有利于热压通风的形成；屋顶空间高大宽敞，隔热层有效地减少热量向室内的传递，减轻屋顶对于室内环境的热辐射，也有利于室内空气的流通。

　　广西传统乡土建筑文化，正是在"天人合一"、"道法自然"的生态哲学思想的支配下，充分利用气候地理条件、自然资源和地方材料，融合了生活习俗、审美观念、宗教礼制等要素发展起来，使得广西的传统人居生态环境达到人与自然"共生"的自平衡状态。

6.1.4　广西传统乡土建筑的价值评估

　　在目前席卷世界的文化、社会、经济的全球化过程中，地方文化保存的紧迫性早已得到各界的统一认识。在传统乡土建筑的具体保护对象和保护范围方面，目前大都不主张，而且经济上也不允许不加区分地保存所有的民居聚落遗产。而是尽量多的保护一些有典型特征、携带丰富历史信息、建筑质量较高、民居建筑系统及生活环境比较完整的聚落。同时，传统地域建筑，特别是传统民居建筑，一般存在着历史文化价值与居住使用价值的两重性，"既是传统建筑文化尤其是乡土文化的历史遗存，又是当今广大乡民居住的现实。专家学者乃至旅游者往往看重传统民居的历史文化方面，希望保存和保护也是很自然的，而居民们却关注自己居住环境的质量，住得舒服不舒服、卫生不卫生、安全不安全，等等。显然，像拥挤而毗连一片、人畜混居、阴暗潮湿，既不防火又大量使用宝贵木材的这类干栏木楼，理所当然地为向往现代化生活的乡民们所不满。民居二重性的论点必然导致少量保存、大量改造的结论[①]。"至于哪些该予以保存，哪些又该改造，采用何种方式进行保存和改造，就应该制定相应的评估体系。雷翔先生在其主编的《广西民居》中，根据国内学者提出的古建筑、古村落价值评判标准，提出广西民居的评估体系（表6-1）。根据评估信息打分，可将评估对象分为三个不同等级，就可以此为依据采取相应的保护措施[②]。

广西民居评估表

表6-1

评估项目		内容	特征	分档			
				第一档	第二档	第三档	第四档
价值研究	社会价值	民族代表性与地域代表性	建筑类型	突出	较突出	一般	无
			同类聚落	少	一般	多	很多
	历史文化价值	悠久度		明清以前	明清	民国	现代
		知名度		世界	国家	省市	县
		相关历史名人与历史时间		全国著名	地方知名	一般人物事件	缺少记载
		地方文化特色程度		突出	较多	一般	少
		特别传统制度		很多	多	一般	少

---

① 单德启. 关于广西融水苗寨民房的改建[J].《小城镇建设》, 1993（01）: 33.

② 雷翔. 广西民居[M]. 南宁: 广西民族出版社, 2005: 188.

评估项目	内容	特征	分档			
			第一档	第二档	第三档	第四档
价值研究	科学价值	完整度	建筑结构	完整	大部分完整	一半完整	仅存部分
			群体规模	庞大	较大	一般	小
			是否原址	原址	一次改动	二次改动	多次改动
			植被情况	丰富	较丰富	一般	差
		特殊度	择地观念	突出	较突出	一般	无
			空间布局	特殊	较特殊	一般	低
			民居结构特色	突出	较突出	一般	低
			营造技术水平	精细	较精细	一般	粗糙
		合理度	空间布局	合理	较合理	一般	差
			民居适用性	高	较高	一般	差
			建筑质量	高	较高	一般	差
			材料使用	合理	较合理	一般	差
	艺术价值	表现力	石作工艺水平	高	较高	一般	低
			木作工艺水平	高	较高	一般	低
		感染力	聚落布局构思	独特	较独特	一般	低
			聚落环境	非常优美	优美	一般	差
		吸引力	群体规模	大	较大	一般	小
			山石花木配置	好	较好	一般	少
			园林小品	多	较多	一般	少
			特殊标志物	特别	较特别	一般	无
	经济价值	市场条件	居民素质	高	较高	低	很低
			已有投资意向的开发商	多	较多	少	无
			附近地区类似的开发项目	无	很少	少	多
		旅游区位条件	旅游点的组合程度	好	较好	一般	差
			与依托城镇的关系	紧密	较紧密	一般	差
			易达性	便捷	较便捷	一般	差

续表

评估项目		内容	特征	分档			
				第一档	第二档	第三档	第四档
现状条件	实用性	房屋质量	空、关、老朽的住房数量	少	较少	一般	多
		安全卫生状况	防火性	好	较好	一般	差
			给排水、供电设施	好	较好	一般	差
			火警	无	少	较高	高
			洪涝	无	少	较高	高
	环境性	污染	空气污染	无	少	较高	高
			噪声污染	无	少	较高	高
			水体污染	无	少	较高	高
			固体污染	无	少	较高	高
	真实性	传统风貌保持程度	不和谐的新建房屋	没有	很少	少	多
			聚落结构变动程度	没有	很低	低	高
		风土人情状况	传统节日	保持	基本保持	一般	差
			当地风俗	保持	基本保持	少	无
			传统产业	保持	基本保持	少	无
	居民感受	自豪感		强	较强	一般	差
		舒适感		好	较好	一般	差
		满意度		高	较高	一般	差

（来源：雷翔.《广西民居》[M]. 南宁：广西民族出版社，2005：第187页）

6.2 面临的问题

6.2.1 社会环境的变迁

6.2.1.1 家庭结构的变化

随着社会体制的变革，传统的大家族聚居形态随之解体，核心家庭和主干家庭占据主导地位。原有的深宅大院不再受到欢迎，新的家庭结构和生活模式也要求新的家庭空间形态与之相适应。这样，在对待原有传统宅院的方式上，一般会予以拆除建造新房或改造以适合新的生活方式。特别是土地制度改革以后，被分配给多户居住的大宅院，由于内部的无序分割和改造，导致居住环境质量越来越差。大量新建的房屋在缺乏规划指引、历史文化价值导向和审美引导的情况下，和地域传统完全割裂。

6.2.1.2 价值和审美观念的转变

当代的乡村居民，由于接受教育的程度不同、与外界交往程度的区别，他们的生活观念已不如过去家族社会那样具有基本上的一致性，其居住观念也存在明显的差异。在调研的过程中，我们不止一次和村民们提到诸如"理想中的住宅应该如何"、"喜欢老房子还是新房子"等问题，得到的答案不尽一致。总体看来，年轻人更加向往城市生活，对老屋缺乏感情，希望住上"水泥楼房"。这本无可厚非，但随着生活水准的提高，大部分农村居民的审美水准则未必提高，反而是被眼花缭乱的新建筑所迷惑，盲目模仿"城里流行的样式"，新材料、新手法和居住模式被不加选择的运用，不再讲究精巧的工艺和传统的材料，而只是以马赛克、瓷砖贴面，欧式柱廊和窗花来追求盲目的"豪华"，破坏了传统的聚落机理，与古朴、纯净的乡土气息格格不入。反观那些经历了时间考验的优秀传统建筑，往往是那些士族大户、商贾巨富兴资并聘请技术精湛的匠人依师传之法而建，他们普遍审美趣味高而见识广，并且熟知官式建筑样式，其宅院也得以传世。

另一方面，新建的大量性的民居，普遍只是为了解决基本的居住问题，工期都很短。往往是设计完了就交由施工队去完成，无监督，更无建造中的调整，甚至省去设计过程直接套用图纸，导致新村建设千篇一律，千村一面（图6-3）。传统建筑中的精工细作无处可寻，精美的装饰更是无从谈起，与传统地域建筑风格大异其趣。

图6-3 杂乱无章的新村面貌
（来源：自摄）

6.2.1.3 空心村与城镇化

"'空心村'是在城市化滞后于非农化的条件下，由迅速发展的村庄建设与落后的规划管理体制矛盾所引起的村庄外围粗放发展而内部衰败的空间形态的分异现象[①]。"由于村民新建的住宅多向村外或村庄周边发展，村庄内部大面积的旧宅或宅基地空置，形成一种"空心化"的结构形态。空心村的出现一是因为原有的传统住宅不能满足居住需要。二是农民长期外出务工，而社会保障体系不健全导致农民进城不彻底，导致"离土不离乡"。打工者占有农村户籍和村中老宅以保留最后的生存退路，导致大量旧宅限置。三是村级组织机能涣散，难以形成类似旧有的以宗族法制建立起来约束机制，不能对村落发展发挥有效地组织管理机能[②]。"空心村"导致土地资源的极大浪费，传统聚落环境和聚落文化也难以继承。在田野调查中，很多具有悠久历史的传统村落，现在则因为无人居住而逐渐破败。祠堂等原来最为重要的公共建筑则基本失修，成为堆放杂物、饲养禽畜的场所（图6-4）。居民们普遍认为老宅破旧不能再住，只能拆除作为新建房屋的建材使用。

城镇化是随着农村社会生活方式和生产方式向城市形态的转变，农村人口向城镇集中，以及农村地域逐渐向城镇地域转变的过程，也是导致"空心村"现象的重要原因之一。当前，城镇化率已经成为我国衡量一个地区社会经济发展的重要标志之一。城镇化导致传统村镇与

① 薛力. 城市化背景之下的"空心村"现象及其对策探讨[J]. 城市规划，2001（06）：8.

② 李晓峰. 乡土建筑——跨学科研究理论与方法[M]. 北京：中国建筑工业出版社，2005：77.

a　破败不堪的梅塘村祠堂　　　　　b　灵山苏村祠堂被毁的木雕

图6-4

（来源：自摄）

自然环境的共生关系遭到破坏，聚落环境原有的脉络被割裂。同时也使得那些经年累世营建的传统聚落因为人口流动和迁徙而导致活力日减，传统社会长久积淀的聚落文化也随之失落，居民之间和谐共处的生活观念日益弱化。对于我国来说，城镇化当然是集约利用资源，实现社会经济转型的迫切需要。但在强调城镇化、重视物质文明发展的同时，应该冷静思考如何保留文化传统，选择符合自身特点的城镇化道路。

6.2.2　人为与自然灾害

6.2.2.1　环境破坏与污染

人口的增长、对矿产和森林资源的过度索取和曾经的"大炼钢铁"等运动，导致人们盲目的毁林肯地，森林植被遭到严重破坏，水土流失严重，山体滑坡和洪涝灾害频发。原有聚落中的生态调节机能遭到损毁很难复原。特别是原来可持续发展的木材资源也严重短缺，这对以木结构为主要特征的中国传统建筑的延续也形成尖锐的矛盾。

乡村工业与垃圾处理也对传统乡村聚落环境造成严重后果污染。乡村企业分散且一般都不注重对污染源排放的处理，导致对传统聚落环境：水体、大气、土壤的污染和严重破坏，工业垃圾对环境的影响更是持久无法消除。原有传统农耕聚落青山绿水人家的和谐生态环境日渐稀少难觅。

6.2.2.2　人为破坏

在调研过程中，经常会发现，在祠堂、会馆、庙宇等重要的公共建筑中，很多精美的木雕、石雕、墙身画被严重人为破坏，通常是头部被凿掉、割去或整体被毁（图6-4）。这大多是"文革"时期"破四旧"的痕迹，当然，这种大规模源于政治因素的破坏已不可能存在。但随着改革开放以来，商品经济的发展，人们的价值观发生巨大变化，在文物保护立法和保护意识没有充分引起公众重视的情况下，广西的传统建筑又遭到大规模的毁坏。一是部分政府部门出于城市建设的需要，进行土地出让和城市扩张，造成具有文物价值的历史街区和建筑的破坏。二是文物持有者在经济利益的驱动下，对做工精美的门窗、砖石雕刻、贵重木材、斗栱等建筑构件进行拆卖，对历史建筑造成无法弥补的伤害。

6.2.2.3 自然灾害

自然灾害是广西传统乡土建筑遭到损毁的另一个重要原因。广西传统乡土建筑大多为木结构或砖木混合结构，很容易遭到火灾的侵袭。特别是桂北与桂西北的少数民族村寨，基本为全木干栏结构。随着人口增长，房屋密度也急剧增加，房屋之间通常只有1～3米左右的间距，"一屋起火，全村遭殃"。同时，大部分的村寨消防设施未安装到位，即便有也由于疏于管理而形同虚设，且随着大量电器的使用，因用电不善带来的火灾隐患也呈增多趋势。三江独峒乡林略2009年11月发生的火灾就烧毁了该村196座木楼，将近一半的房屋被毁（图6-5）。另据统计，"（融水县）1952～1990年间全县发生家火551起，受灾共12700户，占全县住房20%……平均每年烧毁木楼510间、平均每年烧毁粮食76.3吨；累计直接经济损失超过1亿元，有132人在木楼寨火灾中丧生[①]。"不仅是全木质的干栏建筑，砖木结构的汉族地居也时常遭受火灾破坏。就在2011年8月，桂林全州四板桥村的精忠祠戏台，由于邻屋起火而殃及池鱼，这座为祭祀民族英雄岳飞所建，雕饰精美的百年戏台化作废墟，令人扼腕（图6-6）。

图6-5 三江县林略寨火灾前后对比
（来源：www.baidu.com）

图6-6 全州精忠祠戏楼火灾前后对比
（来源：www.baidu.com、自摄）

---

① 单德启，袁牧. 融水木楼寨改建18年——一次西部贫困地区传统聚落改造探索的再反思[J]. 世界建筑，2008（07）: 21.

图6-7 柳江隆盛村围垅屋卫星地图
（来源：Google Earth.com）

图6-8 广府式祠堂上的欧式柱头
（来源：自摄）

6.2.3 规划与管理的问题

6.2.3.1 资金与人才资源的缺乏

传统建筑的维护、修缮需要大量资金的支持。散落在广大乡村的众多传统民居与祠堂、庙宇等并未纳入文保系统，而这些传统乡土建筑一旦不再使用，就缺乏保护和修缮的动力。同时，即便纳入各级文物保护体系，也通常由于资金太少或不能到位而任其自然损毁。如柳州柳江县进德镇的隆盛村，其曾氏祖先由清代乾隆时期起，在该村修建数座客家圆形围屋，是广西地区难得一见的成规模的围垅屋村落，与2000年被纳入省级文保体系。由于保护资金难以到位且疏于管理，现已破败不堪，仅能从卫星地图和现存遗址略窥原貌（图6-7）。省级文保尚且如此，市、县一级的文保现状可以想见。从维护的技术和人才来看，由于传统营建技术随着现代建筑技术的发展遭受很大冲击，特别是汉族地区，传统工匠已无处可寻，传统的建筑材料也无处生产。在这样的情况下，即便修缮意愿很强烈，资金亦能到位，也会因为缺乏技术和人才而达不到保护和修缮的目的。贺州桂岭善华村的村民，在重修于氏宗祠时，给广府式的柱廊安上欧式柱头，令人啼笑皆非（图6-8）。

6.2.3.2 古村寨旅游的过度开发

传统聚落与村寨由于其厚重的文化积淀、优美的自然人文资源以及独特的民族文化传统等受到生活在城市中的现代人的追捧。对这些传统聚落及村寨进行旅游开发，不仅能够满足城市人群返璞归真的追求，还能增加原住民的经济收入，如果操作得当，对传统地域文化的保护和传承更是有着重要意义。但一些地区由于过度的开发却带来适得其反的效果。

龙脊平安寨就是这样一个较为典型的实例。平安寨属于龙脊十三寨之一，自然与人文景观特色突出，成为龙胜地区的旅游名片。经过十数年的旅游开发，在经济上取得成功的，但在村落原生文化、景观的保护上却存在较大问题。近年来，随着平安寨成为旅游热点地区，出于对经济利益的追求，农家乐等民居建设日益增多，建筑体量规模日益增大、层数过多、建筑风格混乱，完全脱离了传统形式，这对于村落景观的统一性、民族特色的纯粹性都带来破坏，使得整个村落面貌发生了极大的改变（图3-14）。很多经营酒吧、KTV的职业商人也进驻平安寨，庞杂的业态种类使得村落原有的文化活动被压制。另外，各种商业形态的引入，给村寨环境带来较大的压力，山地村寨的环境容量本来就极为有限，生态平衡较为脆弱，无序的建设和污染的排放必将对村落生态环境带来打击。经济模式也随之转型，平安寨的很多村民已经不再种植梯田，导致梯田荒废，影响村落景观价值。

6.3 保护的原则与方式

6.3.1 保护原则

6.3.1.1 分类保护原则

正如前文所述，在对传统乡土建筑保护的范围和类别上，目前大都不主张，而且经济上也不允许不加区分地保存所有的民居聚落遗产。而是尽量多地保护一些有典型特征、携带丰富历史信息、建筑质量较高、民居建筑系统及生活环境比较完整的聚落。大量传统民居类建筑的文物特性和实用特性也不允许我们不加区别地对所有传统历史建筑给予同一标准的保护。而是应该根据其历史、文化的综合价值予以分类和判断。一般来说，传统建筑可分为三种保护类型。

一是完全保护型，对那些具有悠久历史年代、卓越艺术价值和完整环境形态的传统聚落和单体建筑，应该予以完全的保护，可作为一种文物留给后代。二是部分保护型。随着时间的推移和现代农村建设的大量开展，不少有传统特色的民居聚落，已被现代农村建筑所侵蚀，仅存少量有价值的单体民居或是不完整的巷道形态，其基本特征是不完整的，对于这种情况，可采取以点为主，线、面结合的部分保护方式，也能大致保留其传统风貌。三是改造更新型。现存大部分的传统民居都属于这种类型，对于那些历史价值不高，年代不久远，风格不很突出或是损毁严重的传统聚落和民居，就可以采取整体更新的方法，即保留文脉传统又能满足新的生活方式的需要。

6.3.1.2 真实性原则

真实性是对那些具有悠久历史和精湛工艺，足可称之为文物的传统建筑保护的基本要求。罗哲文先生提出传统建筑的"四保存"原则：保存原来的建筑形制、保存原来的建筑结构、保存原来的建筑材料、保存原来的工艺材料。只有这样，才能做到"整旧如旧"、"修旧如旧"。

6.3.1.3 整体性原则

关于传统建筑的整体性保护原则，《威尼斯宪章》中有如下描述："历史文物建筑的概念，不仅包含个别的建筑作品，而且包含能够见证某种文明、某种有意义的发展或某种历史事件的城市或乡村环境，这不仅适用于伟大的艺术品，也适用于由于时光流逝而获得文化意义的在过去比较不重要的作品[①]。"1968年联合国教科文组织在第十五次全会上就文物保护问题也强调了整体环境保护的重要性。"文物不是可能孤立存在之物，所有文物几乎是群体存在的，或是和中心文物具有密切关系，显示周围环境中许多东西的集合体。"也就是说，文物建筑在其存在过程中所获得一切有意义的东西都应当保留。应该保护文物建筑存在过程中的全部历史见证，使文物建筑历史具有可读性。因此，保护对象应该以传统聚落为整体的保护范围，应保护其生态环境、景观环境、规划布局结构以及造型色彩形象等。

6.3.1.4 参与性原则

"为了使保护取得成功，必须使全城居民都参加进来。应该在各种情况下都追求这一点，并必须使世世代代的人意识到这一点。切切不要忘记，保护历史性城市或城区首先关系到它们的居民[②]。"传统聚落中的居民最熟悉他们生活的环境，纯粹建筑师和规划师所设计的保护

---

① 陈志华. 保护文物建筑及历史地段的国际宪章[J]. 世界建筑，1986（03）：14.

② 陈志华. 介绍几份关于文物建筑和历史性城市保护的国际性文件（一）[J]. 世界建筑，1989（02）：66.

规划不能也无法完全满足民居聚落中人们的真正需求。只有原住民的真正参与，才能使传统的历史街区和聚落的保护具有现实意义。

6.3.1.5 动态与可持续原则

对传统乡土建筑及其环境的保护，并不纯粹是针对建筑实体的静态保持。对于大部分的传统聚落和民居来说，在保护物质实体环境的同时，更重要的是保持乡土社区的稳定和居民生活的正常秩序，保证居民居住环境的改善和居住水平的提高。因此，对于保护区内居民正常的改善生活品质的物质和精神需求，应予以正确的引导，使得传统文化在继承中也有符合时代要求的发展。在保护资金方面，应该开辟政府、企业、集体、个人多种融资渠道。政府资金主要用于重点传统建筑的保护中。对于有人居住的传统建筑可以调动住户自愿加入到保护传统建筑中来，国家对其保护修缮给予适当补助，调动民众积极性。这样才能实现传统建筑文化的动态可持续保护与发展。

6.3.2 保护方式

随着国家历史文化遗产保护体系的逐步完善，近二十年来，广西传统乡土建筑的保护和利用也完成了从建筑单体的单一保护到聚落层面的整体保护；由静态展示到动静结合的保护；由单纯的保护到保护和利用相结合。相应的国家、省、市、县级的传统建筑保护体系也得以建立。正如前文所述，传统乡土建筑存在着历史文化价值与居住使用价值的两重性，这一特点决定了大量的传统乡土建筑急需改造，因此如何在改造中保持传统乡土建筑的地域特点又能满足人们的现代生活需求是需要重点解决的问题。同时，传统乡土建筑还只是乡土建筑文化中的物质部分，蕴涵于其中的匠作技术、生态思想以及相关的生活内涵等非物质文化也应该得以延续和传承，只有这样才能做到对广西传统乡土建筑文化的全面保护。

6.3.2.1 改建与改造

随着社会变迁和生活水平的提高，原有的传统乡土建筑平面功能不再适合现代需要，卫生和采光等舒适度也较差。居民往往采用三种方式解决这一矛盾。第一种是迁出原居住地，在附近另外择地建房，原有老房任其自然损毁；第二种方式是拆除老屋，在原有基址上改建新房；第三种方式是对老屋进行改造，使其能满足新生活的要求。采用第一种方式往往是由于原有宅基地存在滑坡等自然灾害隐患，不再适合建房，或原基地交通不畅，影响生活，建房材料也无法运输。村民们对老屋的眷恋也是重要的原因之一。但这种方式闲置浪费土地资源，除了少数确属值得保护的传统建筑，大量性的民房更新应该采用后两种方式。

清华大学建筑学院"人与居住环境——中国民居"科研组于1991年在广西融水县安太乡整垛寨进行的传统干栏木楼改建，是一次颇有意义的探索。

整垛寨位于广西第三高峰元宝山麓，较完整地保留着苗家的生活习俗，自然环境秀丽，但较为贫困。该村仍是以较原始的方式从事生产，少有副业，在经济上非常贫困。据统计，1990年人均收入，算上饲养的猪鸭等实物仅280元，是全县重点的贫困村。以这个经济条件较差的苗族村寨作为改建示范，是希望"让乡民依靠自身力量来改善居住环境，以图普遍推广，使干栏式木楼的改建有更大的覆盖面[①]。"

---

① 单德启，袁牧. 融水木楼寨改建18年——一次西部贫困地区传统聚落改造探索的再反思[J]. 世界建筑，2008（07）：23.

改建采取了如下策略："（1）保留和翻新瓦面木椽坡屋顶，出发点是多利用一些旧料以降低造价，同时也就保留了传统木楼坡屋顶的重要造型特征；（2）平面组成上采取小室多间模式，充分考虑平面组成的弹性与可生长性；（3）在原来干栏木楼底层部位的墙面粉刷取水泥砂浆本色，与其上部的刷白形成对比；虽然取消了'鸡腿'架空层，但在比例尺度、虚实效果上仍然延续了干栏木楼的某些信息；（4）保留木撑竹面晒台（平顶小楼的晒台在顶层），它与木楼梯、木椽顶棚以及搭接在新楼一侧的牲畜木棚等若干木材质感和色彩，至少不会使人们感觉改建得面目全非①。"改建中保留原有苗寨中心的芦笙坪和芦笙柱以及寨门、井亭等，并在总图布局中调整各住屋之间的关系，使院落连通，尽可能节约占地，将改建后剩余的空地形成宅边地进行绿化，改善聚落环境。这次改建示范，整垛寨31户木楼和公共建筑得以改造，在尽量保护原有村落机理和传统建筑文化的基础上，整治了公共环境，改善了村民居住条件，同时也促进了生态环境保护（图6-9）。

a 改建前的融水整垛寨

b 改建后的融水整垛寨
图6-9　融水整垛寨改造

（来源：单德启，袁牧．《融水木楼寨改建18年——一次西部贫困地区传统聚落改造探索的再反思》[J].《世界建筑》，2008，07：23）

传统的历史街区代表了城市发展的轨迹，体现城市的文脉，是城市重要的历史文化资源。阳朔的西街、梧州的骑楼城、北海的海珠路和中山路、南宁的兴宁路和中山路等等都是所在城市最具历史文化价值的场所，也集中反映了该地区地域建筑特色。但这些区域往往面临市政设施老化、居住条件和生活环境恶化等问题。一些历史街区由于长期以来疏于管理，乱搭乱建的情况也十分普遍。为了使得这些历史街区重新焕发活力，又不破坏原有的历史文脉，通常采取改造的方式。如北海的海珠路和中山路，先着眼于街区历史文化的保护，制定了保护性规划，后又为了激发街区的活力，制定了旅游保护规划，保护与利用相结合。相似的，阳朔西街与梧州骑楼城及南宁兴宁路等历史街区也通过保护性规划的实施，保护了原有城市的文脉与地域建筑文化。（图6-10）

6.3.2.2　旅游与保护相结合

对于传统村镇和聚落类型的乡土建筑文化的保护，很容易就和旅游的发展联系在一起。发展古村寨旅游，在保护的同时为其周边环境提供相适应的配套旅游设施，形成传统文化保护街区或传统文化保护区，并结合开展民俗活动，可以达到发展地方经济、带动旅游业发展的目的。同时还能让更多人了解传统建筑文化，从中所得的经济效益也可以用来更好地保护传统建筑。

但在开发旅游的同时，不可避免地会带来诸如盲目建设旅游设施和项目、破坏原有历史

① 单德启，袁牧. 融水木楼寨改建18年——一次西部贫困地区传统聚落改造探索的再反思[J]. 世界建筑，2008（07）：23.

a 改造前的梧州骑楼

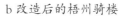

b 改造后的梧州骑楼

c 改造后的阳朔西街保存了原貌

d 改造后的南宁兴宁路

图6-10 历史街区的改造

（来源：awww.baidu.com；b、d自摄；c雷翔.《广西民居》[M]. 南宁：广西民族出版社，2005：221）

文化环境的后果。因此，旅游的商业行为应该予以规范，"民族村镇保护的最终目的是为社会经济发展服务，即使要利用它发展旅游产业也要突出'保护第一'的原则。保护是前提，发展是结果，决不能为了获得短期经济效益以牺牲民族文化和环境为代价[1]。"那种杀鸡取卵、涸泽而渔的旅游开发行为必须通过相应的立法予以规范。

6.3.2.3 "活态保护"

为了在工业化和城市化的进程中保存在农业社会中长期形成发展的民族文化和地区文化，并能在这个日益全球化和商业化的世界上保持文化多样性，在1971年第九次国际博物馆会议上，提出了生态博物馆的概念，即"在原来的地理、社会和文化条件中保存和介绍人类群体生存状态的博物馆。"区别于传统博物馆，生态博物馆的范围以村寨社区为单位，社区的自然和文化遗产，具有文物价值的实物遗存以及传统风俗等一列非物质文化遗产被原状的、动态地保护在其原生环境之中。

传统博物馆的运行模式一般由博物馆研究者或专家提出保护项目，原住民作为被调查者参与其间。在这种模式下，原住民的参与通常在研究者与专家得到大量信息后即结束，属于以研

---

① 罗德启. 贵州民居[M]. 北京：中国建筑工业出版社，2008：259.

究者与专家意见为主的单向过程，原
住民容易逐渐在相关知识上丧失了权
威和话语权。生态博物馆的运行模式
是以原住民文化行为为特征，由原住
民或土著文化专家提出项目，由当地
人控制项目及发展。这样的模式，使
得文化的主人真正意识到本民族传统
文化的独特性、重要性和宝贵价值，
从而树立自己的民族自信心，增强对
民族群的认同意识，提升本民族文化
的自我传承能力，进而使文化在原生
地得到最大的保护。目前，广西已建

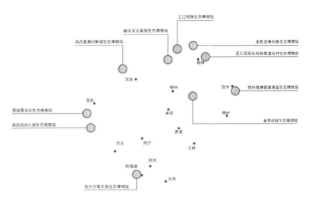

图6-11　广西生态博物馆分布图
（来源：根据广西民族博物馆资料绘制）

成南丹里湖白裤瑶、三江侗族、靖西旧州壮族、贺州客家、那坡黑衣壮、灵川长岗岭商道古
村、东兴京族、融水安太苗族、龙胜龙脊壮族、金秀坳瑶等10个民族生态博物馆（图6-11），
最大限度地保护了包括广西各民族地域建筑文化在内的物质与非物质文化，突破了传统的将建
筑作为静态文物的保护方式，使得广西传统乡土建筑文化以"活态"的方式延续和继承下去。

　　从2007年开始实施的"瑶学行"项目也是一种"活态保护"的范例。"瑶学行"项目全称
为"瑶学行——红邓小学新校舍援建计划"。该项目由香港慈善家杨澍人博士发起筹资，香港
中文大学吴恩融教授带领姜艺思、严英杰两位学生组织匠师、村民、香港与广西两地义工实
施。红邓屯位于柳州融水县北部，是红瑶（瑶族的一支）聚居村落，经济条件较为落后。由
于河流阻隔，直至2008年该村仍未开通公路，出村必须翻山过河步行两小时左右，村中建筑
均为典型的全木穿斗干栏。该项目针对目前落后农村地区普遍存在的经济与知识双重贫困、
现代不可持续建筑材料大量滥用以及传统文化流失的现象，希望通过对融水红邓屯小学校舍
的援建，达到延续红邓屯的本土红瑶文化、可持续环保材料运用、传统木构技术的传承、新
建筑形制的实验推广等多重目的。

　　校舍由教师宿舍、办公楼和教学楼两部分组成，被设计成相向内弯的弧形呈环抱状（图
6-12～图6-14）。教学楼为干栏架空模式，底部的架空层为学童提供雨天的活动场所。弧形平
面使教室之间留出缺口，加强空气流通也防止相互干扰。由于使用传统木穿斗结构，为了验
证其在荷载较大的教室空间的可行性，通过实体模型研究了穿斗结构的榫卯和构造方式，经
过科学计算修正得到了最后的精简模型。该项目在2007年第十届"挑战杯"课外学术科技作
品竞赛中获得特等奖。

　　实施过程中，校舍采用传统墨师与村民共建的方式使用传统干栏建筑施工方式建造，希
望通过匠师与村民在建造过程中的交流而达到传统技艺传承的目的。同时，香港建筑学生和
广西建筑学生充当义工参与建造，也加深了对传统建筑技艺和文化背景的了解。环保、生态、
可持续等观念也通过传统建筑这一媒介在学生、村民、工匠中得以传播。

6.3.2.4　匠作技术的延续与传承

　　传统乡土建筑的匠作技术，是长久以来人们在房屋营造方面的经验集成，突出反映了不
同地域建筑文化之间的特点。由于现代建筑在建造手段、建筑材料等方面对传统的营造方式
的巨大冲击，掌握传统建筑匠作技术的工匠日趋减少。广西的汉族地区"得风气先"，已基本

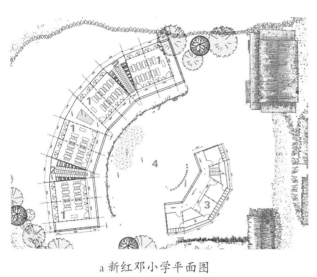
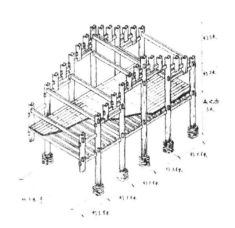

　　a 新红邓小学平面图　　　　　　　　　　　　b 结构构架示意

c 新红邓小学剖面示意

（图注：1. 20人教室；2. 楼梯间；3. 教师办公室及宿舍；4. 集会活动广场）

图6-12　融水大浪乡新红邓小学方案设计图
（来源：严英杰提供）

　　a 选材　　　　　　b 伐木　　　　　　c 加工　　　　　　d 立架

　　h 景观施工　　　　g 场地平整　　　　f 外墙装修　　　　e 构架初成

图6-13　融水大浪乡新红邓小学施工过程
（来源：严英杰提供）

a 鸟瞰

b 侧面

d 义工和村民共同修建的广场

c 教室

e 实用与娱乐兼顾的楼梯

f 新红邓小学远眺

图6-14 融水大浪乡新红邓小学建成效果
（来源：c、e、f为严英杰提供，其余为自摄）

a 外观

b 内部木构架

图6-15 三江"东方竞技斗牛场"
（来源：自摄）

无处寻觅传统建筑工匠。少数民族地区由于仍然沿用传统的干栏建筑，其匠作技术得以暂时存留。随着少数民族文化越发得到重视，干栏木楼的建造方式也已成为"非物质文化遗产"，部分优秀匠师还成为遗产传承的代表人（详见第4章）。同时，鼓楼等少数民族木结构建筑由于具有鲜明的民族特点又相对易于建造，得以在各地广为推广，掌握传统木结构设计施工技术的工匠成为特殊的农民技工，这也使得传统干栏木构的匠作技术得以发扬和传承。

三江"东方竞技斗牛场"（图6-15），亦被侗民称为"侗乡鸟巢"，占地6400平方米，直径80米，高27米，是一座集斗牛、民族歌舞表演、餐饮、住宿和文化娱乐于一体的综合性场馆。该建筑由民营公司投资兴建，下部基座为钢筋混凝土结构，采用常规方式设计施工。上部主体部分为体现民族特点，采用传统木构干栏穿斗结构。在选择主持建造的匠师时，业主在几位三江知名墨师之间进行了方案比选。最后独峒乡林略寨的墨师韦定锦的方案由于柱网排布合理，相对节省材料而胜出（图6-16）。由于该建筑在规模与高度、跨度方面都远超传统木楼，其圆形的造型更是导致传统的榫卯、梁柱交接方式发生了变化。韦定锦充分发挥创造力解决了相关难题，为木穿斗结构建筑又增添一种新的类型。

采用传统方式修建新建筑，无疑是匠作技术得以保存和延续的重要方式，但在实施中存在的一些问题急需得到解决。首先，现在的建筑结构多为钢筋混凝土和砖混以及钢结构，由于木结构材料种类繁多、性能受物理环境影响较大，与传统木结构相关的建筑设计、建造法规有所缺失。按照传统方式修建木楼，多依靠匠师的经验判断，缺乏定量的分析，在应对新的建筑形式时就会陷入"拍脑袋"的尴尬局面。因此传统木构技术要真正得到推广焕发新生还必须在现代结构科学的基础上建立完整的设计、施工、监理和验收等管理程序。

其次，墨师的地位与待遇较低。与现代意义上的建筑师不同，墨师与工匠在人们的意识中其实就是掌握了一定技术的农民。掌握了房屋建造的技术对于墨师和工匠们来说也仅仅是多了一个维持温饱的手段。在这样的观念引导下，墨师们的收入较低，即便是掌墨的大师傅，其日收入也仅为120～150元（三江地区），比学徒的收入（100元/日）也高不了多少。业主也习惯性地把他们看作技术较为熟练的农民工。由于他们掌握的技术与收入和得到的社会地位不对等，导致从事墨师行业的年轻人日趋减少。现有的墨师已多年老，他们的后代也大都不

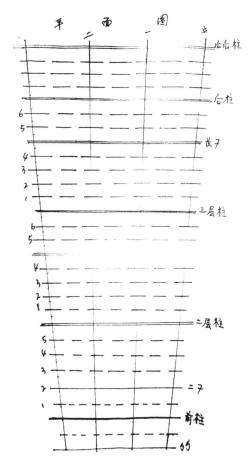

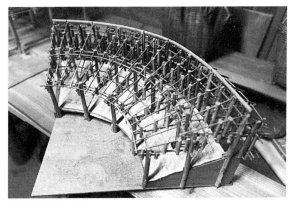

a 墨师杨似玉所作"斗牛场"竞标模型

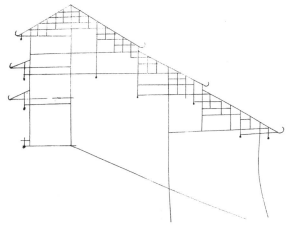

c 墨师韦定锦绘制的"斗牛场"平面草图　　b 墨师韦定锦绘制的"斗牛场"剖面草图

图6-16　三江"东方竞技斗牛场"竞标方案

（来源：a. 自摄；b、c. 韦定锦提供）

愿子承父业。

第三，传统墨师技艺的传承多为口授和在实践中摸索，这就导致信息在传递过程中的失真并有失传的危险。因此相关匠作技术急需整理成纸面文稿以便传世，而墨师亦应有机会走入学校将传统技术做更为广泛的传播。

6.4　本章小结

广西传统乡土建筑，根植于丰富多彩的自然地理环境，在多民族、民系文化融合的人文生态背景下，形成壮、侗、苗、瑶等土著少数民族干栏建筑文化和独具广西特色的湘赣、广府、客家等汉族地居建筑文化。它们既是广西地域文化物质化的表现，也是广西文化生态系统重要的组成部分，更是我国地域建筑基因与物种库中不可或缺的成员。广西传统乡土建筑文化的存续，对广西乃至全国文化生态的平衡发展有着重要意义；在应对日益扩张的全球化过程中也具有不可替代的历史人文价值；在人们长期适应自然界、改造自然界的过程中形成的聚落营建的生态思想和房屋建造的生态技术对于当今的设计创作和城市建设更是具有现实意义。

目前，广西传统乡土建筑文化的保护和发展面临着由于社会环境的变迁、人为与自然灾害的破坏以及规划管理缺位带来的各项问题。作为应对，在保护和发展中应该遵循分类保护、真实性、整体性、参与性、动态与可持续发展的原则，以保护为主，兼顾发展。并采取改建与改造结合、旅游与保护相结合、"活态保护"等措施。除了针对传统乡土建筑的物质实体部分的保护，还应注意蕴涵于传统建筑中的匠作技术、生态思想以及相关的生活内涵等非物质文化的延续和传承，只有这样才能做到对广西传统乡土建筑文化的全面保护。

第7章

结语：创造新时期的广西地域建筑

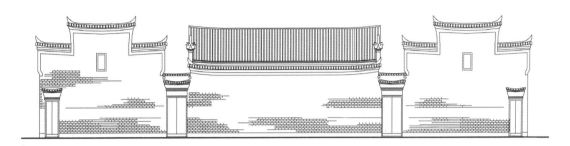

7.1 广西地域建筑的当代发展概况

广西地处我国南疆，东部与广东接壤，从明清以来，广东移民大量进入广西，使得广西地域文化，特别是广西东部地区，受广府文化影响很深。而且广西区内大部分面积都位于五岭以南的岭南地区，地形地貌和气候等自然条件与广东相似。因此，源于广东的岭南建筑学派对广西地域建筑创作与发展，有着较大的影响。

岭南派建筑在新中国成立以后逐渐形成，因适应于岭南气候与自然地貌，体现岭南人务实求新的风格而独具特色，被称为"广派"或"岭南派"，与"京派"、"海派"并称为中国建筑的三种"新风格"。夏昌世先生是岭南现代建筑创作与理论的开创者。夏先生求教于德国，归国后将德国建筑的理性、精巧及实用与中国园林的自然、灵活、讲求意境及岭南地域的气候特点、建筑材料结合起来。其创作特点是：实用、理性、经济，造型结合地形灵活变化。强调以人为本，强调因地制宜，强调建筑设计的适应性。他最早注意到岭南地域建筑要遮阳、隔热，平面设计要组织穿堂风的问题，并运用多种构件材料来加以处理，把现代建筑物理方面的研究应用到新建筑上。

这种强调建筑与气候和环境的结合，讲究实用和经济的创作理念也成为相当长一段时期内广西地域建筑创作的指导思想，并在实践中与广西地域文化特点相结合，形成具有广西特色的岭南建筑风格。如建于1978年的广西民族博物馆（图7-1a），适应于低洼的地形和潮湿的气候，底层架空5米。"为了适应南方地区的气候特点，陈列室按南北横向布置。进深大，通风良好。陈列室之间布置天井解决采光和通风，天井上部做遮阳格片，以防止紫外线直射展室[①]。"天井中还设有水池、花园等，也成为调节室内小气候的重要手段。屋檐下运用马赛克编织的壮锦纹样则体现了广西的壮民族特色。同一时期修建的广西区图书馆（图7-1b）也采用了底层架空并与水面相结合的方式以适应于地域气候。

桂林从隋唐以来就是举世闻名的风景旅游胜地。20世纪七八十年代，尚廓先生结合桂林山水特色，融合少数民族干栏建筑楼居、阁楼、出挑等特点，创作了很多轻巧、通灵、富

---

① 广西壮族自治区建委综合设计院. 广西民族博物馆[J]. 建筑学报，1978（05）：38.

a 广西民族博物馆　　　　　　　　　　　　　b 广西图书馆

图7-1　公共建筑中的架空做法

（来源：覃彩銮等.《壮侗民族建筑文化》[M]. 南宁：广西民族出版社，2006）

a 芦笛岩接待室　　　　　　　　　　　　b 七星岩茶室

图7-2　桂林风景区建筑

（来源：尚廓.《桂林芦笛岩风景建筑的创作分析》[J].《建筑学报》，1978，03：11）

a 桂林榕湖饭店　　　　　　　　　　　　b 桂林桂湖饭店

图7-3　桂林地域建筑

（来源：www.baidu.com）

于岭南建筑意境的景观建筑。芦笛岩风景的接待室（图7-2a）、水榭和七星岩景区建筑（图7-2b）是其中的精品。这种具有独创地域特色的建筑形式"融人工于大自然"，"在现代的技术条件下（新结构、新材料、新工艺）加以创新……建筑风格又着意渲染了田园式的抒情意境，以使建筑风格与自然风景取得谐调一致①。"这一成功的地域建筑模式得以在桂林推广并成为桂林地域建筑风格的代表（图7-3）。同一时期，广西的其他城市也在寻找适合自己的地

---

① 尚廓. 桂林芦笛岩风景建筑的创作分析[J]. 建筑学报，1978（03）：11.

域建筑表达方式，如北海的皇都大厦（图7-4）。

新时期的广西地域建筑，以最近二十年来陆续修建的广西人大会堂、广西国际会展中心、广西民族博物馆新馆、桂林新博物馆以及正在设计施工中的"三馆"为代表。广西人大会堂（图7-5）以中央顶部抽象的鼓楼造型体现地域特点；国际会展中心则提取南宁市花——朱槿（图7-6）的形态元素，以大会议厅顶部的膜结构造型为视觉中心和标志。国际会展中心方案由德国GMP公司设计，由于"倒置的朱槿花"造型与该公司部分未实施方案过于相似而遭到质疑；广西民族博物馆新馆（图7-7）沿

图7-4 北海皇都大厦
（来源：黄自清提供）

用符号提取这一体现地域特色的常用手法，以铜鼓造型为母题。正在施工中的铜鼓博物馆则更是围绕铜鼓造型做文章，整个建筑形态就是一个巨大的铜鼓（图7-8）。桂林新博物馆的最后实施方案（图7-9）也仍采用传统的坡屋顶、风雨桥等地域建筑元素构成整体的造型特色，中央广场的鼓楼成为制高点但使得本来就较窄的广场显得更加拥挤。

广西城市规划展示馆（图7-10）是一个在广西地域建筑创作手法上有突破的建筑。该方案摆脱常规的用"提取符号"来表现地域特色的做法，以城市的生长发展过程为构思起点，

图7-5 广西人大会堂
（来源：www.baidu.com）

图7-6 广西国际会展中心
（来源：自摄）

图7-7 广西民族博物馆新馆
（来源：www.baidu.com、自摄）

图7-8 广西铜鼓博物馆方案
（来源：www.baidu.com）

图7-9 桂林博物馆新馆实施方案
（来源：www.baidu.com）

　　　　　a 鸟瞰图　　　　　　　　　　　b 总平面图

图7-10 广西城市规划展示馆实施方案
（来源：www.baidu.com）

利用不同的体块组合，强调一个累积的过程，通过小体量的建筑体块的不断自由叠加，暗示了建筑的一个成长过程，也表达了建筑累积成为城市的含义。桂林新博物馆的概念方案（图7-11）也未局限于文化符号的提取，而是将大体量的建筑"化整为零"，通过建筑群体造型与桂林山水的呼应来体现地域特点。百色起义纪念馆的附属馆（图7-12），由于选址位于山谷，设计中结合地形，将建筑设计成一座联系山谷两边的"桥"。同时利用"桥"下阴影处和屋顶

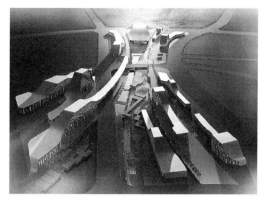 

图7-11 桂林博物馆新馆概念方案
（来源：自绘）

图7-12 百色起义纪念馆附属馆方案
（来源：自绘）

处的空气热压，形成建筑内部的自然通风系统，是一次被动节能建筑的尝试。

从当代广西地域建筑的发展成果来看，与20世纪80年代以前相比，在建筑规模、建筑技术、建筑材料等方面有着巨大变化和进步。但和地域建筑发展较为成熟的地区相比，还存在较多问题。较为突出的一点，就是在地域建筑创作手法方面，大部分重要建筑的创作仍然停留在如何在造型上体现所谓的"地域风情"和"民族风格"。束缚和限制了地域建筑的创作思路。"即便采用了历史的符号，如果不仔细地分析一个地段的自然、人工、人文要素对建筑形式的制约与支撑，不思考建筑形式的理性生成方法，本质上是兜售地域符号，而不是构建地域建筑……很多'构建地域文化，打造地域建筑'的初衷之下，实现的却是少数决策者的意志，而不是对地域特征的尊重。建筑由易于解读和传播的特征符号装点，并不真正关注地域[①]。"此言甚是。

7.2 广西地域建筑创作之道

7.2.1 借鉴现代岭南建筑创作理论

地域建筑的创作，离不开建筑创作理论的支持。而创作的理论，一方面源于创作实践的经验积累，另一方面则来自于学习与借鉴。正如前文所述，广西的地理环境气候、生活风俗习惯与同属岭南地区的广东十分相近，在目前自身创作理论发展还未尽成熟之际，向地域建筑创作理论发展完善的广东地区学习和借鉴，是必由之路。

现代岭南地域建筑的创作思想和理论，历经夏昌世、林克明、龙庆忠、陈伯齐、佘畯南、莫伯治、何镜堂等多位建筑学者充实与发展形成。"它始终强调技术理性和问题分析的方法，吸收了西方现代主义建筑思想；关注中国历史文化，钻研地域文化，研究传统建筑、民居、园林；关注中国社会现实；针对地域性气候、环境，寻求综合解决问题的建筑创作方法。岭南建筑清新活泼、开放融通、经世致用，它继承地域传统、融合现代精神，注重求实、求新、

---

① 卢建松. 建筑地域性研究的当代价值[J]. 建筑学报，2008（07）：17.

求活、求变，这也成为它能不断发展的根源所在①。"

"两观三性"则是岭南地域建筑创作经验在建筑理论方面的总结。"将岭南建筑的特点加以总结，可以归纳出当代建筑创作的'两观三性'，即'整体观与可持续发展观'以及建筑的'地域性、文化性与时代性'。'两观三性'是一个整体的概念。整体观和可持续发展观一直是中国建筑传统智慧的体现，也是岭南建筑创作思想的延续，它要求我们用更广阔的视野去看待建筑问题，将建筑恰到好处地融入环境中，并为其做出一定贡献；建筑应有利于城市的和谐发展、有利于人们生活的改善，并具有一定的前瞻性。建筑的地域性包含了建筑物质环境、风土人情、气候等因素，它是建筑赖以生存的根基，文化性则决定建筑的内涵和品位，时代性体现建筑的精神和发展。这三者相辅相成，不可分割。我们如果充分认识到建筑的整体观与可持续发展观，抓住了建筑的地域性、文化性与时代性，同时结合项目的环境特征和设计任务的内在要求，才能创作出合理、适用、有创造性的建筑作品②。"

广西的地域建筑，从总体上来说，应该属于岭南建筑的分支。广西的地域建筑创作，应该以现代岭南建筑的创作思想与理论为指导，结合广西传统文化特点，创作具有本土特色的建筑，并在这一过程中形成具有广西特色的岭南建筑创作理论。

7.2.2　深化传统地域建筑文化的研究

地域建筑的创作，还必须对地域建筑文化的文化继承性、生态环境观、人文环境观以及建筑的地区性等有全面的了解。脱离地域建筑文化进行地域建筑创作，就如无源之水、无本之木。正如吴良镛先生在《建筑文化与地区建筑学》一文中所述："中国传统城市与建筑文化内容丰富，自成一格。研究中国的建筑文化，首先要对其源流有一个系统的了解，整理中国建筑历史发展，探讨其体系。对此我们的先驱者及广大建筑工作者，披荆斩棘付出了大量的劳动，做出了重大的贡献。然而，我国幅员广大，各地区的地理条件、人口分布、经济文化发展状况、建筑条件、历史传统等因素又千差万别，我们必须承认城市建设与建筑文化的地区性有其内在的规律，是多种文化源流的综合构成，必须重视它，正是这种各具特色的地区建筑文化共同显现了中国传统建筑文化丰富多彩、风格各异的整体特征。因此，我们应更积极地开展地区建筑文化的研究，探索其特殊规律，通过特殊认识一般，从而为建筑创作提供更为广阔的意蕴③。"

同时，地域建筑文化的研究，前提是地域建筑环境的留存。因而必须有完善的政策保障，使各处有代表性的传统地域建筑不为现代建筑环境所遮蔽和破坏，保留文化资源的原貌。

7.2.3　加强地域建筑技术的运用

生态与可持续是普遍达成共识的人类生存与发展所必须遵循的原则。生态建筑技术的运用则是建筑创作中实现可持续发展的重要手段。从技术的含量和产生的来源来分，有被动式的生态技术和高技术生态技术两种类型。高技生态技术利用现代高科技手段、新型材料、构造与施工技术对建筑物物理性质进行最优配置，使建筑物最大限度、最大效率利用自然的能

---

① 何镜堂. 岭南建筑创作思想——60年回顾与展望[J]. 建筑学报，2009（10）：40.

② 何镜堂. 岭南建筑创作思想——60年回顾与展望[J]. 建筑学报，2009（10）：40.

③ 吴良镛. 建筑文化与地区建筑学[J]. 华中建筑，1997（02）：14.

源。被动生态技术则偏向利用朝向、风向、日照、材料、建筑布局等取得与环境呼应，获得人们所需的使用环境，实现微气候建构。对于经济、技术还处于欠发达状态的地区，强调使用"高技术"要付出巨大的代价，不具备在发展中国家和地区推广的条件。被动式的生态技术，来源于人们长期建筑实践中获取的宝贵经验，欠发达地区的大量性建筑，特别是居住建筑，应该通过先进的技术手段，对传统建筑技术加以改造，使传统技术焕发新的活力。

正如邹德侬先生所说，"目前，中国的地域性建筑还存在着明显的局限，例如，在探索各地域节地、节能的绿色技术、处理恶劣气候的地方性措施等方面显得不足，特别是在倡导可持续发展原则的今天，这个局限显得十分突出……我国的地域性建筑还有另一个明显的缺陷，就是缺少技术因素的支持……建筑师在地域性建筑创作上，缺乏对技术因素的主动追求……这一点对地域性建筑未来的发展，具有相当的制约作用……综观中国建筑创作的总体，惟地域建筑创作倾向，最有望成为探求可持续发展建筑的尖兵，而且肯定可以由此形成'中国特色'，因为它最接近绿色的自然世界、有更多的突破点和引人入胜之处[①]。"埃及的哈桑·法赛、印度的查尔斯·科里亚等第三世界的建筑师通过大量结合地域气候的作品，实现对地域传统和社会问题的关怀，也给我们如何运用地域建筑生态技术提供了指引。

合理运用地域建筑技术，在建筑创作中充分利用广西的地理条件和气候因素，吸收地域建筑就地取材的优点，尽量运用采集运输便利的材料作为建筑和营造环境的原料和装饰元素，继承和发扬传统地域建筑营造的生态思想，减少资源的浪费，做到环保，节能，循环利用与可持续发展。与此同时，通过对传统技术的认知和学习，从中获取创作的灵感，也正是创造具有广西特色的地域性建筑的根源所在。

7.3 本章小结

广西地处我国南疆，东部与广东接壤，受广府文化影响很深。而且广西区内内大部分面积都位于五岭以南的岭南地区，地形地貌和气候等自然条件与广东相似。岭南建筑学派实用、理性、经济、造型结合地形灵活变化的设计思路和强调以人为本、因地制宜、建筑设计的适应性等原则也成为相当长一段时期内广西地域建筑创作的指导思想，并在实践中与广西地域文化特点相结合，形成具有广西特色的岭南建筑风格。从20世纪90年代以来广西地域建筑的发展成果来看，与20世纪80年代以前相比，在建筑规模、建筑技术、建筑材料等方面有着巨大变化和进步。但和地域建筑发展较为成熟的地区相比，还存在较多问题。较为突出的一点，就是在地域建筑创作的指导思想上，大部分重要建筑的创作仍然停留在如何在造型上体现所谓的"地域风情"和"民族风格"。束缚和限制了地域建筑的创作思路。

本书的主要目的之一就是希望加深对广西传统建筑文化的理解，能为广西地域建筑创作提供依据和更为广阔的意蕴。从目前来看，广西地域建筑的创新和发展，应该充分借鉴现代岭南建筑创作理论，在深化本土地域建筑文化研究的同时加强地域建筑技术在创作实践中的运用。

---

① 邹德侬，刘丛红，赵建波. 中国地域性建筑的成就、局限和前瞻[J]. 建筑学报，2002（05）：5.

参考文献

学术期刊

[1] 吴良镛. 探索面向地区实际的建筑理论: "广义建筑学"[J]. 建筑学报, 1990 (02).

[2] 吴良镛. 建筑文化与地区建筑学[J]. 华中建筑, 1997 (02).

[3] 吴良镛. 从 "广义建筑学" 与 "人居环境科学" 起步[J]. 城市规划, 2010 (02).

[4] 何镜堂. 建筑创作与建筑师素养[J]. 建筑学报, 2002 (09).

[5] 何镜堂. 岭南建筑创作思想——60年回顾与展望[J]. 建筑学报, 2009 (10).

[6] 邹德侬, 刘丛红, 赵建波. 中国地域性建筑的成就、局限和前瞻[J]. 建筑学报, 2002 (05).

[7] 张良皋. 干栏——平摆着的中国建筑史[J]. 重庆建筑大学学报 (社科版), 2000 (04).

[8] 韦浩明. 秦汉时期的 "潇贺古道"[J]. 广西梧州师范高等专科学校学报, 2005 (03).

[9] 沈克宁. 批判的地域主义[J]. 建筑师, 2004 (05).

[10] 卢建松. 建筑地域性研究的当代价值[J]. 建筑学报, 2008 (07).

[11] 吴忠军, 周密. 壮族旅游村寨干栏式民居建筑变化定量研究[J]. 旅游论坛, 2008 (12).

[12] 韦玉娇, 韦立林. 试论侗族风雨桥的环境特色[J]. 华中建筑, 2002 (03).

[13] 张贵元. 侗族的建筑艺术[J]. 贵州文史丛刊, 1987 (04).

[14] 张玉瑜, 朱光亚. 福建大木作篙尺技艺抢救性研究[J]. 古建园林技术, 2005 (03).

[15] 覃彩銮. 试论壮族文化的自然生态环境[J]. 学术论坛, 1999 (06).

[16] 覃彩銮. 壮族传统民居建筑论述[J]. 广西民族研究, 1993 (03).

[17] 潘莹, 施瑛. 湘赣民系、广府民系传统聚落形态比较研究[J]. 南方建筑, 2008 (05).

[18] 薛力. 城市化背景之下的 "空心村" 现象及其对策探讨[J]. 城市规划, 2001 (06).

[19] 陈志华. 保护文物建筑及历史地段的国际宪章[J]. 世界建筑, 1986 (03).

[20] 陈志华. 介绍几份关于文物建筑和历史性城市保护的国际性文件 (一)[J]. 世界建筑, 1989 (02).

[21] 石克辉, 胡雪松. 乡土精神与人类社会的可持续发展[J]. 华中建筑, 2000 (02).

[22] 维基·理查森. 吴晓译. 历史视野中的乡土建筑——一种充满质疑的建筑[J]. 建筑师, 2006 (12).

[23] 赵巍译. 关于乡土建筑遗产的宪章[J]. 时代建筑, 2000 (3).

[24] 陈志华. 乡土建筑的价值和保护[J]. 建筑师, 1997 (78).

[25] 白正骝. "款约" 与广西近代侗族社会[J]. 广西师范大学学报 (综合专辑) 1997增刊, 1997.

[26] 马丽云. 桂林江头村科举家族兴盛原因初探[J]. 传承, 2009 (11).

[27] 谢漩, 骆建云. 北海市旧街区骑楼式建筑空间形态特征[J]. 建筑学报, 1996 (11): 43.

[28] 林冲. 骑楼型街屋的发展与形态的研究[J]. 新建筑, 2002 (02): 81.

[29] 滕兰花. 近代广西骑楼的地理分布及其原因探析[J]. 中国地方志, 2008 (10): 50.

[30] 杨昌嗣. 侗族社会的款组织及其特点[J]. 民族研究, 1990 (04).

[31] 方素梅. 广西壮族土司经济结构及其破坏过程[J]. 广西民族学院学报 (哲学社会科学版), 1994 (01).

［32］邵晖，黄晶，左腾云．桂林龙胜龙脊梯田整治水资源平衡分析[J]．中国农学通报，2011（27）．

［33］韦玉姣．民族村寨的更新之路——广西三江县高定寨空间形态和建筑演变的启示[J]．建筑学报，2010（03）．

［34］谷云黎．南宁旧民居考察研究[J]．华中建筑，2007（09）．

［35］单德启．广西融水苗寨木楼改建的实践和理论探讨[J]．建筑学报，1993（04）．

［36］单德启，袁牧．融水木楼寨改建18年——一次西部贫困地区传统聚落改造探索的再反思[J]．世界建筑，2008（07）．

［37］陈志华．保护文物建筑及历史地段的国际宪章[J]．世界建筑，1986（03）．

［38］陈志华．介绍几份关于文物建筑和历史性城市保护的国际性文件（一）[J]．世界建筑，1989（02）．

［39］广西壮族自治区建委综合设计院．广西民族博物馆[J]．建筑学报，1978（05）．

［40］尚廓．桂林芦笛岩风景建筑的创作分析[J]．建筑学报，1978（03）．

［41］王文卿．中国传统民居的人文背景区划探讨[J]．建筑学报，1994（07）．

［42］蔡凌．侗族鼓楼的建构技术[J]．华中建筑，2004（03）．

［43］周宗贤．宋代壮族土官统治地区的社会结构[J]．广西民族学院学报（哲学社会科学版），1983（01）．

［44］韦浩明．潇贺古道及其岔道贺州段考[J]．贺州学院学报，2011（03）．

［45］黄润柏．壮族婚姻家庭生活方式的变迁——龙胜金竹寨壮族生活方式变迁研究之三[J]．广西民族研究，2002（03）．

［46］周宗贤．宋代壮族土官统治地区的社会结构[J]．广西民族学院学报（哲学社会科学版），1983（01）．

［47］郑振．岭南建筑的文化背景和哲学思想渊源[J]．建筑学报，1999（09）．

［48］唐孝祥．论客家聚居建筑的美学特征[J]．华南理工大学学报（社会科学版），2001（03）．

［49］唐孝祥，赖瑛．浅议客家建筑的审美属性[J]．华南理工大学学报（社会科学版），2004（06）．

［50］王绚．传统堡寨聚落防御性空间探析[J]．建筑师，2003（04）．

［51］艾定增．神似之路——岭南建筑学派四十年[J]．建筑学报，1989（10）．

学术著作

［1］范玉春．移民与中国文化[M]．桂林：广西师范大学出版社，2005．

［2］黄成授等．广西民族关系的历史与现状[M]．北京：民族出版社，2002．

［3］覃乃昌主编．广西世居民族[M]．南宁：广西民族出版社，2004．

［4］司徒尚纪．岭南历史人文地理——广府、客家、福佬民系比较研究[M]．广州：中山大学出版社，2001．

［5］葛剑雄，曹树基，吴松弟．中国移民史 第一卷[M]．福州：福建人民出版社，1997．

［6］蔡凌．侗族聚居区的传统村落与建筑[M]．北京：中国建筑工业出版社，2007．

［7］陈国强，蒋炳钊，吴锦吉，辛土成．百越民族史[M]．北京：中国社会科学出版社，1988．

［8］王恩涌．文化地理学导论——人·地·文化[M]．北京：高等教育出版社，1989．

[9] 陆元鼎. 中国民居建筑丛书[M]. 北京：中国建筑工业出版社，2008.

[10] 朱光亚. 中国古代建筑区划与谱系研究初探[A]. 陆元鼎，潘安. 中国传统民居营造与技术[C]. 广州：华南理工大学出版社，2002.

[11] 余英. 中国东南系建筑区系类型研究[M]. 北京：中国建筑工业出版社，2001.

[12] 刘金龙，张士闪. 文化社会学[M]. 济南：泰山出版社，2000.

[13] 费孝通. 瑶山调查50年[A]. 费孝通. 费孝通民族研究文集[C]. 北京：民族出版社，1988.

[14] 高曾伟. 中国民俗地理[M]. 苏州：苏州大学出版社，1999.

[15] 邹德侬. 现代中国建筑史[M]. 天津：天津科学技术出版社，2001.

[16] 张良皋. 匠学七说[M]. 北京：中国建筑工业出版社，2002.

[17] 刘致平. 中国建筑类型及结构[M]. 北京：中国建筑工业出版社，1987.

[18] 曹劲. 先秦两汉岭南建筑研究[M]. 北京：科学出版社，2009.

[19] 广西传统民族建筑实录编委会. 广西传统民族建筑实录[M]. 南宁：广西科学技术出版社，1991.

[20] 中国科学院自然科学史研究所主编. 中国古代建筑技术史[M]. 北京：科学出版社，1985.

[21] 雷翔. 广西民居[M]. 南宁：广西民族出版社，2005.

[22] 郑晓云. 文化认同与文化变迁[M]. 北京：中国社会科学出版社，1992.

[23] 覃彩銮等. 壮侗民族建筑文化[M]. 南宁：广西民族出版社，2006.

[24] 苏建灵. 明清时期壮族历史研究[M]. 南宁：广西民族出版社，1993.

[25] 杨昌鸣. 东南亚与中国西南少数民族建筑文化探析[M]. 天津：天津大学出版社，2004.

[26] 陈耀东. 鲁班经匠家镜研究[M]. 北京：中国建筑工业出版社，2010.

[27] 罗德胤等. 西南民居[M]. 北京：清华大学出版社，2010.

[28] 蔡鸿生编. 戴裔煊文集[M]. 广州：中山大学出版社，2004.

[29] 钟文典编. 广西近代圩镇研究[M]. 桂林：广西师范大学出版社，1998.

[30] 陆琦编著. 广东民居[M]. 北京：中国建筑工业出版社，2008.

[31] 李允鉌. 华夏意匠[M]. 天津：天津大学出版社，2005.

[32] 黄浩编著. 江西民居[M]. 北京：中国建筑工业出版社，2008.

[33] 罗德启. 贵州民居[M]. 北京：中国建筑工业出版社，2008.

[34] 吴庆洲. 建筑哲理、意匠与文化[M]. 北京：中国建筑工业出版社，2005.

[35] 陆元鼎. 中国民居建筑[M]. 广州：华南理工大学出版社，2003.

[36] 李晓峰. 乡土建筑——跨学科研究理论与方法[M]. 北京：中国建筑工业出版社，2005.

[37] 孙大章. 中国民居研究[M]. 北京：中国建筑工业出版社，2004.

[38] 盘福东. 中国地域文化丛书——八桂文化[M]. 沈阳：辽宁教育出版社，1998.

[39] 阿莫斯·拉普卜特. 宅形与文化[M] 常青等译. 北京：中国建筑工业出版社，2007.

[40] 钟文典. 广西客家[M]. 桂林：广西师范大学出版社，2005.

[41] 吴良镛. 广义建筑学[M]. 北京：清华大学出版社，1989.

［42］龙庆忠. 中国建筑与中华民族[M]. 广州：华南理工大学出版社，1990.

［43］（明）杨芳. 殿粤要纂[M]. 南宁：广西民族出版社，1993.

［44］克莱德·M·伍兹. 文化变迁[M]. 施惟达，胡华生译. 昆明：云南教育出版社，1989.

学位论文

［1］郝曙光. 当代中国建筑思潮研究[D]. 南京：东南大学学位论文，2006.

［2］郭谦. 湘赣民系民居建筑与文化研究[D]. 广州：华南理工大学学位论文，2002.

［3］潘安. 客家聚居建筑研究[D]. 广州：华南理工大学学位论文，1994.

［4］黄海云. 清代广西汉文化传播研究（至1840年）[D]. 北京：中央民族大学博士学位论文，2006.

致 谢

时光荏苒，不知不觉，攻博竟已整整七年。从三十而立之年拜入何镜堂院士门下成为弟子，到如今已近不惑。看着即将付梓的毕业论文，方才觉得这七年时光未曾虚度，也幸未辜负师长、家人和朋友们对我的帮助和期望。

首先，衷心感谢恩师何镜堂院士的关怀和指导。我很幸运，得到先生的接纳而拜入门墙，更为幸运的是先生渊博的学识、严谨的学风、充沛的激情和宽厚高尚的品德让我受益终生。先生海纳百川、学识渊博，在本论文的选题和研究过程中高瞻远瞩地提出了很多建设性和结构性的指导意见，使论文写作得以顺利进行；先生治学严谨，虽然事务繁忙仍然多次审阅论文，为我指点迷津，鞭策着我不断向前推进；先生在古稀之年仍充满创作激情，超负荷工作，让学生领悟到什么才是"建筑之道"；先生的宽厚、谦和、幽默和包容更是让人如沐春风，无时无刻让学生感受到先生高尚的人格与魅力，使我能更好地做人、做事、做学问。先生不仅是学业上的导师，更是学生的人生和精神导师。

感谢吴庆洲教授、肖大威教授、孟建民大师和郭卫宏研究员对论文所提的宝贵意见，以及论文校外评审专家的中肯建议，是你们的真知灼见让论文更加完善。

特别感谢苏益声、吴宇华、秦书峰、谢小英、赵冶、操红、廖宇航、潘泂、吴杰、王丽、杨修、邓晓峰、徐倞、黄培源、宋名振、章旻宁、邓晓国、唐迪、蒋官杰等广西南宁的同事们，正是有了你们的支持，我才可能暂时抛开教学和创作实践的工作，全身心地投入到博士论文的工作中。特别是谢小英博士，虽然身体状况欠佳，在本文写作的全程仍坚持一同探讨研究和下乡调研测绘，提出了许多建设性的意见，文中的许多观点都来自于谢博士的启发。

还要感谢广西大学的韦玉姣老师，正是您十数年坚持带领学生深入广西乡村的艰苦测绘工作，使得本文拥有众多翔实直观的第一手资料作为论据。感谢桂林理工大学的许莹莹老师和桂林规划院的覃全文副总建筑师，你们提供的资料丰富了论文的内容。

感谢刘宇波、王扬、寿劲秋、郑炎、晏忠、黄艳芳、梁海岫、何小欣、黄沛宁等同门兄弟姐妹，你们让我感受到了学习和生活上的温暖。

最后，对我最为重要也最因该感谢的是我的家人。感谢我的父母对论文写作无条件的支持和鼓励。父母年岁已高，为了我的学业还要殚精竭虑，儿甚感不孝；感谢妻子张继均无私的奉献，为了让我心无旁骛，承揽了所有家务劳动的同时还要照顾我的生活，除此之外还不顾烈日酷暑和严寒，陪伴我走遍广西调研测绘；感谢弟弟熊璐，协助我完成有关鼓楼方面的研究和帮助我办理各项手续；女儿天畅，在论文收尾之时降世，给我们平添许多为人父母的乐趣，更预示着新一阶段美好生活和工作的开始，谢谢你！

还有许多良师益友在我论文写作过程中提供了帮助和指导，无法一一尽数，在此一并感谢！

本书于2024年重印，对书中少量图片进行了改绘调整，特别感谢广西大学土木建筑工程学院建筑规划系郭醒帆同学的辛勤劳动！